二狗妈妈的小厨房之

卡通馒头

乖乖与臭臭的妈　二狗爸爸　编著

辽宁科学技术出版社
·沈阳·

图书在版编目（CIP）数据

二狗妈妈的小厨房之卡通馒头 / 乖乖与臭臭的妈，二狗爸爸编著．— 沈阳：辽宁科学技术出版社，2018.10（2018.11 重印）
ISBN 978-7-5591-0971-2

Ⅰ．①二… Ⅱ．①乖… ②二… Ⅲ．①面食—制作—中国 Ⅳ．① TS972.132

中国版本图书馆 CIP 数据核字 (2018) 第 230076 号

出版发行：辽宁科学技术出版社
（地址：沈阳市和平区十一纬路 25 号 邮编：110003）
印 刷 者：辽宁新华印务有限公司
经 销 者：各地新华书店
幅面尺寸：170 mm × 240 mm
印　　张：15
字　　数：300 千字
出版时间：2018 年 10 月第 1 版
印刷时间：2018 年 11 月第 2 次印刷
责任编辑：卢山秀
封面设计：魔杰设计
版式设计：鼎籍文化创意 展 志
责任校对：栗 勇

书　　号：ISBN 978-7-5591-0971-2
定　　价：49.80 元

前言

写给您的一封信

翻开此书的您：

您好！无论您出于什么原因，打开了这本书，我都想对您说一声“谢谢！”。

每个人心中都住着一个孩子，这个孩子让我们在整个的人生路上保持着一份特有的单纯和率真。而我，和您一样，内心深处也住着一个孩子，随着自己年龄的增长，那份纯真非但没有减少，而是越来越占满我的整个心房。

这本卡通馒头书，创作过程充满了欢声笑语，往往是某一个卡通馒头，就勾起了我们很多的回忆……从十八九岁就恋爱的我们，互相看着对方慢慢长大，再慢慢老去，是一件多么美好的事情……而这本卡通馒头书，又是我们到了暮年回首往事的重要部分……

本书共分为8个章节，把自己多年来在微博中发布的卡通馒头大部分都集结了进来，并且又增加了很多新的作品。全书共101个卡通馒头作品，互不重复，用了孩子的口吻来做了章节区分，内容可以分为：我的小宠物、动物园、动画片、饼夹、“抱抱”馒头、香肠卷、挤挤手撕馒头和仿真馒头。除了香肠卷和“抱抱”馒头不可以包馅儿外，其余所有馒头造型，都可以包入您喜欢的馅料，使口感更加丰富。

本书中提到的面团发酵至1.5倍大，是指让面团不要完全发酵，将其盖好在室温（25~30℃）下静置约40分钟就可以了。这样在整形的过程中，面团不会发酵过度，蒸好的馒头造型才会更好看。

特别需要说明的是，本书所有卡通馒头的制作使用的全部都是纯天然的色素，黄色是南瓜泥或者南瓜粉（南瓜粉可以用姜黄粉替换），紫色是紫薯泥，蓝色是蝶豆花粉，绿色是抹茶粉或菠菜汁，黑色是纯黑可可粉，咖啡色是普通可可粉，红色、粉色是红曲粉，灰色是黑芝麻粉……考虑到小朋友们的口感，面团里都加入了少许的糖以调味儿，吃起来有淡淡的甜味，如果不喜欢，糖完全可以不放。又考虑到有的小朋友牛奶过敏，所以没有用牛奶和面，而全部用的是水，如果您喜欢，可以用牛奶替换水，适当地增加一些牛奶的用量即可。我和先生虽然没有孩子，但我们希望您的孩子因为这本书可以爱上吃主食，爱上吃饭……

我是上班族，只能在下班后和周末才有时间，而且条件有限，做出的成品只能在摄影灯箱里拍摄，如果您觉得成品的图片不够漂亮，还请您多原谅。本书所有图片均由我家先生全程拍摄，个中辛苦只有我最懂得。感谢先生一如既往的全力支持和陪伴，希望我们就这样互相陪伴一辈子……

感谢辽宁科学技术出版社，感谢宋社长、李社长和我的责任编辑“小山山”，谢谢你们给了我一个舞台，让我完成自己的梦想。感谢每一位参与“二狗妈妈小厨房”系列丛书的工作人员，你们辛苦啦！

感谢我所就职的工作单位——中国工商银行，感谢我的领导和同事。单位“工于致诚，行以致远”的企业文化，造就了现在的我；领导和同事们的支持认可，都让我在自己的业余爱好中有了底气，让我有了前进的勇气，让我有了努力的动力！

感谢我的粉丝们，如此长时间的跟随和陪伴。让我可以在你们面前保持真我，不随波逐流，在物欲横流的社会，不改自己的初衷，坚持“不代言，不收钱，不做团购”，踏踏实实地工作、生活，分享美食，分享快乐！

感谢我的闺蜜“大宁宁”，在每一个重要的时刻，都陪伴着我！

感谢所有为我线上线下活动提供奖品的厂商们，因为你们的支持，让我可以锦上添花……

感谢我的家人们，毫无保留地支持我。公婆根本不让我们照顾，有事情也不让我们知道，怕影响书的制作进度……父母和姐姐们经常说的一句话就是：忙你的，我们好着呢……这就是最亲最亲的人，最爱最爱我的人呀！

最后，我想说，“二狗妈妈的小厨房”系列丛书承载了太多太多的爱，单凭我一个人是绝对不可能完成的。感谢、感恩已不能表达我的心情，只有把最真诚的祝福送给您：

健康！快乐！幸福！平安！

二狗妈妈： 王银霞

2018年10月

Contents

目录

第一章 我的小宠物 009

第二章 动物园 035

第三章

动画片 071

第四章

饼夹 123

Contents

目录

第五章 “抱抱”馒头 159

第六章 香肠卷 181

第七章 挤挤手撕馒头 201

第八章 仿真馒头 219

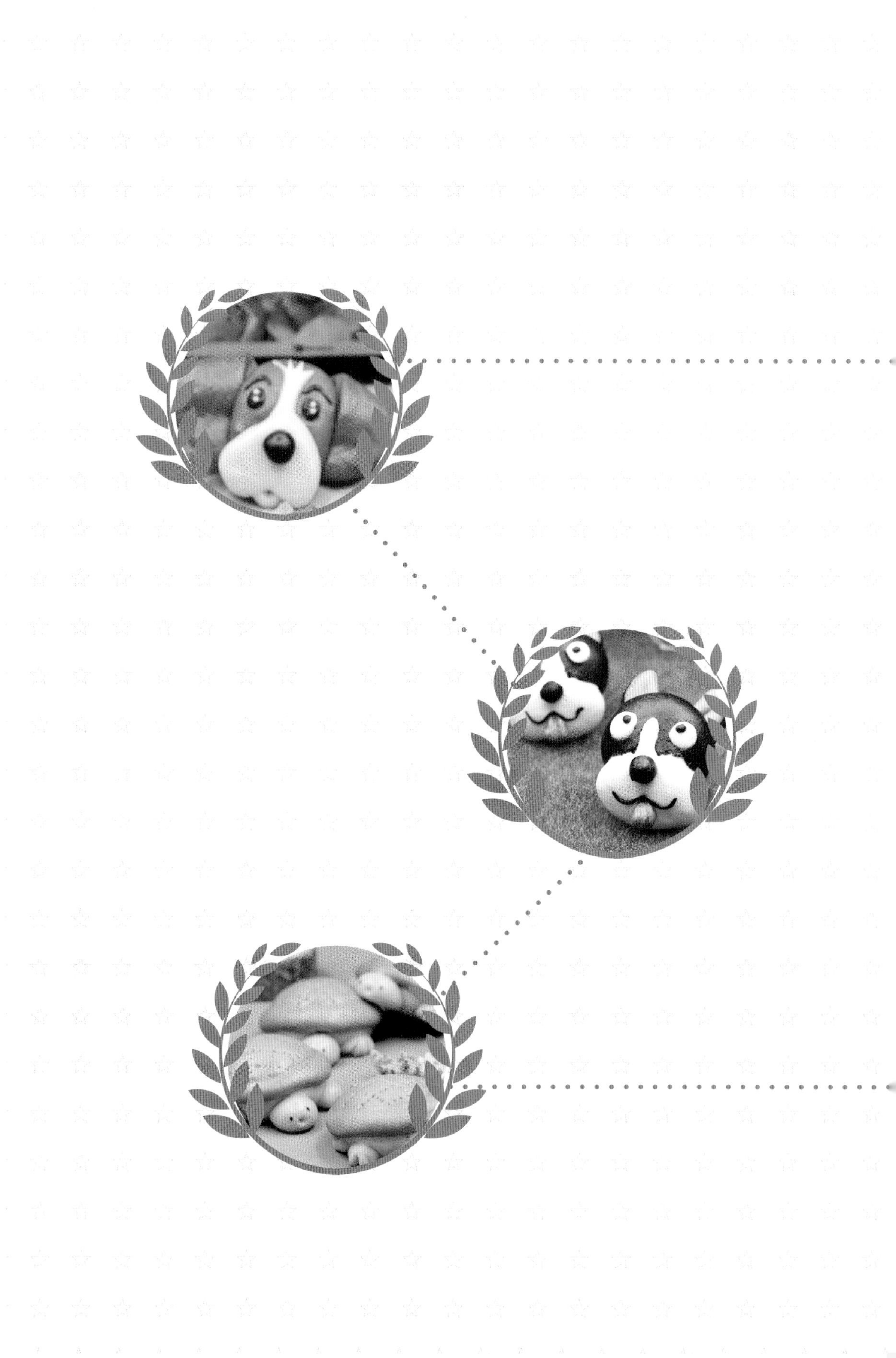

看，这里有我的小宠物！

妈妈，为啥大家都叫那个漂亮阿姨“二狗妈妈”？

宝贝，“乖乖与臭臭的妈”是她的微博名，乖乖和臭臭是她养的两只狗狗哟，所以大家都叫她“二狗妈妈”！

是的，宝贝，我喜欢大家这样叫我，多亲切呀！不过，乖乖和臭臭，这两只小可爱都回汪星了，我对它们的思念只增不减，所以，我用“小宠物”来开始这本书吧！小狗、小猫、小兔子，你喜欢哪一个呢？

比格犬

原料

水 150 克
糖 30 克
酵母 3 克
中筋面粉 300 克
纯黑可可粉少许
可可粉 5 克

红曲水：
红曲粉少许
水少许

做法

1. 150 克水倒入盆中，加入 30 克糖、3 克酵母搅匀，加入 300 克中筋面粉。

2. 搅成絮状后，另取 2 个小碗，分别取出 30 克、100 克面絮放入碗中，在盛有 30 克面絮的碗中加入少许纯黑可可粉，在大盆中加入 5 克可可粉。

3. 分别揉成面团，盖好发酵至 1.5 倍大备用。

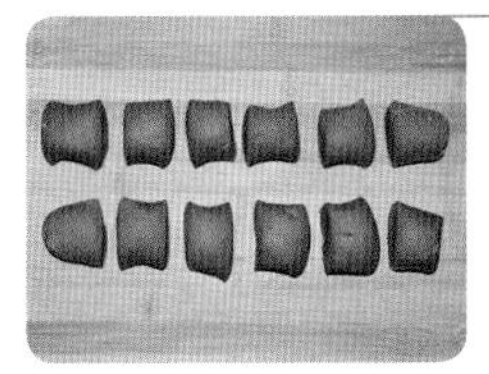

4. 案板上撒面粉，把咖啡色面团放在案板上揉匀搓长，分成 12 份。

5. 取 6 块咖啡色面团揉圆按扁，放在油纸上。

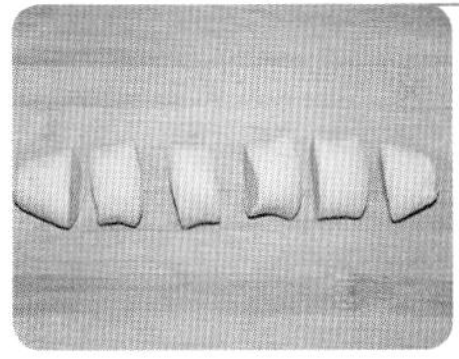

6. 把白色面团揉匀搓长，分成 6 份。

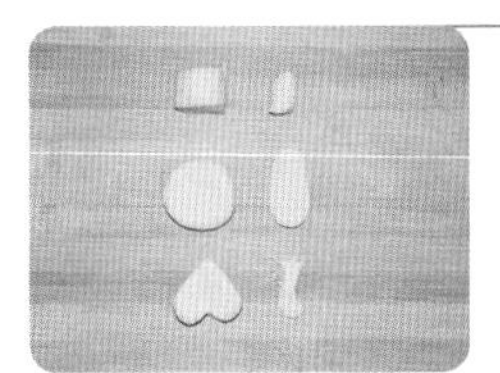

7. 取一块面团，切下来 1/4，把大面团揉圆稍擀，把小面团擀薄，然后用剪刀把大面团修成倒着的桃心状，把小面团修成图中的形状。

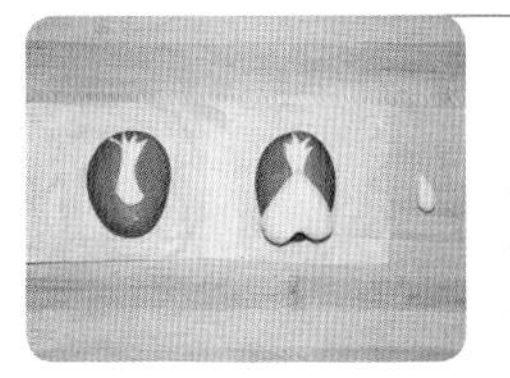

8. 先把小面团用水粘在咖啡色面团中间，再把桃心面团用水粘在咖啡色面团下方，揪一点剪下来的白色面团，搓成水滴形。

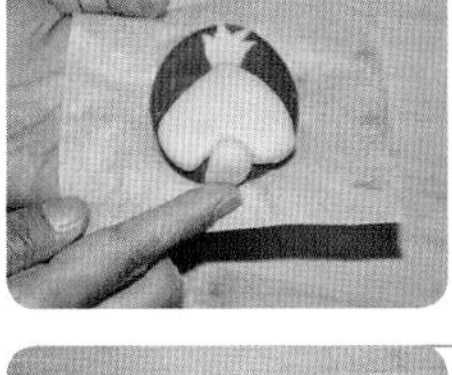

9. 把水滴形面团大头朝前，用水粘在下方，依次做好 6 个。

10. 揪黑色面团先做鼻子，再做出眼睛和眉毛，再揪白色面团做出眼睛里面的亮光。

11. 依次做好 6 个。

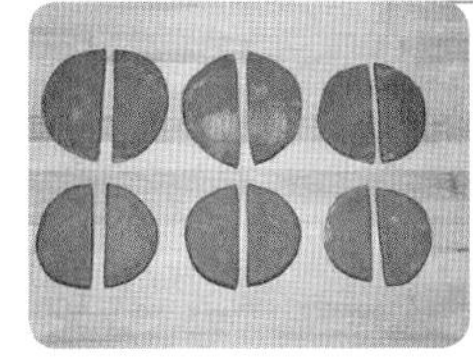

12. 把之前预留的 6 个咖啡色面团揉匀擀成圆片，从中间切开。

13. 两个半圆面片为一组，一边压在头下，一边翻折过来，用毛笔蘸红曲水画出嘴巴。

14. 蒸锅放足冷水，把馒头放在蒸屉上，盖好锅盖，静置 15~20 分钟，大火烧开转中火，15 分钟，关火后闷 5 分钟再出锅。

二狗妈妈碎碎念

1. 这款馒头的难点在于修剪脸中间白色的部分，最主要的是上方那些齿状，只要能剪出来那部分，那一定就会很好看。
2. 用红曲水画出的嘴巴会很生动，如果不喜欢可以省略此步骤。

斗牛犬

二狗妈妈**碎碎念**

1. 纯黑可可粉较吸水，揉面团时要适当增加一些水，不断揉搓，直到非常光滑的状态就可以了。
2. 这款馒头的难点在于脸中心的那个白色花纹，不要过宽，也不要过窄，长一些短一些无所谓的，反正最后有白色面团会遮盖上。

你听说了吗？
二狗妈妈每周六晚上
都有直播耶~~~
知道呢知道呢！
好多小朋友都会守着
手机收看呢~~~

原料

水150克
糖30克
酵母3克
中筋面粉300克
纯黑可可粉10克
红曲粉少许

做法

1. 150 克水倒入盆中，加入 30 克糖、3 克酵母搅匀，加入 300 克中筋面粉。

2. 搅成絮状后，另取 2 个小碗，分别取出 40 克、80 克面絮放入碗中，在盛有 40 克面絮的碗中加入少许红曲粉，在大盆中加入 10 克纯黑可可粉。

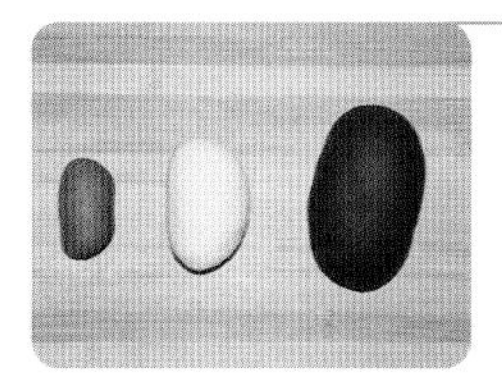

3. 分别揉成面团，盖好发酵至 1.5 倍大备用。

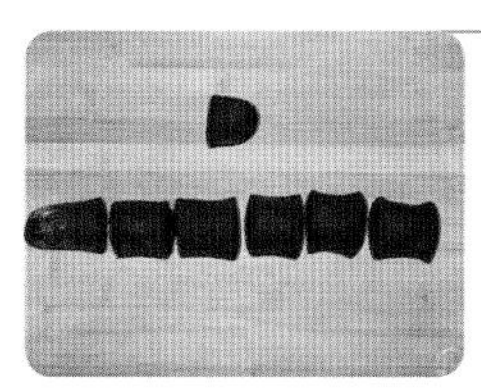

4. 案板上撒面粉，把黑色面团放在案板上揉匀搓长，切下来 30 克后，分成 6 份。

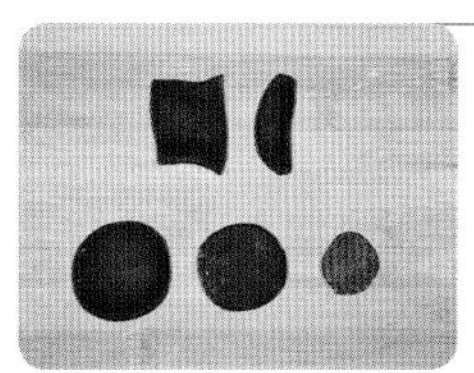

5. 取一块黑色面团，切下来约 6 克，分别揉圆，大面团稍按扁，小面团擀薄成片，再揪粉红色面团并擀成比小黑面片稍小的圆片。

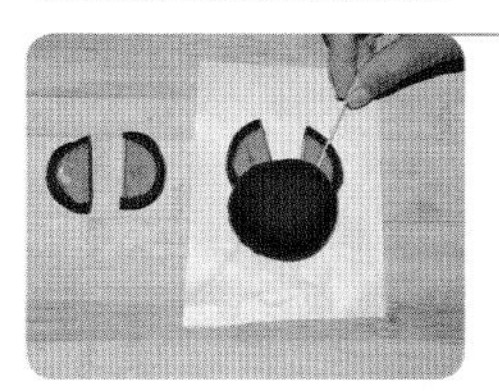

6. 把粉色面片用水粘在黑色面片上，稍擀，从中间切开，放在黑色大面团上方两侧，用牙签在耳朵中间压一下，依次做好 6 个，并放在油纸上。

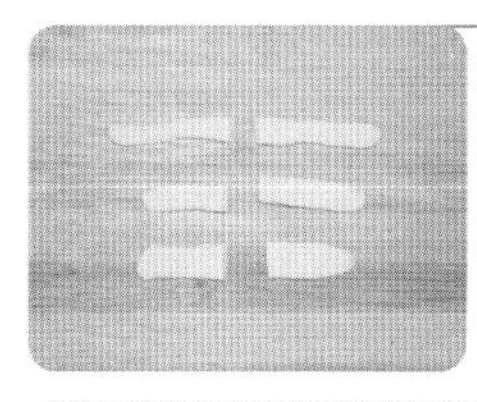

7. 揪白色面团，搓成长条后稍擀，切成 6 个小段。

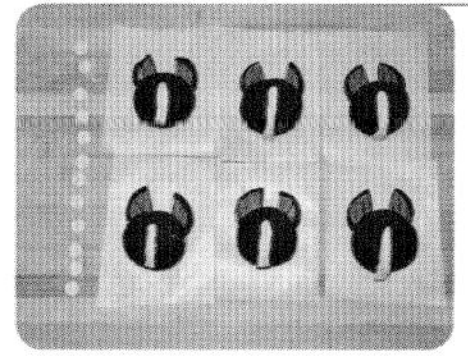

8. 把 6 个小长片用水粘在黑色大面团中间，揪一块白色面团擀开，用裱花嘴扣出 12 个小圆片。

9. 用水把小圆片粘在白色长条两侧，揪预留的黑色面团做出眼珠。

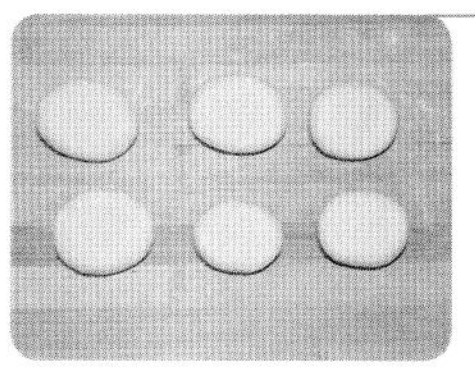

10. 把其余的白色面团揉匀搓长，分成 6 份，揉圆稍擀。

11. 用水把白色面团粘在黑色面团下方。

12. 做出鼻子和嘴巴。

13. 用牙签蘸水后在嘴巴下方戳个小洞。

14. 揪粉色面团搓成水滴状，尖头插入小洞中，用牙签蘸水在中间压一下。

15. 蒸锅放足冷水，把馒头放在蒸屉上，盖好锅盖，静置 15~20 分钟，大火烧开转中火，15 分钟，关火后闷 5 分钟再出锅。

比熊犬

原料

水 150 克
糖 30 克
酵母 3 克
中筋面粉 300 克
红曲粉少许
纯黑可可粉少许

主人刚刚带我们修剪完毛发.

咱们打扮漂亮一起出去玩吧!

做法

1. 150克水倒入盆中，加入30克糖、3克酵母搅匀，加入300克中筋面粉。

2. 搅成絮状后，另取2个小碗，各取出20克面絮放入碗中，分别放入少许纯黑可可粉和少许红曲粉。

3. 分别揉成面团，盖好发酵至1.5倍大备用。

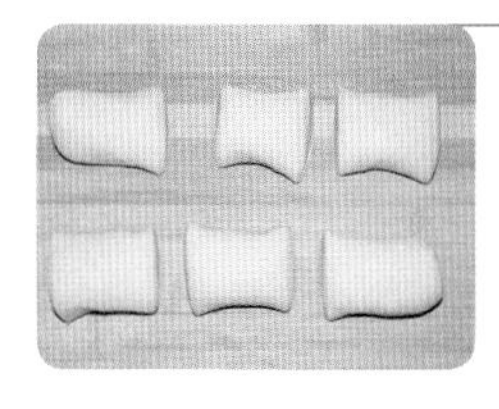

4. 案板上撒面粉，把白色面团放在案板上揉匀搓长，分成6份。

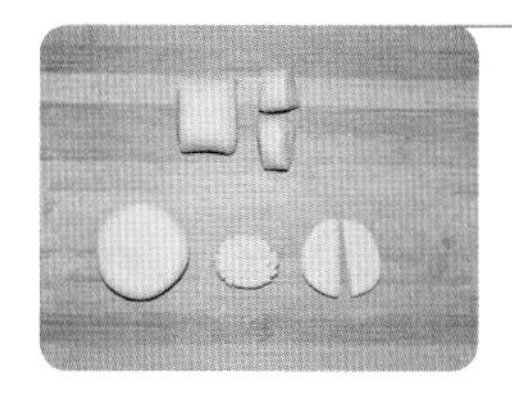

5. 取一块白色面团，切下来1/3，再把这1/3的小面团一分为二，将大面团揉圆按扁，将小面团一个揉圆按扁后用剪刀把边缘剪出胡须；另一个小面团揉圆稍擀，从中间切开。

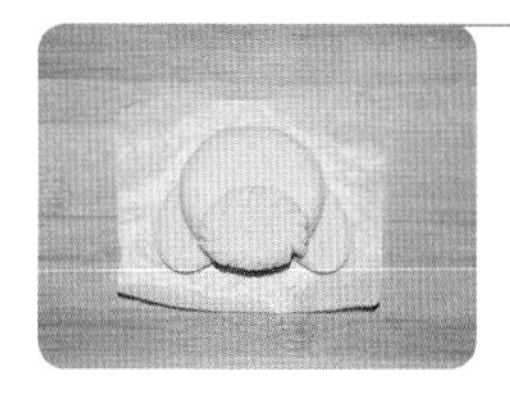

6. 把小面团用水粘在大面团下方，两个半圆面片稍整理用水粘在大面团两侧做成耳朵，并放在油纸上。

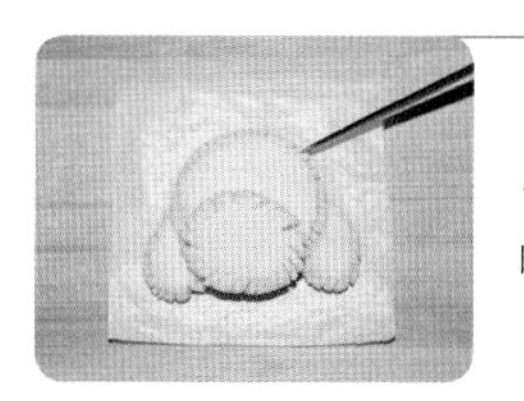

7. 用剪刀把大面团和耳朵的边缘都剪一下。

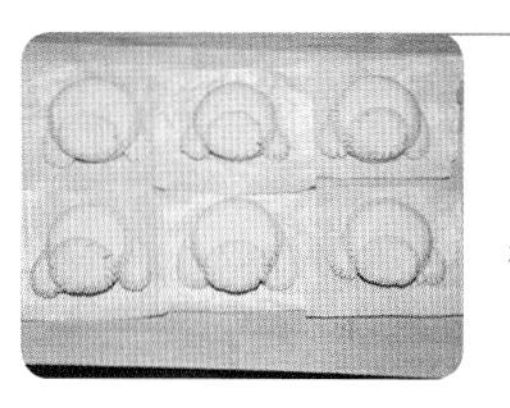

8. 依次做好6个，用手再往里拢一拢。

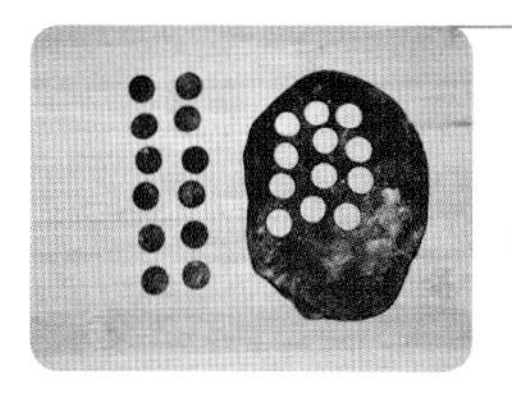

9. 把黑色面团擀开，用裱花嘴扣出12个小圆片。

10. 两个小圆片为一组，用水粘在胡须的上方，再随意揪耳朵边上的白色面团做出眼睛里的高光，揪黑色面团做出鼻子和嘴巴。

11. 用剪刀在眼睛上方剪几刀，做出眉毛。

12. 揪粉色面团做出头花和小舌头。

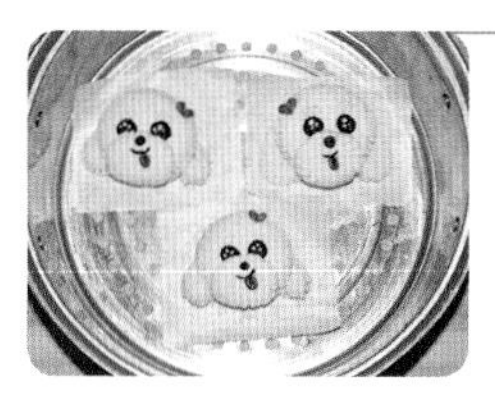

13. 蒸锅放足冷水，把馒头放在蒸屉上，盖好锅盖，静置15~20分钟，大火烧开转中火，15分钟，关火后闷5分钟再出锅。

二狗妈妈碎碎念

1. 给小狗整个边缘都剪一下，是想做出比熊犬毛茸茸的样子，注意剪完后，面片边缘会变扁，一定要用手再往里拢一下，这样，蒸出来才会更好看。
2. 小舌头的制作请参考“斗牛犬”第13、14步骤。

柴犬

原料

南瓜面团：
南瓜泥 80 克
水 40 克
糖 20 克
酵母 2 克
中筋面粉 200 克

其他面团：
水 30 克
糖 6 克
酵母 0.6 克
中筋面粉 60 克
纯黑可可粉少许

红曲水：
红曲粉少许
水少许

二狗妈妈碎碎念

1. 柴犬的眉毛离得近一些会更好看。
2. 眼睛里面的高光，可以做 2~4 个小白点，最好有大有小，会更好看。

做法

1. 80 克蒸熟凉透的南瓜泥放入盆中，加入 40 克水、20 克糖、2 克酵母搅匀。

2. 加入 200 克中筋面粉，揉成面团，盖好发酵至 1.5 倍大备用。

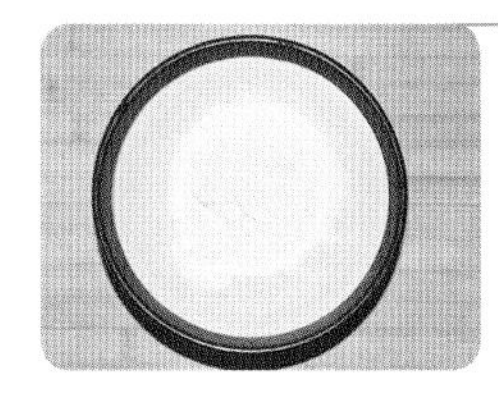

3. 30 克水倒入碗中，加入 6 克糖、0.6 克酵母搅匀，加入 60 克中筋面粉。

4. 搅成絮状后，另取一个小碗，分出来 20 克面絮放入碗中，加入少许纯黑可可粉。

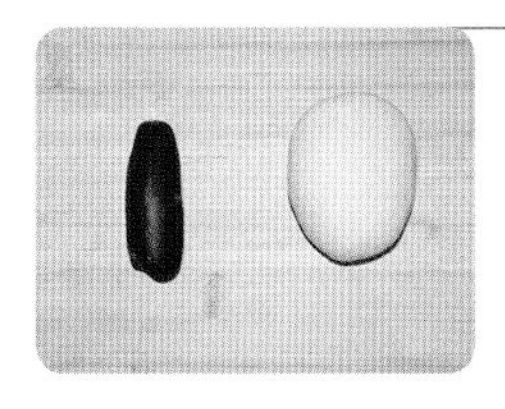

5. 分别揉成面团，盖好发酵至 1.5 倍大备用。

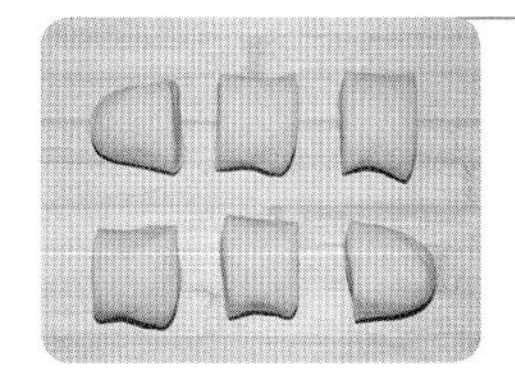

6. 案板上撒面粉，把南瓜面团放在案板上揉匀搓长，分成 6 份。

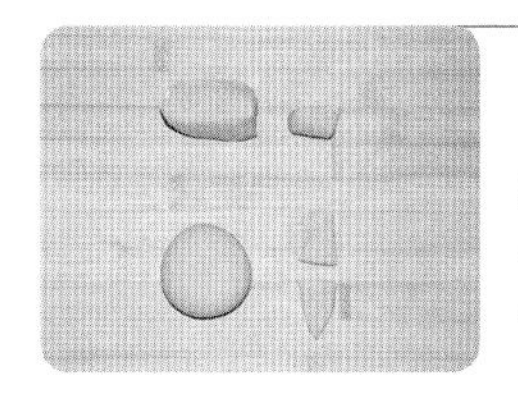

7. 取一块南瓜面团，切下来 1/5，大面团揉圆按扁，小面团搓成枣核状，按扁后一分为二。

8. 把两块小面团用水粘在大面团后面，用牙签蘸水在耳朵上按压出印，依次做好 6 个。

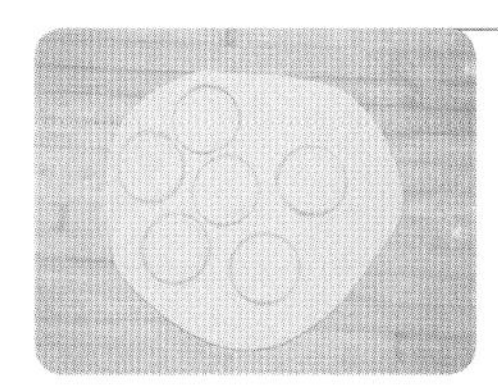

9. 把白面团擀开，用直径 5 厘米左右的瓶盖按压出 6 个圆片（或者揪 6 个大小合适的面团揉圆擀开）。

10. 把圆片用剪刀修成图片中的样子，用水粘在脸的下方，依次做好 6 个。

11. 揪 6 个大小合适的白面团，搓圆，用水粘在中间，再揪白面团做出眉毛。

12. 揪黑色面团，先做出眼睛，再把嘴巴做出来，再做鼻子，最后揪白色面团做出眼睛里面的高光。

13. 用红曲粉加一点点水混合均匀，用毛笔蘸红曲水画出脸蛋。

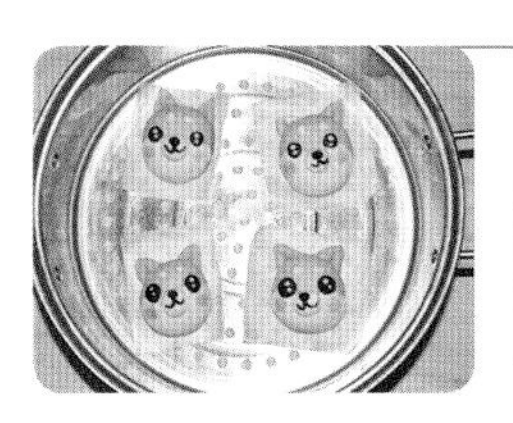

14. 蒸锅放足冷水，把馒头放在蒸屉上，盖好锅盖，静置 15~20 分钟，大火烧开转中火，15 分钟，关火后闷 5 分钟再出锅。

哈士奇犬

二狗妈妈**碎碎念**

1. 注意小狗脸部下方的白色半圆面片往脸上粘的时间，先粘中间位置，再把两边往上提拉，这样会更好看哟！
2. 眼睛是6个小面片从中间一分为二得到的，一定要用小白面团做眼珠上的高光，不然眼睛会显得无神哟！
3. 如果想让毛色更深一些，可以增加黑芝麻粉的用量。

他们总说我们是狼，不让主人养我们……
他们总说我们是拆迁队，不让主人养我们……
他们还说我们是"二哈"，还弄了好多表情包……
其实，我们虽然"二"，但我们有着一个有趣的灵魂……

原料

水150克
糖30克
酵母3克
中筋面粉300克
蝶豆花粉11克
黑芝麻粉15克
纯黑可可粉少许

做法

1. 150 克水倒入盆中，加入 30 克糖、3 克酵母搅匀，加入 300 克中筋面粉。

2. 搅成絮状后，另取 3 个小碗，分别取出 20 克、20 克、80 克面絮放入碗中，在两个盛有 20 克面絮的碗中分别加入少许纯黑可可粉和 3 克蝶豆花粉，在大盆中加入 15 克黑芝麻粉和 8 克蝶豆花粉。

3. 分别揉成面团，盖好发酵至 1.5 倍大备用。

4. 案板上撒面粉，把蓝灰色面团放在案板上揉匀搓长，分成 6 份。

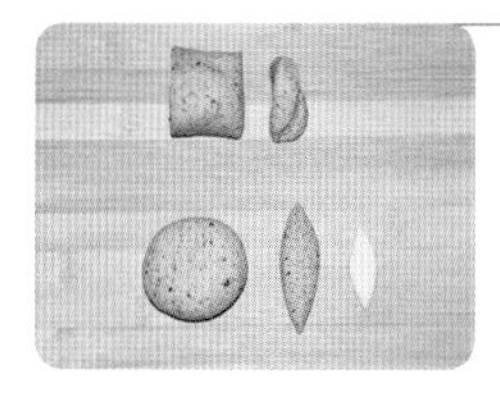

5. 取一块蓝灰色面团，切下来约 6 克，分别揉圆，大面团稍按扁，小面团搓成枣核形状，再揪白色面团搓成小枣核形状。

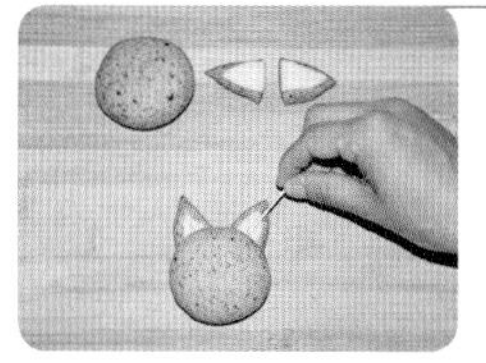

6. 把白色枣核面团用水粘在蓝灰色枣核面团上，稍擀，从中间切开，用水粘在大面团上方，用牙签蘸水在每个耳朵中间压一下。

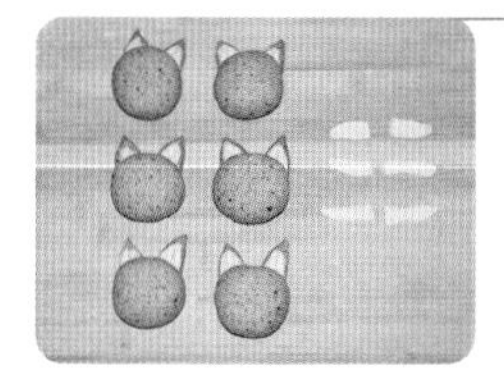

7. 依次做好 6 个后，揪 6 个小白色面团搓长擀开。

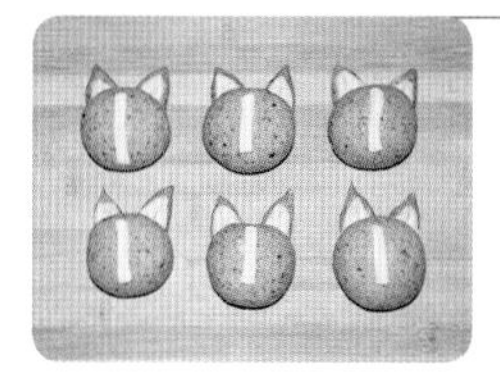

8. 用剪刀将搓长擀开的小白色面团修成合适宽度，竖着粘在小狗脸的中间位置。

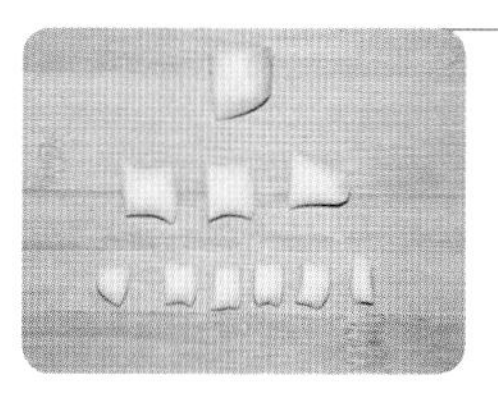

9. 把其余的白色面团切下来约 20 克备用后，分成 3 大（约 12 克）、6 小（约 5 克）共 9 块面团。

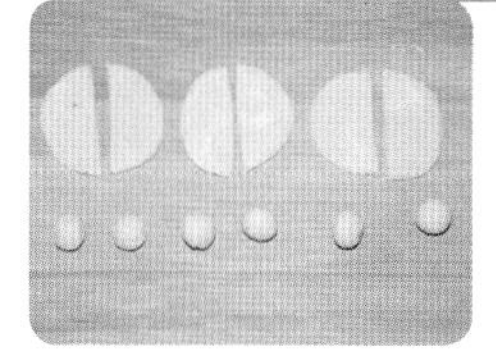

10. 把 3 个大面团揉圆擀薄从中间切开，6 个小面团揉圆。

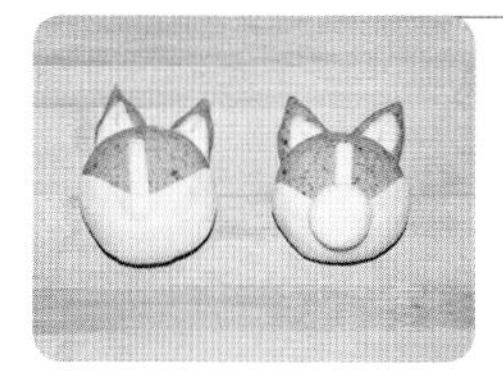

11. 把半圆面片用水粘在小狗脸下方，注意两边往上提拉一些，把小面团用水粘在中间做鼻子。

12. 依次做好 6 个，把备用的那块白面团擀开，用裱花嘴扣出 6 个小圆片。

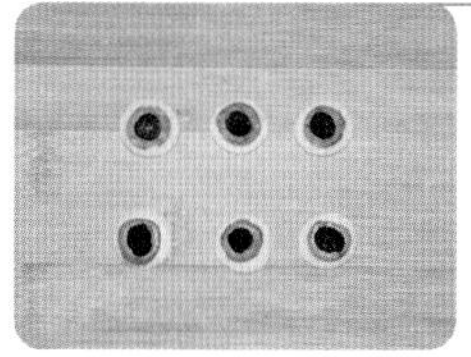

13. 揪蓝色面团粘在白色面片中间，再揪黑色面团粘在蓝色面团中间。

14. 把上图做好的面片从中间切开后，用水粘在小狗眼睛位置，再揪白色面团做出眉毛和眼珠中间的高光。

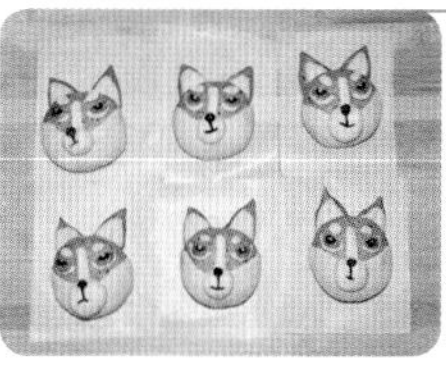

15. 揪黑色面团做出鼻子和嘴巴，并放在油纸上。

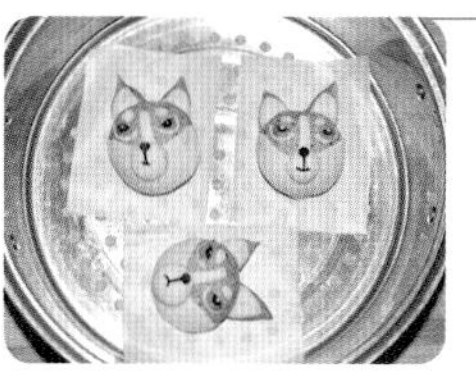

16. 蒸锅放足冷水，把馒头放在蒸屉上，盖好锅盖，静置 15~20 分钟，大火烧开转中火，15 分钟，关火后闷 5 分钟再出锅。

雪纳瑞

二狗妈妈碎碎念

1. 胡子的面片擀得不要太厚，可以剪得稍乱一些会更好看。
2. 眼珠里面的亮光可以一大一小，也可以只做一个大的。

原料

水 150 克
糖 30 克
酵母 3 克
中筋面粉 300 克
纯黑可可粉少许
黑芝麻粉 20 克

做法

1. 150 克水、30 克糖、3 克酵母放入盆中搅匀，加入 300 克中筋面粉。

2. 搅成絮状后，另取 2 个小碗，分别取出 30 克、150 克面絮放入碗中，在盛有 30 克面絮的碗中加入少许纯黑可可粉，在大盆中加入 20 克黑芝麻粉。

3. 分别揉成面团，盖好发酵至 1.5 倍大备用。

4. 案板上撒面粉，把发酵好的黑芝麻面团揉匀搓长，分成 6 份。

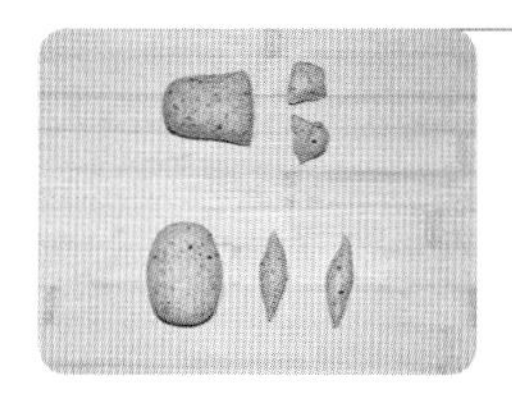

5. 取一块黑芝麻面团，切下来约 1/4，再把这 1/4 小面团一分为二，搓成枣核形，把剩余的 3/4 大面团揉成椭圆形按扁。

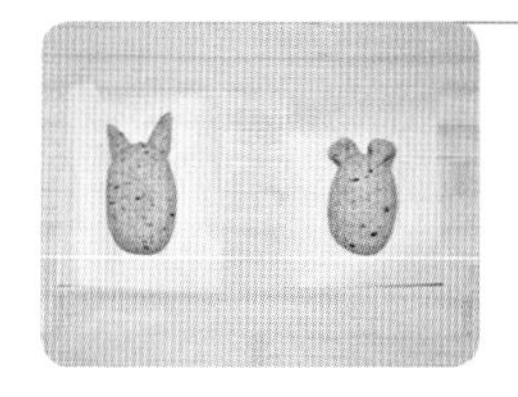

6. 把一分为二后的小面团按扁，用水黏合在大面团后面，再把小面团向下翻折过来，放在油纸上。

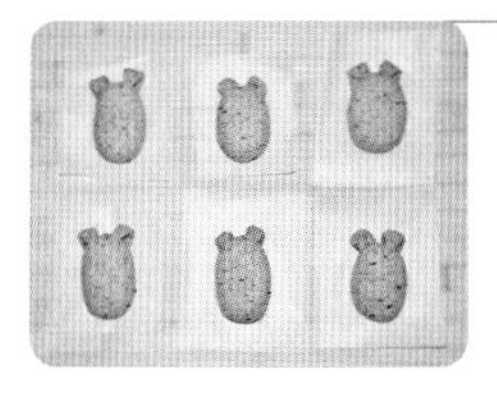

7. 依次做好 6 个。

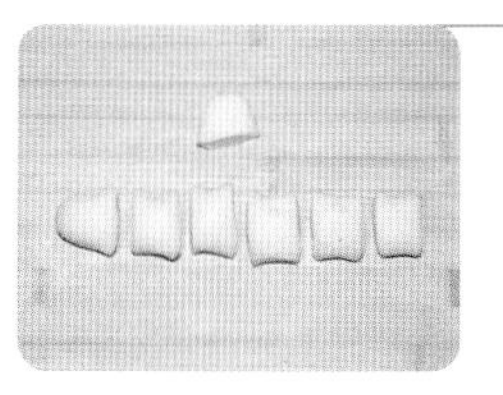

8. 把白面团搓长，分成 7 份，其中留一份盖好备用。

9. 把 6 个小白面团都揉圆擀开，用剪刀把边缘剪成图中的样子。

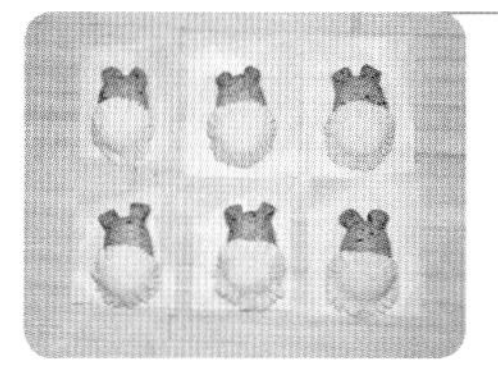

10. 用水粘在黑芝麻面团下方。

11. 揪黑色面团做出眼睛、鼻子和嘴巴，用水黏合在相应位置。

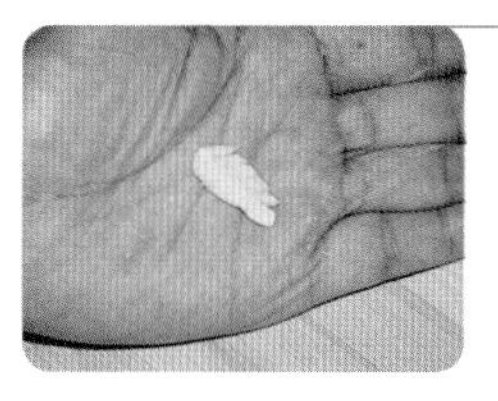

12. 把预留的白色面团分成 12 份，搓成小面棍，用剪刀在一侧剪几刀，这是眉毛。

13. 把眉毛用水粘在眼睛上方，再揪白色面团做出眼睛里的亮光，依次做好 6 个。

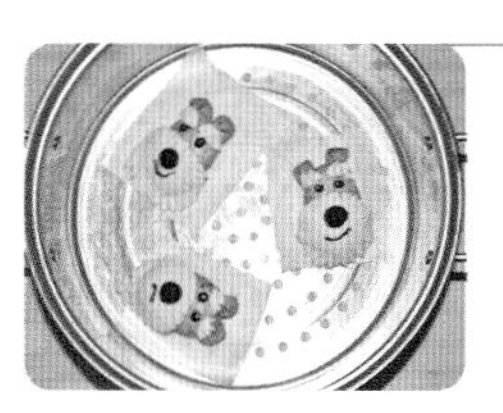

14. 蒸锅放足冷水，把馒头放在蒸屉上，盖好锅盖，静置 15~20 分钟，大火烧开转中火，15 分钟，关火后闷 5 分钟再出锅。

小花狗

原料

水 150 克
糖 30 克
酵母 3 克
中筋面粉 300 克
可可粉 2 克
纯黑可可粉少许
红曲粉少许

红曲水：
红曲粉少许
水少许

做法

1. 150 克水倒入盆中，加入 30 克糖、3 克酵母搅匀，加入 300 克中筋面粉。

2. 搅成絮状后，取 3 个小碗，分别取出 20 克、20 克、80 克面絮放入碗中，在两个盛有 20 克面絮的碗中分别加入少许纯黑可可粉和少许红曲粉，在盛有 80 克面絮的碗中加入 2 克可可粉。

3. 分别揉成面团，盖好发酵至 1.5 倍大备用。

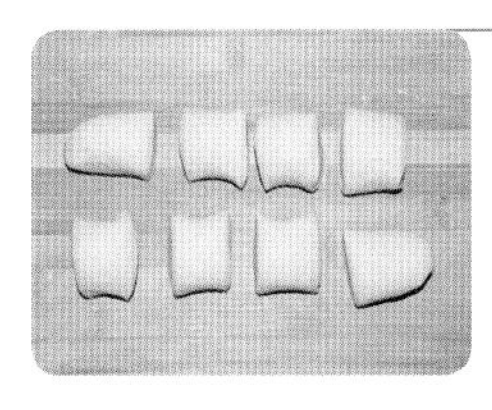

4. 案板上撒面粉，把白色面团放在案板上揉匀搓长，分成 8 份。

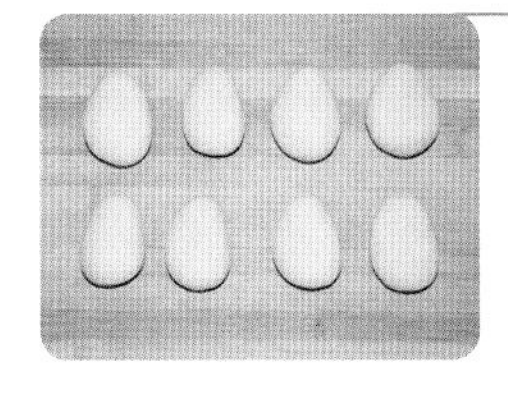

5. 揉圆后整理成上窄下宽的形状。

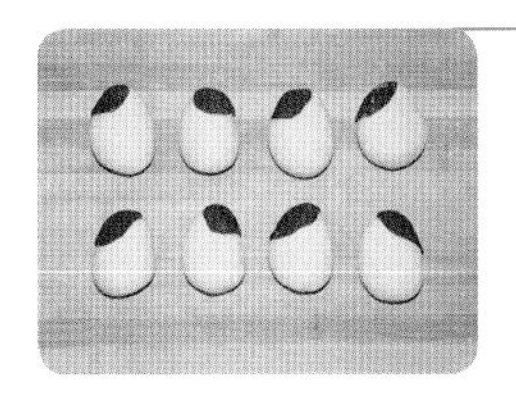

6. 揪 8 小块咖啡色面团擀开，用水粘在白色面团上方的侧边。

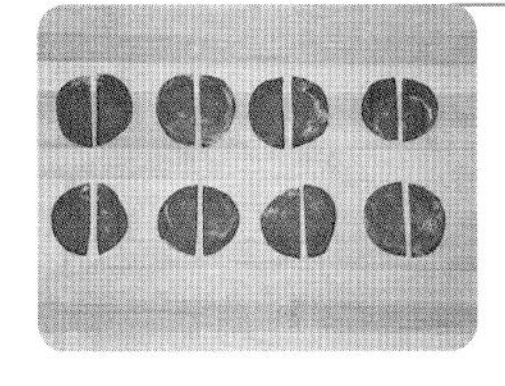

7. 把其余的咖啡色面团分成 8 份，擀圆后从中间切开，制成半圆面片。

8. 两个半圆面片为一组，分别放在小狗头的上方两侧，注意翻折一下，依次做好 8 个，并放在油纸上。

9. 揪黑色面团用水粘在小狗脸中间做鼻子，然后再揪黑色面团做出眉毛、眼睛和嘴巴，依次做好 8 个。

10. 用牙签蘸水在嘴巴下方戳个小洞。

11. 揪粉色面团搓成水滴状，尖头插入小洞中，用牙签蘸水在中间压一下。

12. 依次做好 8 个后，用毛笔蘸红曲水画出红脸蛋。

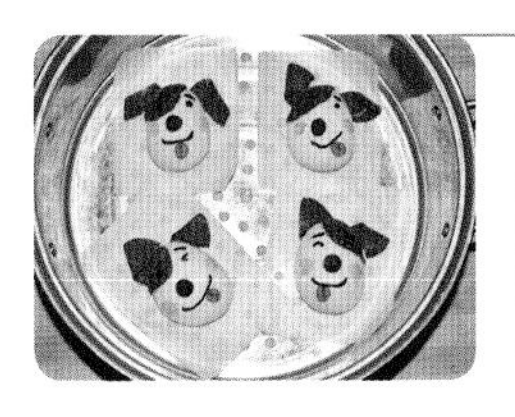

13. 蒸锅放足冷水，把馒头放在蒸屉上，盖好锅盖，静置 15~20 分钟，大火烧开转中火，15 分钟，关火后闷 5 分钟再出锅。

二狗妈妈碎碎念

1. 小狗脸上的咖啡色花纹不用太规整，随意揪一小块咖啡色面团擀开就好。
2. 粉色面团肯定会用不完，您可以给小狗做领结、头花等。

小花猫

水 150 克
糖 30 克
酵母 3 克
中筋面粉 300 克
纯黑可可粉少许
红曲粉少许

红曲水：
红曲粉少许
水少许

这个垫子好暖和呀，
我要美美地睡一觉哈……

做法

1. 150 克水倒入盆中，加入 30 克糖、3 克酵母搅匀，加入 300 克中筋面粉。

2. 搅成絮状后，取 2 个小碗，分别取出 20 克、50 克面絮放入碗中，在盛有 20 克面絮的碗中加入少许纯黑可可粉，在盛有 50 克面絮的碗中加入少许红曲粉。

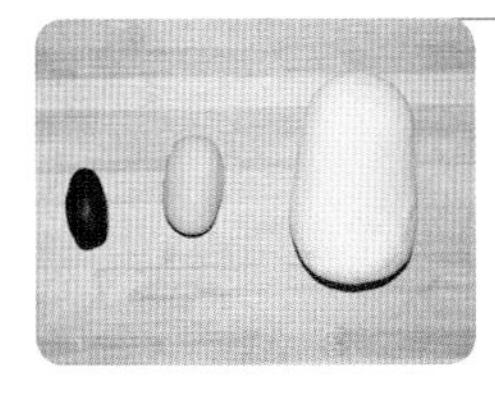

3. 分别揉成面团，盖好发酵至 1.5 倍大备用。

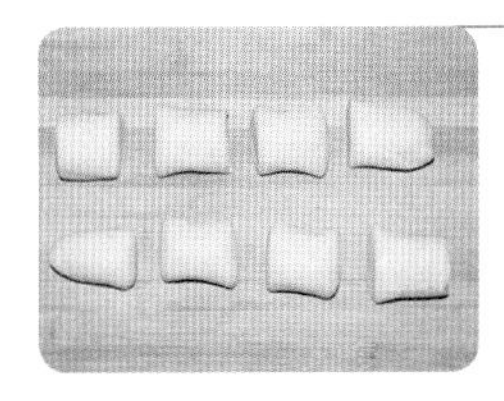

4. 案板上撒面粉，把白色面团放在案板上揉匀搓长，分成 8 份。

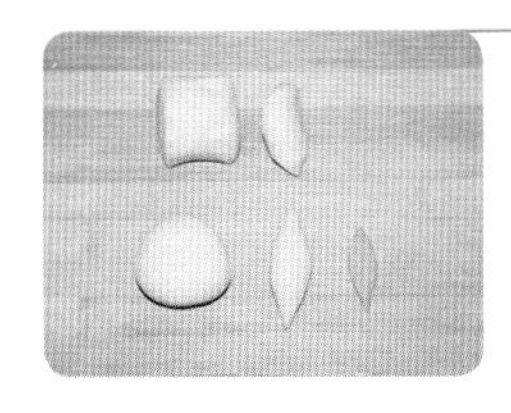

5. 取一块白色面团，切下来约 1/5，把大面团揉圆按扁，小面团搓成枣核状，再揪粉色面团搓成小枣核状。

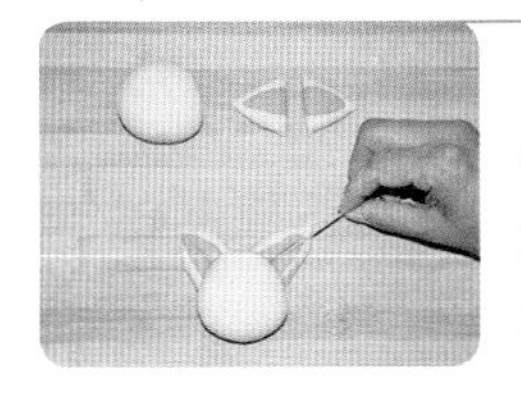

6. 把粉色枣核面团用水粘在白色枣核面团上，稍擀，从中间切开，用水粘在大面团上方两侧，用牙签蘸水在耳朵中间压一下。

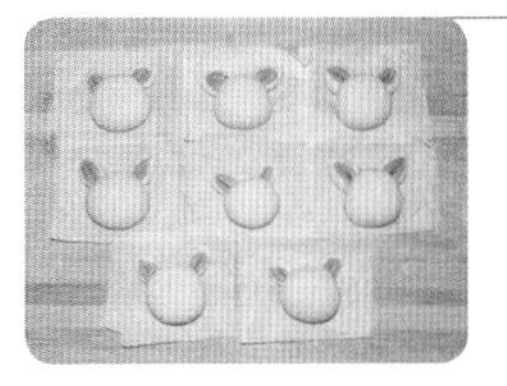

7. 依次做好 8 个，并放在油纸上。

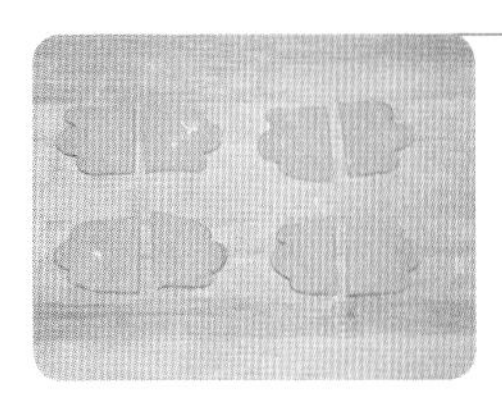

8. 把剩余的粉色面团揉匀分成 4 份，搓成椭圆形擀薄，用刀背从两侧推出波浪形状，从中间切开。

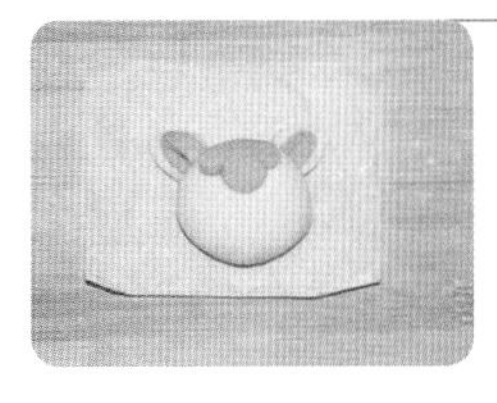

9. 用水粘在猫脸额头位置。

10. 揪黑色面团做出小猫的眼睛、鼻子、嘴巴和胡子。

11. 依次做好 8 个后，用毛笔蘸红曲水画出红脸蛋。

12. 蒸锅放足冷水，把馒头放在蒸屉上，盖好锅盖，静置 15~20 分钟，大火烧开转中火，15 分钟，关火后闷 5 分钟再出锅。

二狗妈妈碎碎念

1. 粉色面团中的红曲粉应一点一点地揉进去，千万不要加太多，颜色深了不好看哟！
2. 小花猫额头上的花纹，您也可以用剪刀剪出来，形状也可以随意一些的。

小灰猫

主人总是爱拿羽毛逗我们，其实我们不是喜欢羽毛，只是喜欢和主人一起玩耍……

原料

水 150 克
糖 30 克
酵母 3 克
中筋面粉 300 克
纯黑可可粉少许
黑芝麻粉 20 克

做法

1. 150克水倒入盆中，加入30克糖、3克酵母搅匀，加入300克中筋面粉。

2. 搅成絮状后，另取2个小碗，分别取出40克、20克面絮放入碗中，在盛有20克面絮的碗中加入少许纯黑可可粉，在大盆中加入20克黑芝麻粉。

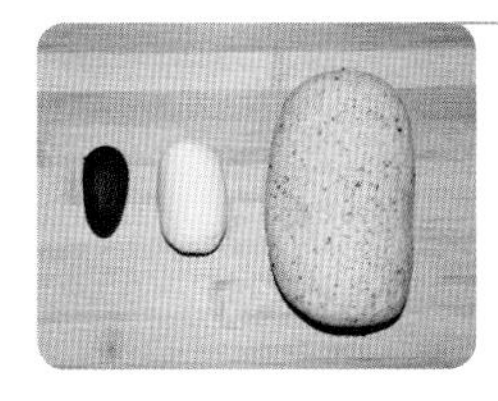

3. 分别揉成面团，盖好发酵至1.5倍大备用。

4. 案板上撒面粉，把灰色面团揉匀搓长，分成6份。

5. 取一块灰色面团，切下来1/5，将大面团揉圆按扁，小面团搓成枣核状按扁。

6. 把小面团从中间切开，用水粘在大面团上方。

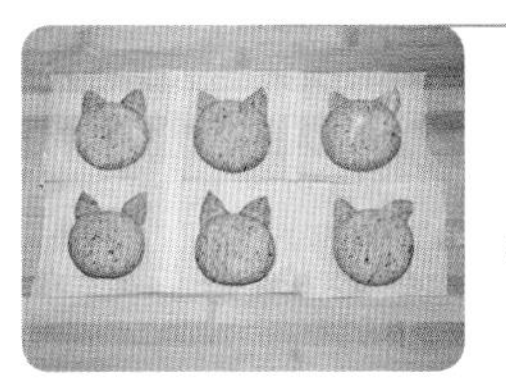

7. 依次做好6个，放在油纸上。

8. 把白色面团揉匀后擀薄，用裱花嘴扣出6个小圆片。

9. 把小圆片用水粘在灰色面团下方，揪黑色面团做出鼻子、嘴巴和胡子。

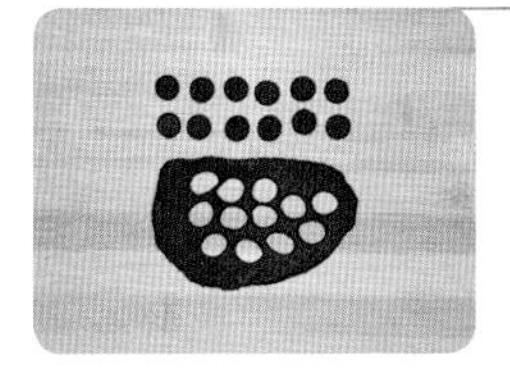

10. 把黑色面团擀开，用裱花嘴扣出12个小圆片。

11. 把黑色圆片用水粘在猫脸上的合适位置，揪白色面团做出眼睛里的亮光，再揪黑色面团做出眉毛或者额头上的花纹。

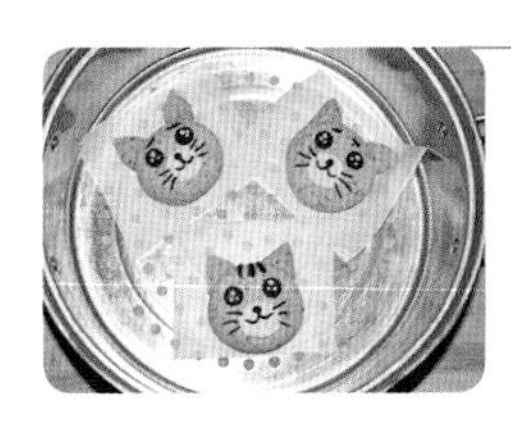

12. 蒸锅放足冷水，把馒头放在蒸屉上，盖好锅盖，静置15~20分钟，大火烧开转中火，15分钟，关火后闷5分钟再出锅。

二狗妈妈碎碎念

1. 如果做出了小猫额头上的花纹，那就不要做眉毛了。
2. 小猫脸上白色的面片不要太厚，胡须也不要太长。

小白兔

今天我请客，
胡萝卜随便吃！

原料

水 150 克
糖 30 克
酵母 3 克
中筋面粉 300 克
纯黑可可粉少许
红曲粉少许

红曲水：
红曲粉少许
水少许

做法

1. 150 克水倒入盆中，加入 30 克糖、3 克酵母搅匀，加入 300 克中筋面粉。

2. 搅成面絮后，另取 2 个小碗，分别取出 30 克、30 克面絮放入碗中，在其中一个碗中加入少许纯黑可可粉，另外一个碗中加入少许红曲粉。

3. 分别揉成面团，盖好发酵至 1.5 倍大备用。

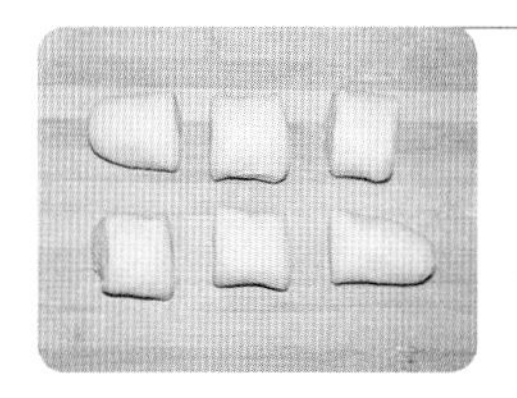

4. 案板上撒面粉，把白色面团放在案板上揉匀搓长，分成 6 份。

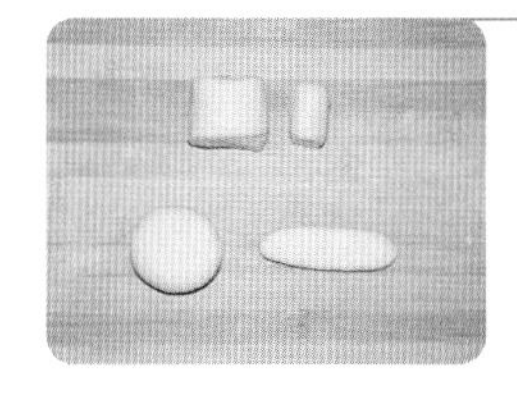

5. 取一份白色面团，切下来 1/3，将大面团揉圆按扁，小面团搓长后按扁。

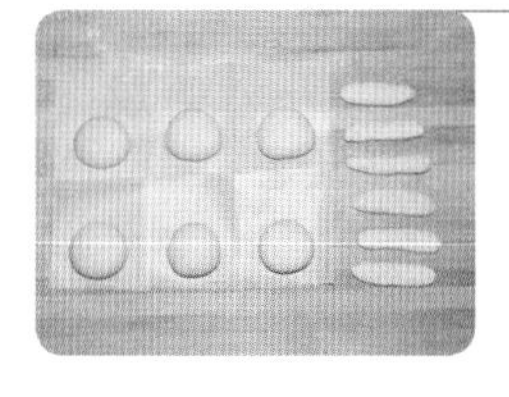

6. 分别做好 6 组，将大面团放在油纸上。

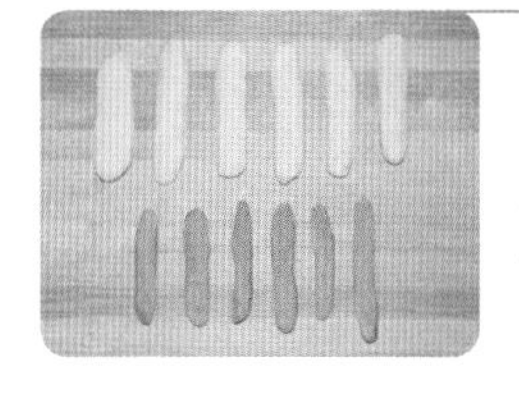

7. 把粉色面团分成 6 份，搓长后按扁，注意此时粉色面片比白色面片小一圈。

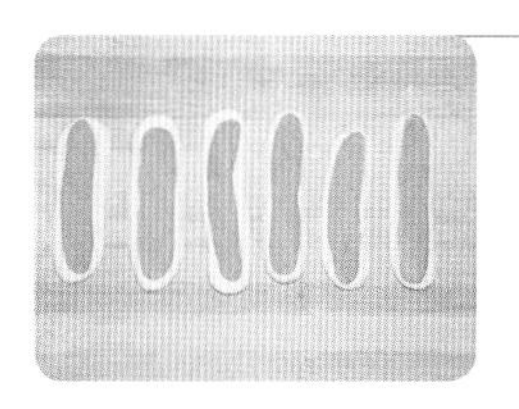

8. 把粉色面片用水粘在白色面片上，擀长。

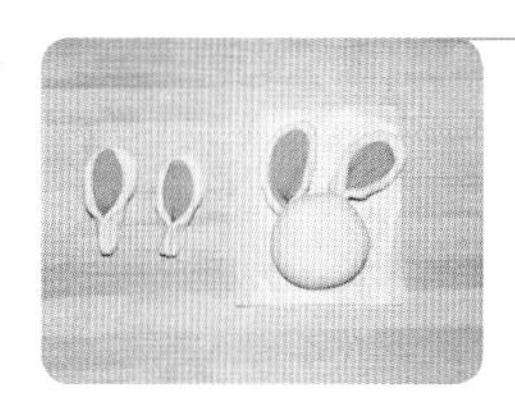

9. 将粉白长面片一分为二，把切口处向中间捏紧，用水粘在大面团上方。

10. 依次做好 6 个。

11. 揪黑色面团做出表情，如果喜欢，可以用剩余的黑色面团做兔子的领结。

12. 用毛笔蘸红曲粉水刷在兔子脸蛋上。

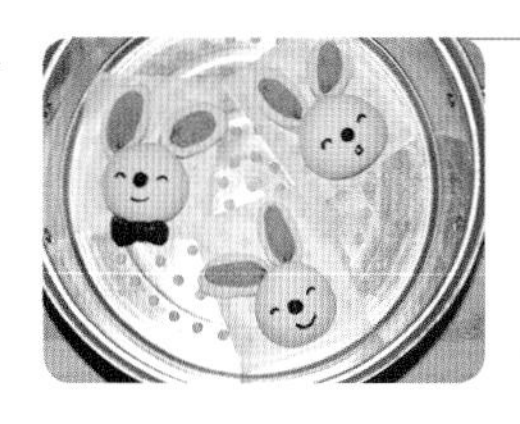

13. 蒸锅放足冷水，把馒头放在蒸屉上，盖好锅盖，静置 15~20 分钟，大火烧开转中火，15 分钟，关火后闷 5 分钟再出锅。

二狗妈妈碎碎念

1. 粉色面团里的红曲粉一定不要多放，颜色太深的兔子耳朵不好看。
2. 做表情时，先用鼻子定位，再做眼睛和嘴巴，这样比较容易掌握它们的表情。

小乌龟

原料

南瓜面团：
南瓜泥 80 克
水 40 克
糖 20 克
酵母 2 克
中筋面粉 200 克

抹茶面团：
水 40 克
糖 10 克
酵母 0.8 克
中筋面粉 80 克
抹茶粉 2 克

听说你前些日子和小兔子赛跑去啦！
你好厉害呀~~~

做法

1. 80克蒸熟凉透的南瓜泥放入盆中，加入40克水、20克糖、2克酵母搅匀。

2. 加入200克中筋面粉，揉成面团，盖好发酵至1.5倍大备用。

3. 另取一个大碗，放入40克水、10克糖、0.8克酵母搅匀后加入80克中筋面粉、2克抹茶粉搅成面絮。

4. 将碗中的面絮揉成面团，盖好发酵至1.5倍大备用。

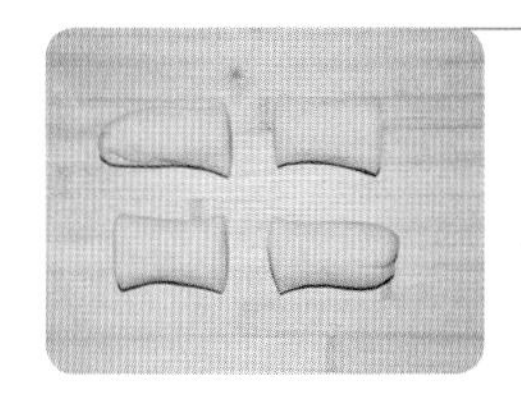

5. 案板上撒面粉，把发酵好的南瓜面团放在案板上揉匀搓长，分成4份。

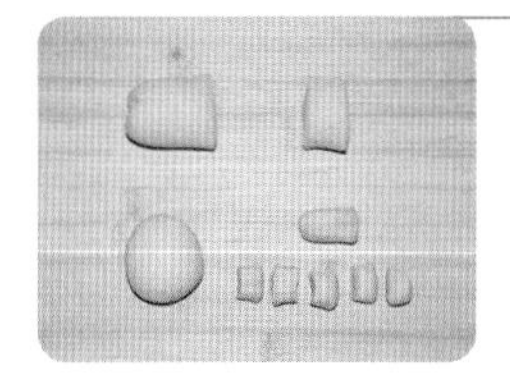

6. 取一块面团，切下来1/3，把大面团揉圆，小面团再切下来1/3后，分成5份。

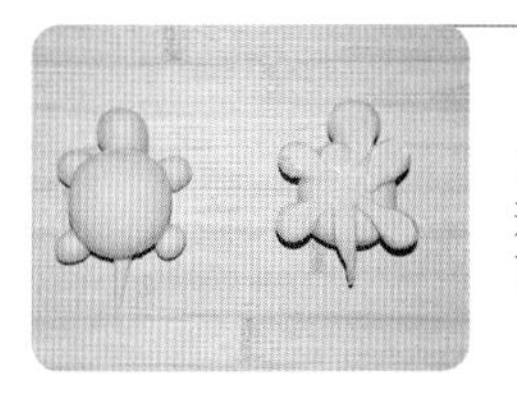

7. 把小面团都搓成水滴形，按图片用水黏合在大面团底部。

8. 依次把4只小乌龟都做好。

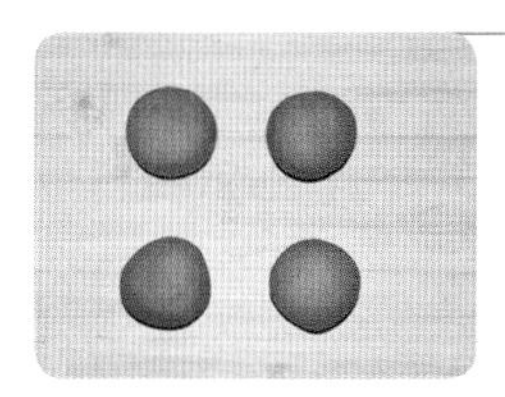

9. 案板上撒面粉，把抹茶面团揉匀后分成4份，揉圆。

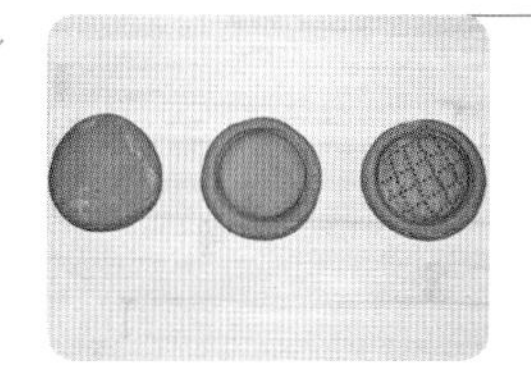

10. 把抹茶面团擀薄，用一个小一点的圆形模具按压出一个印，然后用牙签扎出网格状图案，这是龟壳。

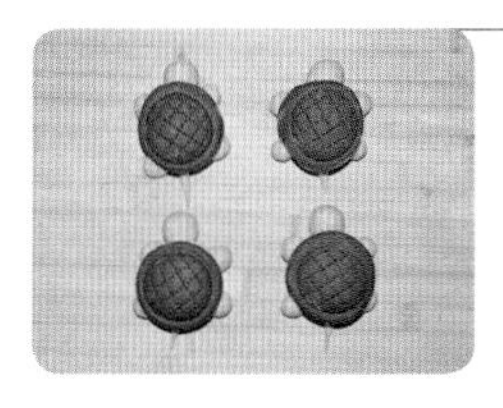

11. 把龟壳分别用水黏合在小乌龟背部。

12. 把小乌龟都放在油纸上，在其面部上粘上黑芝麻做眼睛，用牙签蘸水后戳出嘴巴，用剪刀在每个脚丫上剪3刀。

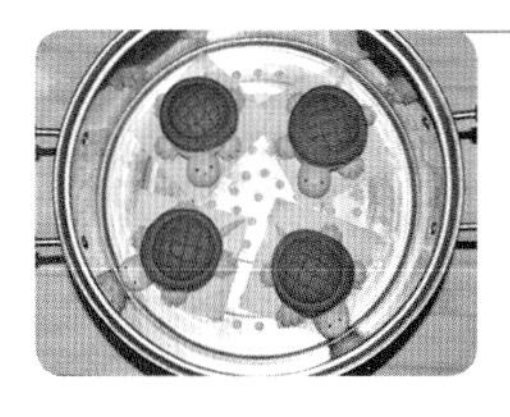

13. 蒸锅放足冷水，把馒头放在蒸屉上，盖好锅盖，静置15~20分钟，大火烧开转中火，15分钟，关火后闷5分钟再出锅。

二狗妈妈碎碎念

1. 小乌龟的壳上的花纹可以用干净的梳子按压，比用牙签省力一些。
2. 小乌龟的眼睛也可以用绿豆替换。

小猪

水 150 克
糖 30 克
酵母 3 克
中筋面粉 300 克
纯黑可可粉少许
红曲粉少许

红曲水：
红曲粉少许
水少许

做法

1. 150 克水倒入盆中，加入 30 克糖、3 克酵母搅匀，加入 300 克中筋面粉。

2. 搅成絮状后，另取 2 个小碗，分别取出 20 克、80 克面絮放入碗中，在盛有 20 克面絮的碗中加入少许纯黑可可粉，在盛有 80 克面絮的碗中加入少许红曲粉。

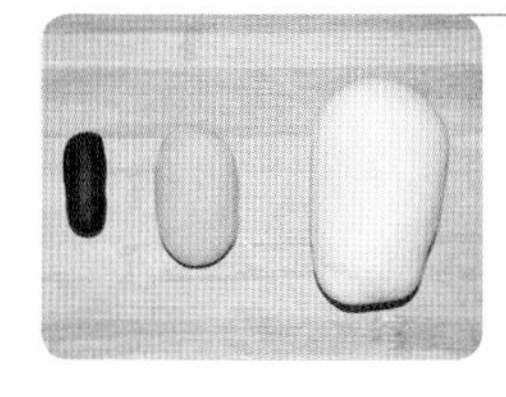

3. 分别揉成面团，盖好发酵至 1.5 倍大备用。

4. 案板上撒面粉，把白色面团放在案板上揉匀搓长，分成 8 份。

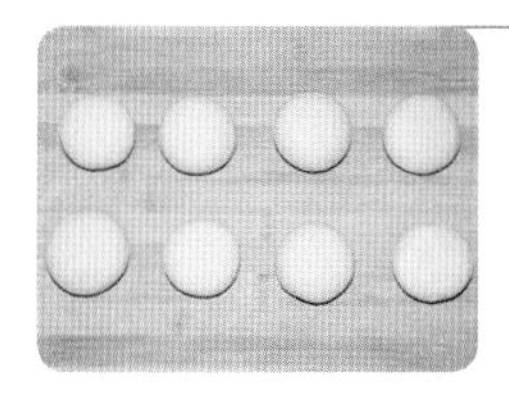

5. 分别揉圆按扁。

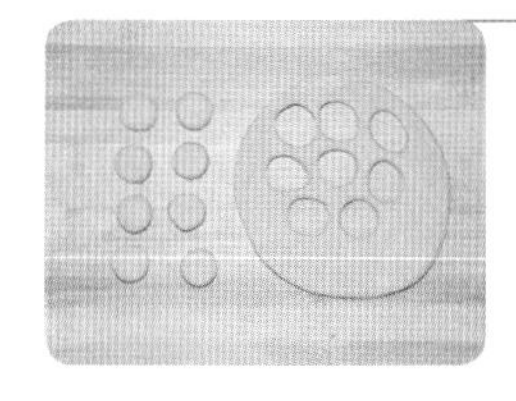

6. 把粉色面团揉匀擀成厚片，用裱花嘴扣出 8 个圆形面片。

7. 把粉色面片用水粘在白色面团中间，用牙签蘸水在粉色面片下方中间戳个洞，并往上稍压，再用筷子蘸水在粉色面片中间戳出鼻孔。

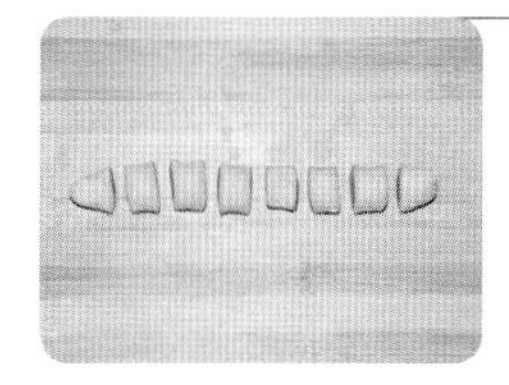

8. 再把剩余的粉色面团揉匀搓长，分成 8 份。

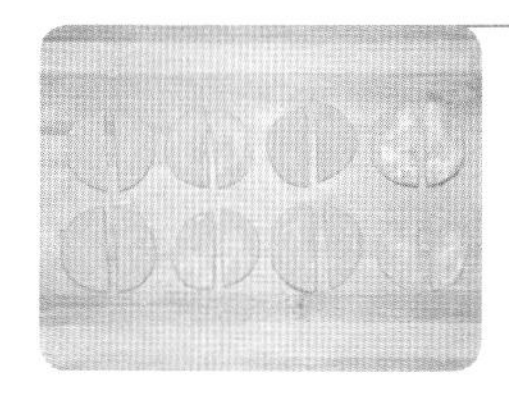

9. 把 8 份面团擀成大圆片，从中间切开。

10. 以 2 个半圆为一组，做成猪耳朵，并把馒头放在油纸上。

11. 揪黑色面团做出眼睛，用毛笔蘸红曲水画出红脸蛋。

12. 蒸锅放足冷水，把馒头放在蒸屉上，盖好锅盖，静置 15~20 分钟，大火烧开转中火，15 分钟，关火后闷 5 分钟再出锅。

二狗妈妈碎碎念

1. 猪鼻子下方用牙签蘸水往上压一下会比较好看，如果嫌麻烦也可以省略此步骤。
2. 猪耳朵的方向可以随意。
3. 猪眼睛可以用黑芝麻替换，那在和面的时候就不用再做黑色的面团啦！

第二章 动物园

看，我的妈妈给我变出了一个动物园！

狮子、老虎、金钱豹、大猩猩、长颈鹿……，我的妈妈好厉害，她可以足不出户，在厨房就给我变出来一个动物园！

妈妈告诉我说，狮子馒头可以让我威风凛凛，老虎馒头可以让我虎虎生威，金钱豹馒头可以让我跑步快如闪电，大猩猩馒头可以让我强壮机灵……

那还在等什么？快让你的妈妈也做起来吧！咱们一起在动物园里玩耍！

斑马

原料

水 150 克
糖 30 克
酵母 3 克
中筋面粉 300 克
纯黑可可粉 2 克
红曲粉少许

大哥，
为啥现在好多人
唱“斑马～斑马～”
然后就有了非常忧伤的表情呀？

我猜人类觉得
我们不快乐吧……

做法

1. 150 克水倒入盆中，加入 30 克糖、3 克酵母搅匀，加入 300 克中筋面粉。

2. 搅成絮状后，另取 2 个小碗，分别取出 20 克、100 克面絮放入碗中，在盛有 20 克面絮的碗中加入少许红曲粉，在盛有 100 克面絮的碗中加入 2 克纯黑可可粉。

3. 分别揉成面团，盖好发酵至 1.5 倍大备用。

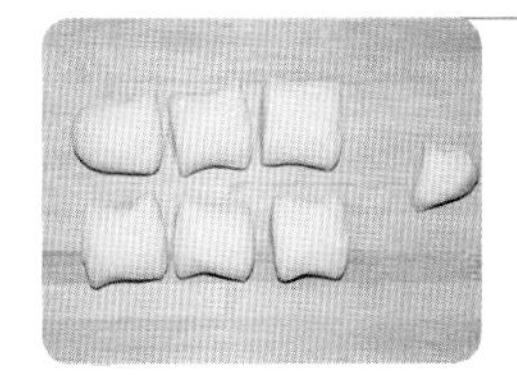

4. 案板上撒面粉，把白色面团放在案板上揉匀搓长，切下来 20 克后，把其余白色面团分成 6 份。

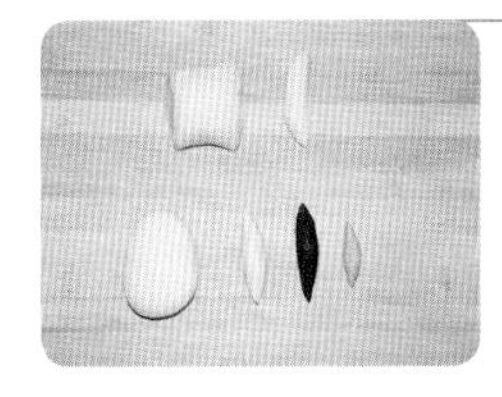

5. 取一块面团，切下来约 1/5，把大面团揉成椭圆形，小面团搓成枣核状，再揪黑色面团、粉色面团并搓成枣核状，注意黑色的比白色的稍大，粉色的比白色的稍小。

6. 把白色枣核面团用水粘在黑色枣核面团上，再把粉色枣核面团放在白色枣核面团上，稍擀，从中间切开，把切口捏紧后，用水粘在大面团上方做耳朵。

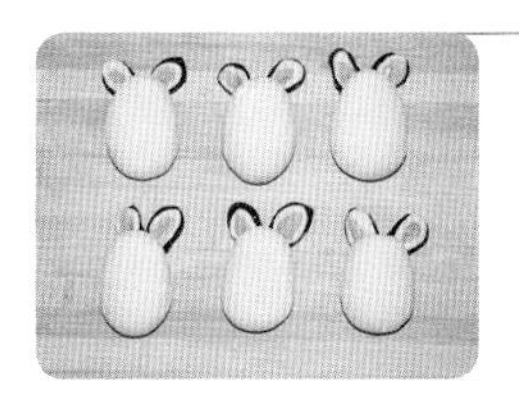

7. 依次做好 6 个。

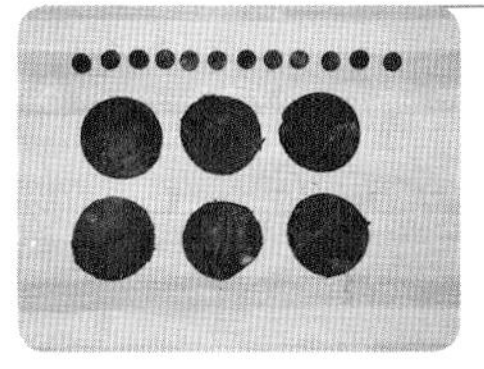

8. 把黑色面团擀开，用裱花嘴扣出 6 个大圆片（直径约为 5 厘米）和 12 个小圆片。

9. 把小圆片用水粘在眼睛的位置，大圆片用水粘在下方，包裹住白面团，并把馒头全部放在油纸上。

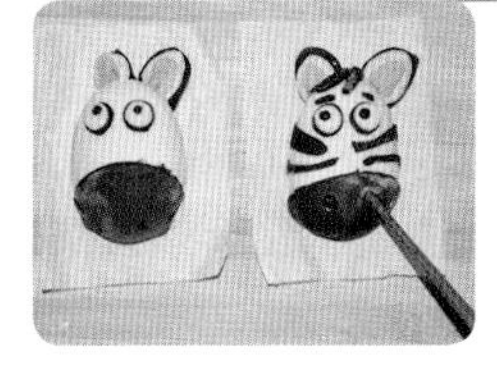

10. 把白色面团稍擀，用裱花嘴扣出 12 个小圆片，用水粘在黑色眼睛上，一定要注意白色小面片要比黑色面片稍小一些，再揪黑色面团做出头发、眉毛、眼珠和花纹，用筷子蘸水插出鼻孔。

11. 依次做好 6 个，如果喜欢，可以揪粉色面团做出舌头。

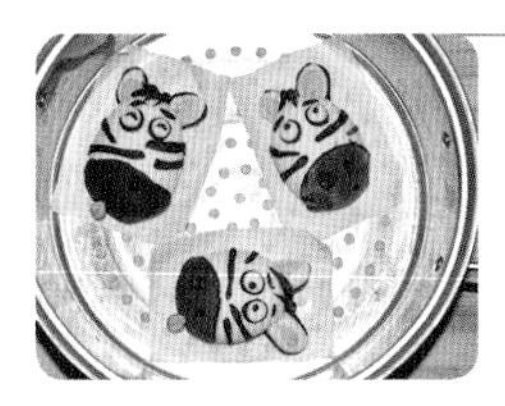

12. 蒸锅放足冷水，把馒头放在蒸屉上，盖好锅盖，静置 15~20 分钟，大火烧开转中火，15 分钟，关火后闷 5 分钟再出锅。

二狗妈妈碎碎念

1. 斑马脸上的纹路可以有长有短，有宽有窄，这样才生动。
2. 注意斑马的眼睛，白色面片要比黑色面片稍小一圈才好看。
3. 如果想让斑马吐着舌头，那可以在合适位置用牙签蘸水戳个洞，揪粉色面团搓成水滴形，然后把尖头塞进洞中，用牙签蘸水在粉色中间压一下就可以了。

你说，
你是不是淘气，
把这些树枝子都用鼻子拽下来啦！

嗯……
是我拽的……我
一会儿收拾干净还不行吗？

原料

水 150 克
糖 30 克
酵母 3 克
中筋面粉 300 克
纯黑可可粉少许
黑芝麻粉 15 克
可可粉 1 克

红曲水：
红曲粉少许
水少许

二狗妈妈碎碎念

1. 鼻子上的压痕入锅前再压，压早了面团发酵后基本上看不出来。
2. 大象耳朵要注意，黑芝麻面片比白面片大一圈才好看。
3. 可可粉是为了调整大象的肤色，如果没有，可以不放。

做法

1. 150 克水倒入盆中，加入 30 克糖、3 克酵母搅匀，加入 300 克中筋面粉。

2. 搅成絮状后，取 2 个小碗，分别取出 30 克、60 克面絮放入碗中，在盛有 30 克面絮的碗中加入少许纯黑可可粉，在大盆中加入 1 克可可粉、15 克黑芝麻粉。

3. 分别揉成面团，盖好发酵至 1.5 倍大备用。

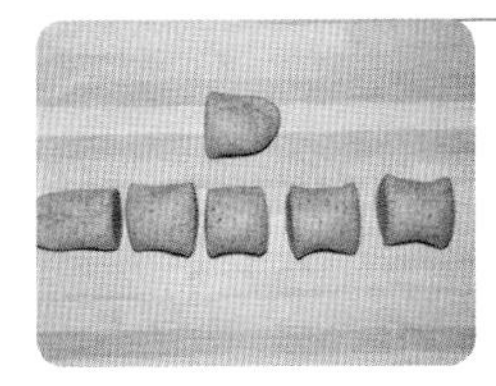

4. 案板上撒面粉，把黑芝麻面团放在案板上揉匀搓长，分成 6 份，其中一份盖好备用。

5. 取一块黑芝麻面团，切下来 1/4，将大面团揉圆，小面团搓成一边稍粗的长条。

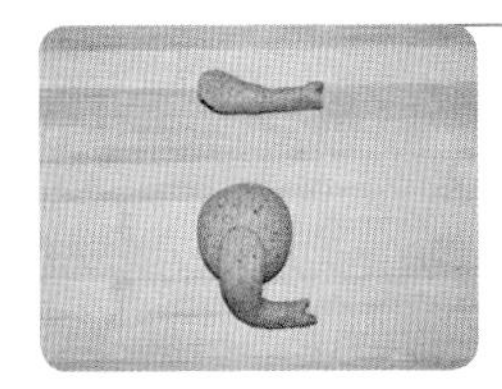

6. 把小面条粗的一头压扁，细的一头用剪刀剪开一点，捏出大象的鼻子头，用水粘在大面团中间，依次做好 5 个。

7. 把预留的那一块黑芝麻面团搓长，分成 5 份，揉成椭圆形。

8. 将其擀开后，用刀在边缘往里推，形成一个像云朵一样的形状。

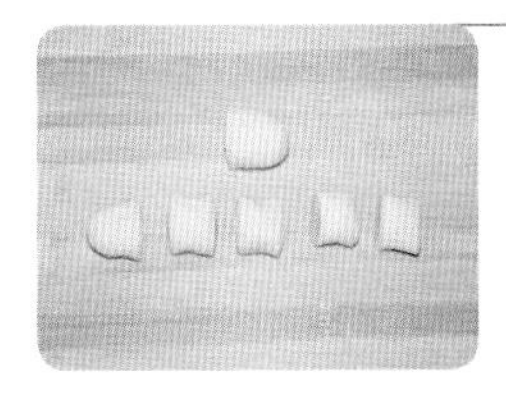

9. 把白色面团揉匀搓长，分成 6 份，留一份盖好备用。

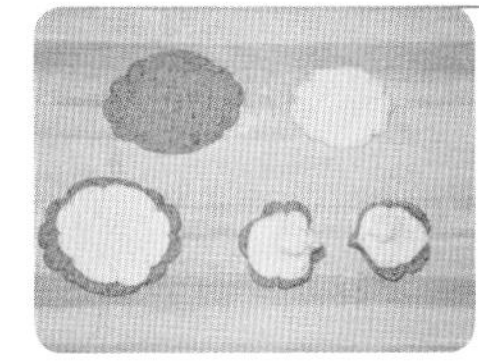

10. 把白色面团也依照第 8 步骤做成云朵状，用水粘在黑芝麻面片上，从中间切开，再把切口处捏起来。

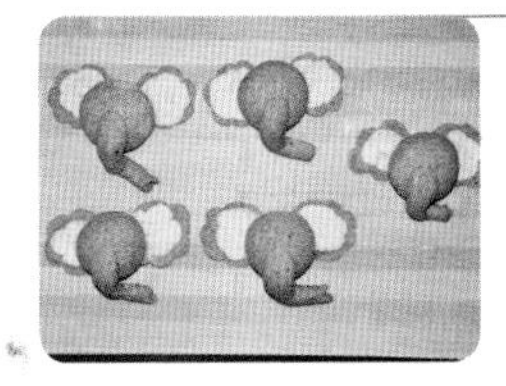

11. 把耳朵粘在大象的脸后方。

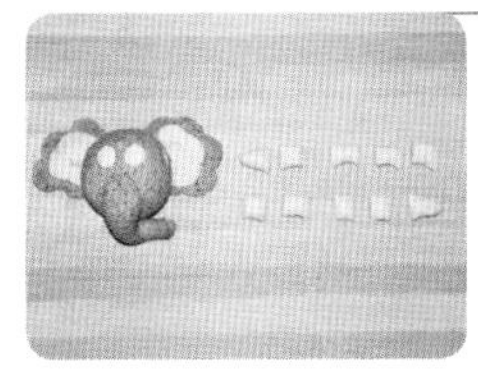

12. 从预留的白色面团上，先揪出大小合适的小扁块粘在脸上做眼睛，再将其余的白色面团分成 10 份。

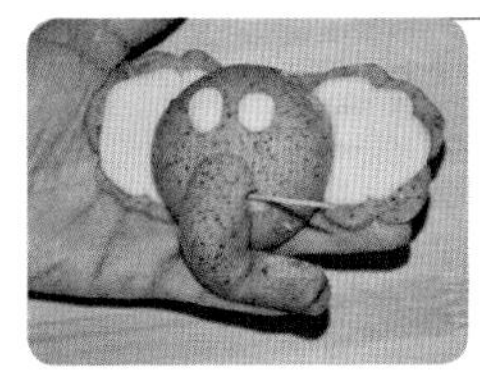

13. 在鼻子下方用牙签蘸水戳洞。

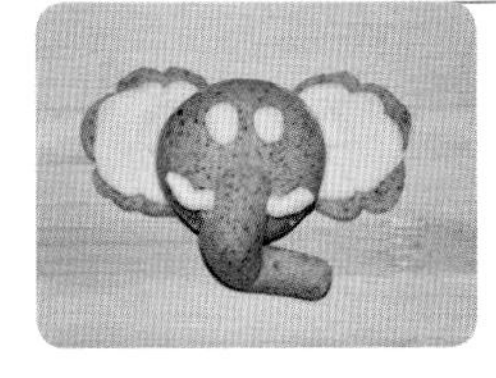

14. 把小面团搓长塞入洞中，这是象牙。

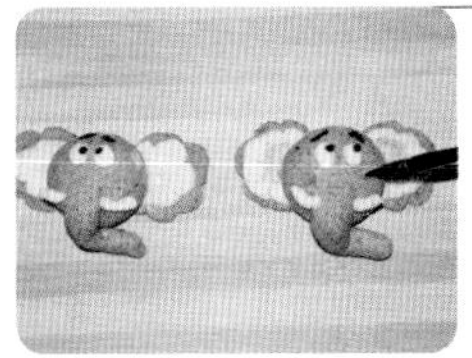

15. 揪黑色面团做出眼珠和眉毛，再用毛笔蘸红曲粉水刷出红脸蛋和粉耳朵，再用刀背在鼻子上压几下。

16. 蒸锅放足冷水，把馒头放在油纸上，再放在蒸屉上，盖好锅盖，静置 15~20 分钟，大火烧开转中火，15 分钟，关火后闷 5 分钟再出锅。

黑猩猩

水 160 克
糖 30 克
酵母 3 克
中筋面粉 300 克
纯黑可可粉 4 克 + 少许
黑芝麻粉 15 克
可可粉 8 克
红曲粉少许

你俩在干啥？
在约会吗？

这都看不出来吗？
你过来干啥呀……
一点儿眼力见儿都没有，
怪不得现在没有女朋友……

做法

1. 150克水倒入盆中，加入30克糖、3克酵母搅匀，加入300克中筋面粉。

2. 搅成絮状后，取3个小碗，分别取出20克、20克、130克面絮放入碗中，在一个盛有20克面絮的碗中加入少许纯黑可可粉，在盛有130克面絮的碗中加入少许红曲粉，在大盆中加入15克黑芝麻粉、8克可可粉、4克纯黑可可粉、少许水（约10克）。

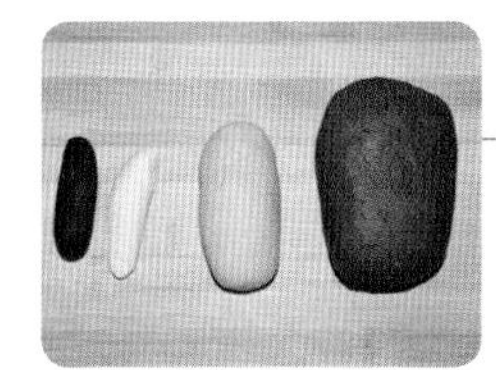

3. 分别揉成面团，盖好发酵至1.5倍大备用。

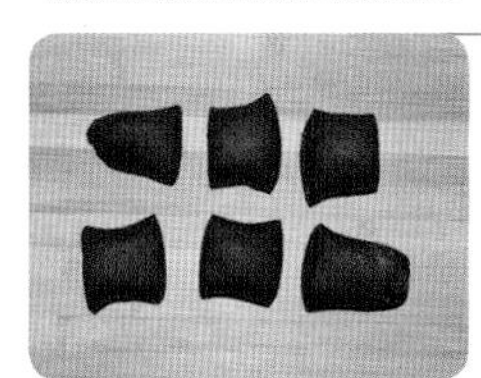

4. 案板上撒面粉，把黑棕色面团放在案板上揉匀搓长，分成6份。

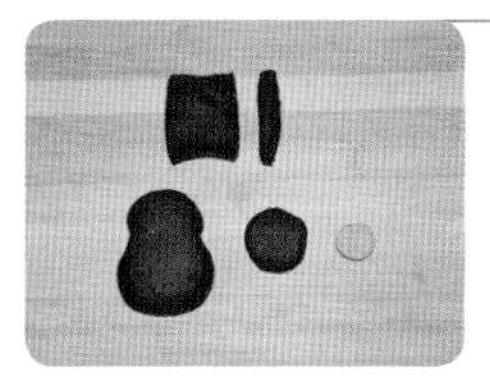

5. 取一块面团，切下来1/5，将大面团揉圆后整理成葫芦形状，小面团揉圆按扁，再揪一块粉色面团，揉圆按扁，粉色面团要比黑棕色小面团稍小一些。

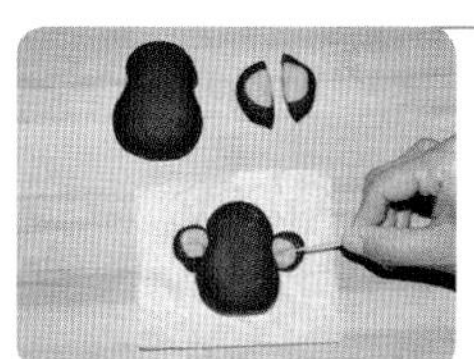

6. 把粉色面团用水粘在黑棕色小面团上，稍擀，从中间切开，把切口捏在一起，用水粘在大面团两侧，用牙签蘸水在耳朵中间压一下，并把馒头放在油纸上。

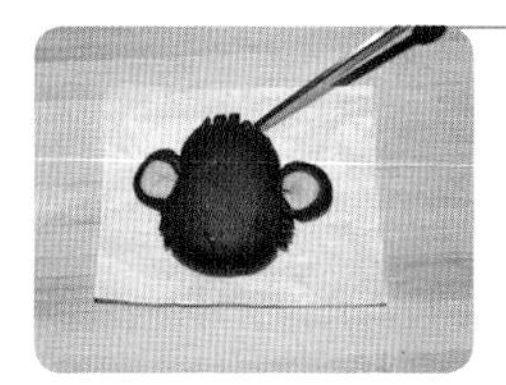

7. 用剪刀在猩猩头顶、脸蛋两侧剪几刀，依次做好6个。

8. 揪6个粉面团，每个约6克，擀开，剪成桃心状。

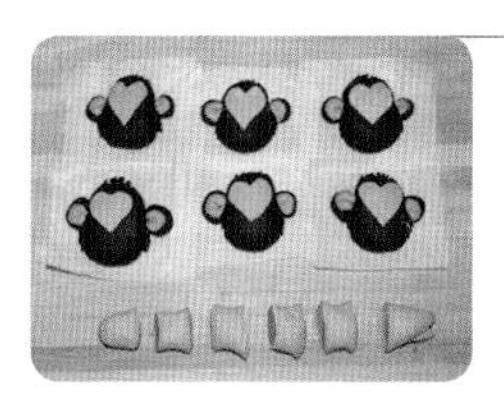

9. 把桃心状的粉色面片用水粘在猩猩脸上方，再把其余粉色面团揉匀搓长，分成6份。

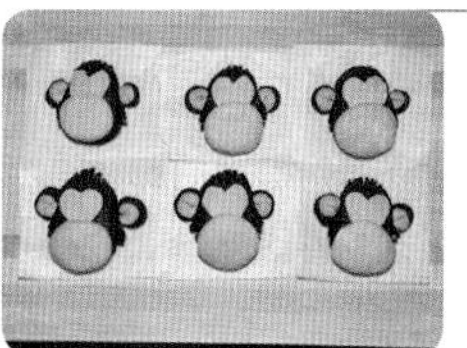

10. 把粉色面团揉圆稍擀，用水粘在猩猩脸下方。

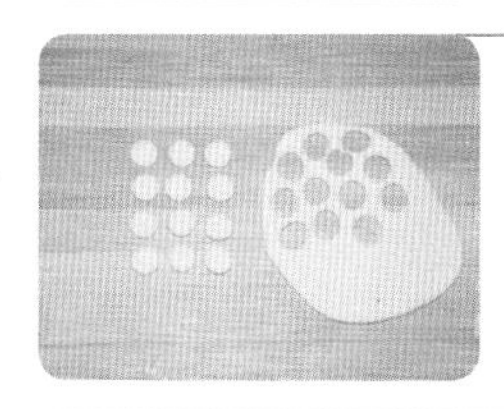

11. 把白色面团擀开，用裱花嘴扣出12个小圆片。

12. 揪黑色面团做出眉毛、眼珠和嘴巴，用筷子蘸水戳出鼻孔。

13. 依次做好6个。

14. 蒸锅放足冷水，把馒头放在蒸屉上，盖好锅盖，静置15~20分钟，大火烧开转中火，15分钟，关火后闷5分钟再出锅。

二狗妈妈碎碎念

1. 我想把猩猩毛的颜色做成黑棕色，在大盆中加了可可粉和纯黑可可粉，但又想要感觉粗糙一些，所以用了黑芝麻粉，因为加入的粉量稍多，所以在揉制面团时多加了少许水（10克左右）。
2. 如果您只想把猩猩做成棕色，那您可以只用8克可可粉，其他不变。
3. 用筷子戳鼻孔时，注意往下压一下，这样会更像一些。

狐狸

水 150 克
糖 30 克
酵母 3 克
中筋面粉 300 克
纯黑可可粉少许
红曲粉 5 克

1. 150 克水倒入盆中，加入 30 克糖、3 克酵母搅匀，加入 300 克中筋面粉。

2. 搅成絮状后，取 2 个小碗，分别取出 20 克、60 克面絮放入碗中，在盛有 20 克面絮的碗中加入少许纯黑可可粉，在大盆中加入 5 克红曲粉。

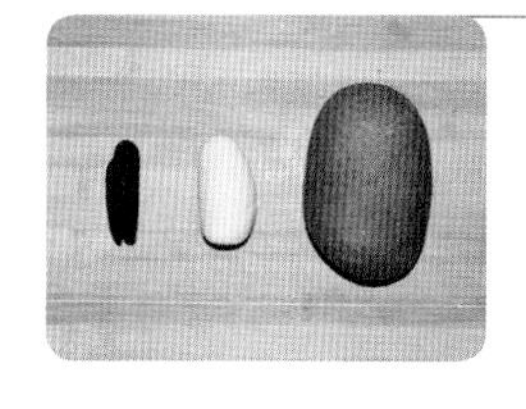

3. 分别揉成面团，盖好发酵至 1.5 倍大备用。

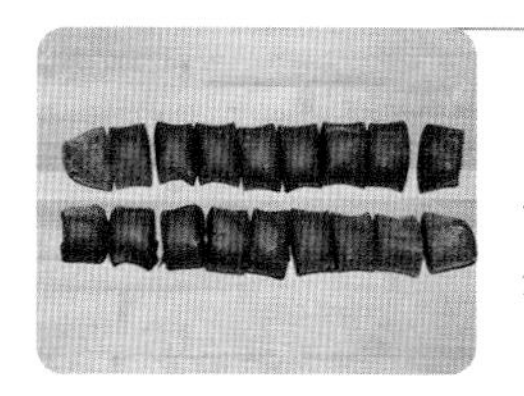

4. 案板上撒面粉，把红色面团放在案板上揉匀搓长，分成 18 份。

5. 取一块红色面团，切下来约 1/4，将大面团搓成水滴形，小面团搓成枣核形，揪白色面团搓成小枣核形。

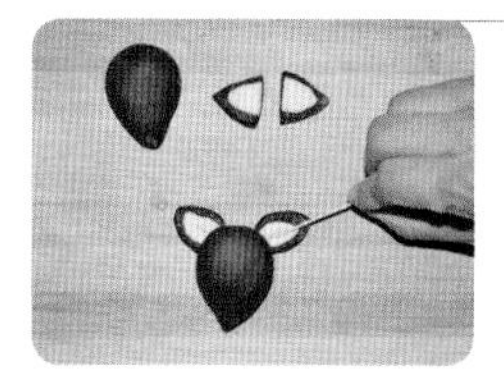

6. 把白色枣核形面团用水粘在红色枣核形面团上，稍擀，从中间切开，用水粘在大面团上方，用牙签蘸水在每个耳朵中间压一下。

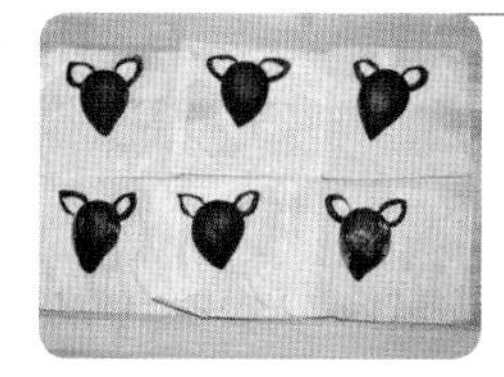

7. 依次做好 6 个，放在油纸上。

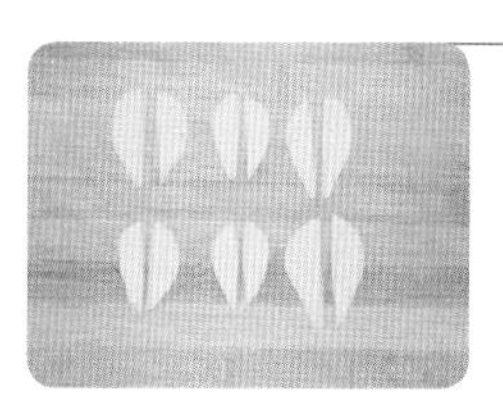

8. 揪白色面团，每个约 3 克，搓成水滴形，擀薄成片，从中间切开。

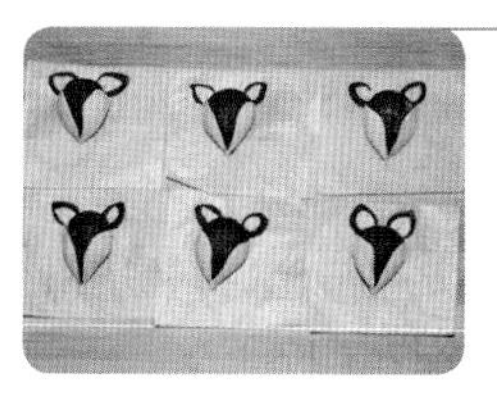

9. 把两个一组的半水滴形面片用水粘在狐狸脸的两侧。

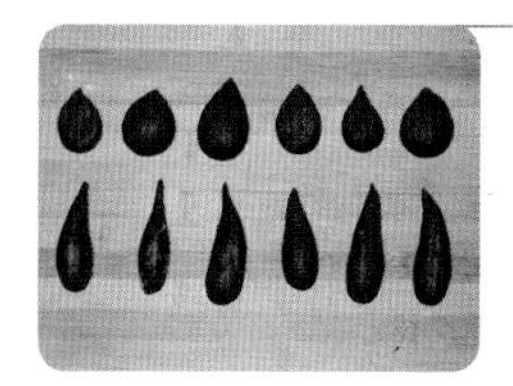

10. 把其他的 12 个红色面团中的 6 个搓成短一点的水滴形，将其余 6 个搓成长一点的水滴形。

11. 把其余的白色面团分成3份，揉圆擀薄，从中间切开。

12. 把切口这边用剪刀修成锯齿状，用水粘在长一点的水滴形红面团宽的这边，再搓尖一点，这是尾巴。

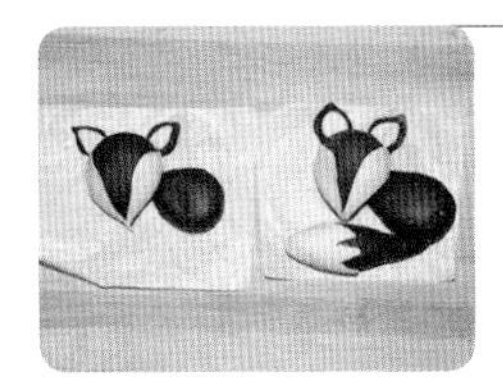

13. 把狐狸头放在短一点的水滴形尖头处，把尾巴放在短一点的水滴形宽头下方，放在油纸上，依次做好6个。

14. 用勺子蘸水在图中这个位置压一下。

15. 揪黑色面团做出眉毛、眼睛和鼻子。

16. 蒸锅放足冷水，把馒头放在蒸屉上，盖好锅盖，静置15~20分钟，大火烧开转中火，15分钟，关火后闷5分钟再出锅。

二狗妈妈碎碎念

1. 注意狐狸脸的白色脸颊，是水滴形面片有弧度的部分在中间哟！
2. 狐狸的身体方向可以不太一样，看您喜欢。

金钱豹

秋天到了，
落叶纷飞……
此时此景，
突然好惆怅……

原料

南瓜面团：
南瓜泥 80 克
水 40 克
糖 20 克
酵母 2 克
中筋面粉 200 克

其他面团：
水 50 克
糖 10 克
酵母 1 克
中筋面粉 100 克
纯黑可可粉少许

做法

1. 80 克蒸熟凉透的南瓜泥放入盆中，加入 40 克水、20 克糖、2 克酵母搅匀。

2. 加入 200 克中筋面粉，揉成面团，盖好发酵至 1.5 倍大备用。

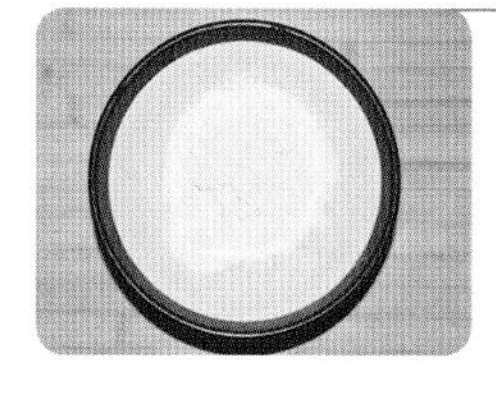

3. 50 克水倒入碗中，加入 10 克糖、1 克酵母搅匀，加入 100 克中筋面粉。

4. 搅成絮状后，另取一个小碗，分出来 30 克面絮放入小碗中，加入少许纯黑可可粉。

5. 将两个碗中的面絮分别揉成面团，盖好发酵至 1.5 倍大备用。

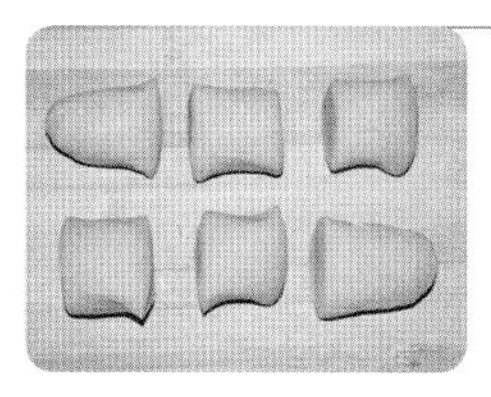

6. 案板上撒面粉，把南瓜面团放在案板上揉匀搓长，分成 6 份。

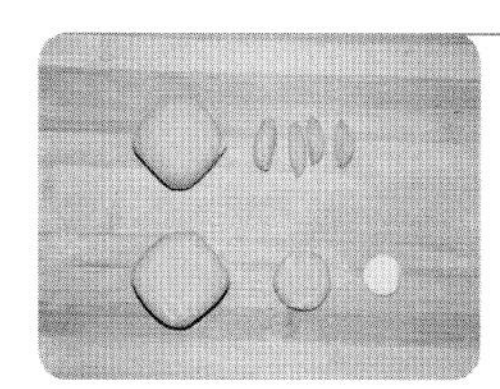

7. 取一个南瓜面团揉圆按扁，用刀切下来四边，让大面团变成一个方形，把切下来的面团揉在一起按扁，揪白色面团也揉圆按扁，白色面片要比黄色面片小一些。

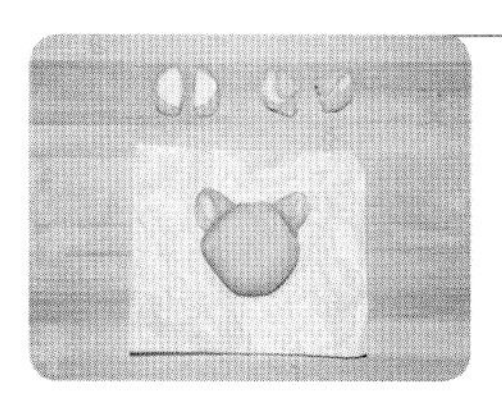

8. 把白色面片用水粘在黄色面片上，从中间切开，从上向下稍折，用水粘在大面团上方两侧，并放在油纸上。

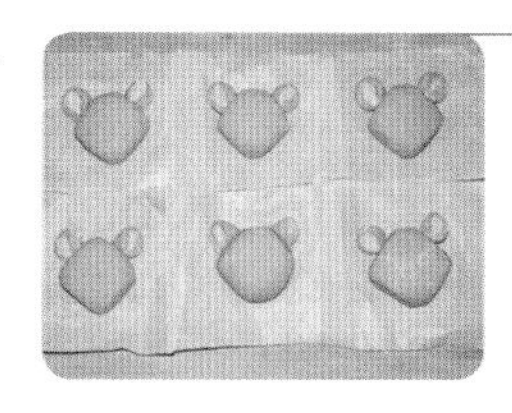

9. 依次做好 6 个。

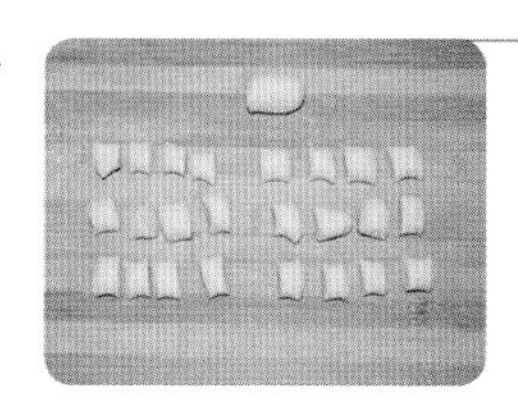

10. 把白色面团揉匀搓长，切下来 10 克，其余的分成 24 个小面团。

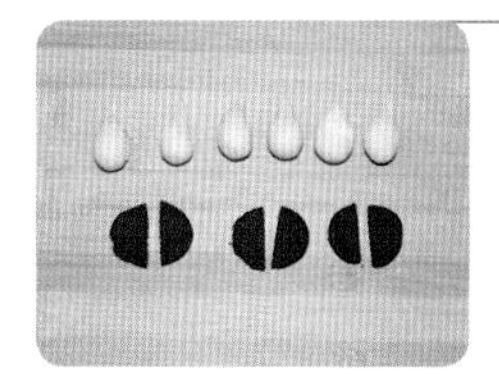

11. 把其中的6个小面团搓成水滴形，揪出3块黑色面团（每个约5克），揉圆擀薄，从中间切开。

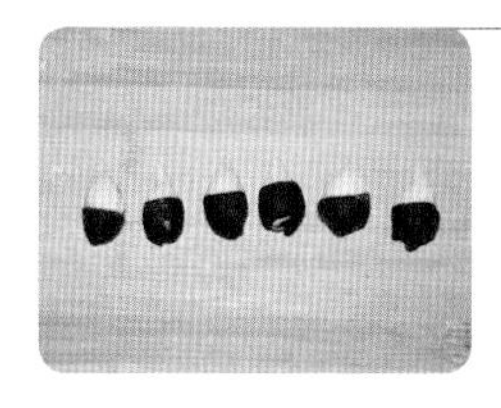

12. 用黑色半圆面片包住水滴形白面团下方。

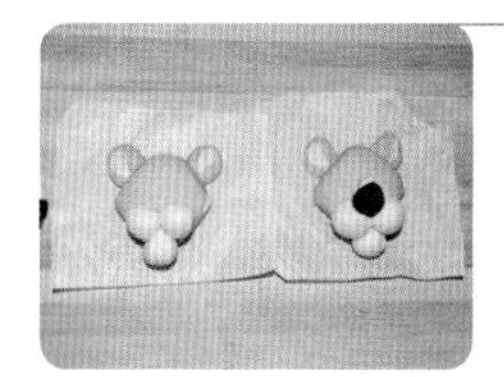

13. 以3个白色面团为一组，揉圆，用水粘在南瓜面团下方，把半黑半白的水滴形面团用水粘在中间，依次做好6个。

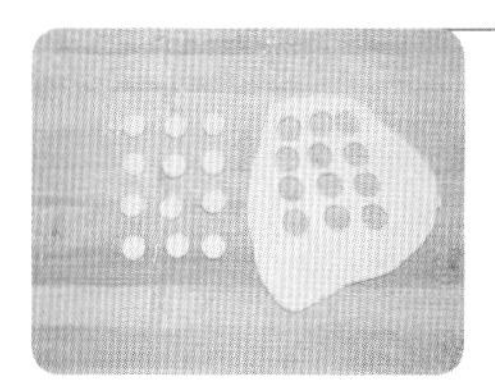

14. 把预留的白色面团擀开，用裱花嘴扣出12个小圆片。

15. 以2个南瓜小圆片为一组，用水粘在南瓜面团上方，揪黑色面团做出眉毛、眼珠、胡子和豹纹。

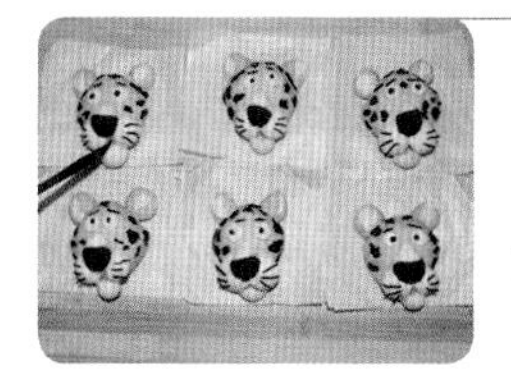

16. 依次做好6个，用红曲水在3个白色面团中间画嘴巴。

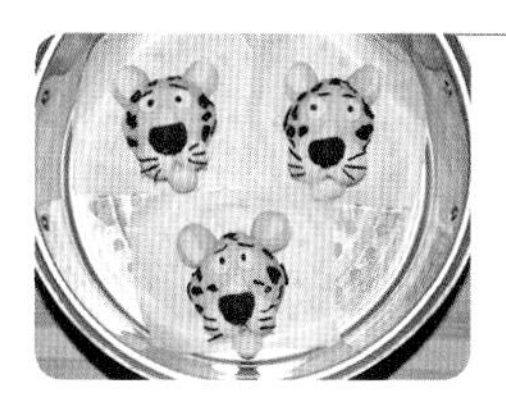

17. 蒸锅放足冷水，把馒头放在蒸屉上，盖好锅盖，静置15~20分钟，大火烧开转中火，15分钟，关火后闷5分钟再出锅。

1. 豹子的脸形不要太方，边角不要太尖。
2. 豹子身上的花纹不要太规则，我是用手从面团上搓下来的小面团制作的，这样会比较自然。

鲸鱼

我们比赛游泳吧！
快点，快追上我……

原料

水 150 克
糖 30 克
酵母 3 克
中筋面粉 300 克
纯黑可可粉少许
蝶豆花粉 20 克

红曲水：
红曲粉少许
水少许

做法

1. 150 克水倒入盆中，加入 30 克糖、3 克酵母搅匀，加入 300 克中筋面粉。

2. 搅成絮状后，取 2 个小碗，分别取出 20 克、50 克面絮放入碗中，在盛有 20 克面絮的碗中加入少许纯黑可可粉，在大盆中加入 20 克蝶豆花粉。

3. 分别揉成面团，盖好发酵至 1.5 倍大备用。

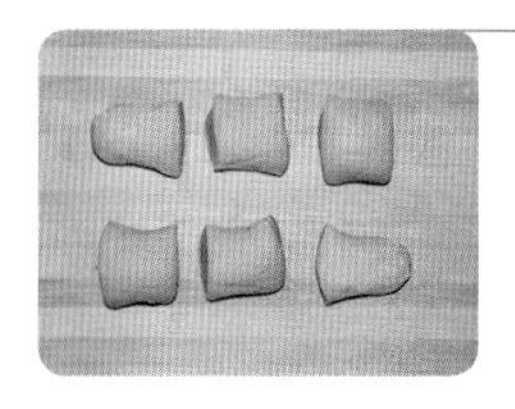

4. 案板上撒面粉，把蓝色面团放在案板上揉匀搓长，分成 6 份。

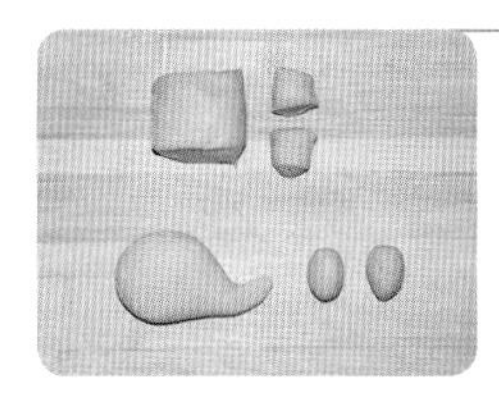

5. 取一块蓝色面团，切下来约 1/4，把小面团再一分为二，把大面团搓成水滴形再整理成鲸鱼身体的形状，小面团揉成椭圆形。

6. 把大面团放在油纸上，取一块小面团，用水粘在鲸鱼尾巴的位置，用刀蘸水后切开尾巴处的小面团，另一块小面团备用。

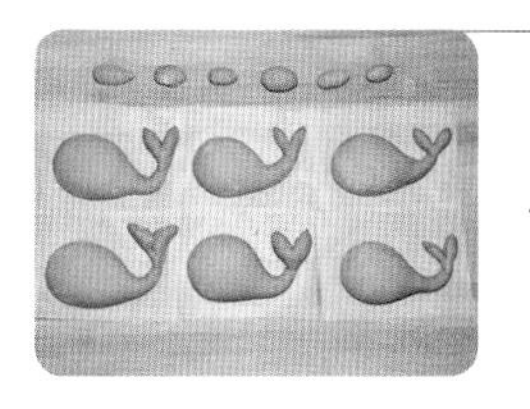

7. 依次做好 6 个。

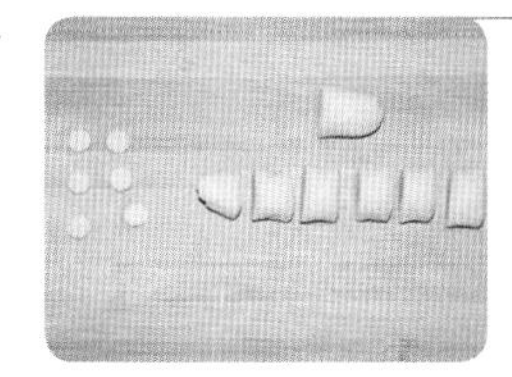

8. 把白色面团擀开，用裱花嘴扣出 6 个圆形小面片，再把其他白色面团揉匀，切下来 20 克后，把其余的面团分成 6 份。

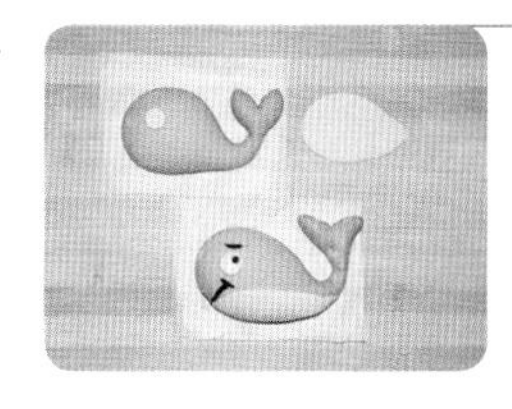

9. 把小面片用水粘在眼睛的位置，把白色面团擀开，用水粘在鲸鱼的肚子位置，揪黑色面团做出眼珠和嘴巴。

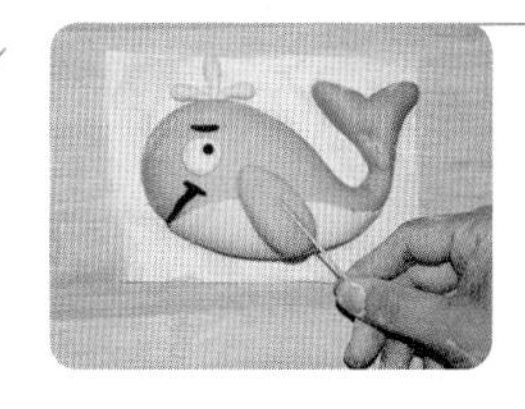

10. 把预留的蓝色小面团用水粘在合适的位置，用牙签蘸水稍压出几道印。

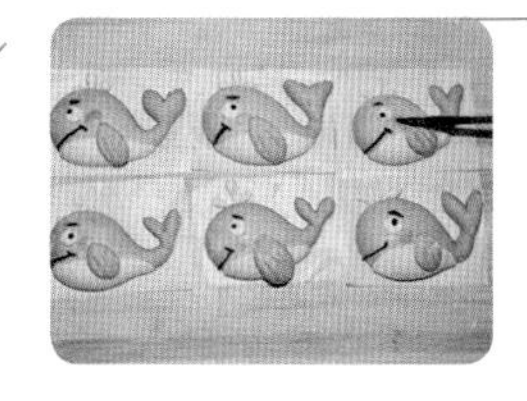

11. 依次做好 6 个，用毛笔蘸红曲水画出红脸蛋。

12. 蒸锅放足冷水，把馒头放在蒸屉上，盖好锅盖，静置 15~20 分钟，大火烧开转中火，15 分钟，关火后闷 5 分钟再出锅。

二狗妈妈碎碎念

1. 白肚皮面团尽量擀薄一点，注意形状。
2. 鲸鱼喷的水花尽量搓得细一点，否则，蒸出来的水花会很短不好看。

原料
水 150 克
糖 30 克
酵母 3 克
中筋面粉 300 克
纯黑可可粉 1 克
黑芝麻粉 15 克
红曲水：
红曲粉少许
水少许
考拉
秋天到了，
你们看，树叶都掉光了，
以后，藏猫猫游戏就不能
玩了……

做法

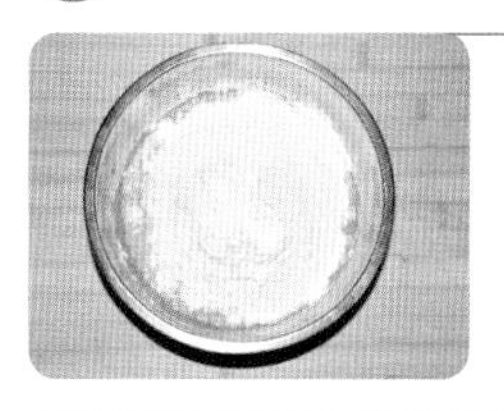

1. 150 克水倒入盆中，加入 30 克糖、3 克酵母搅匀，加入 300 克中筋面粉。

2. 搅成絮状后，拿 2 个小碗，分别取出 30 克、40 克面絮放入碗中，在盛有 30 克面絮的碗中加入 1 克纯黑可可粉，在大盆中加入 15 克黑芝麻粉。

3. 分别揉成面团，盖好发酵至 1.5 倍大备用。

4. 案板上撒面粉，把黑芝麻面团放在案板上揉匀搓长，分成 6 份。

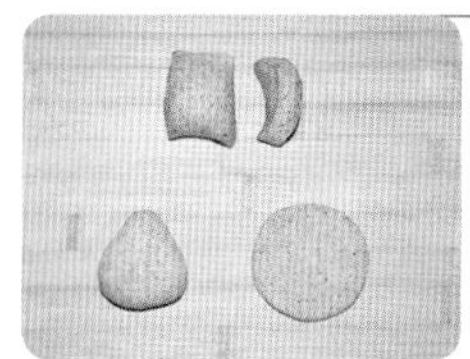

5. 取一块黑芝麻面团，切下来约 1/3，把大面团揉圆整理成三角形，小面团揉圆擀成圆片。

6. 依次做好 6 组。

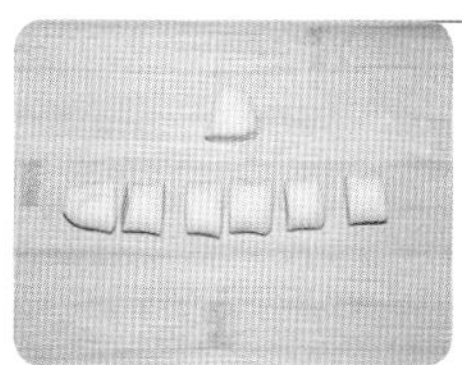

7. 把白色面团放案板上揉匀后分成 7 份，留一份盖好备用。

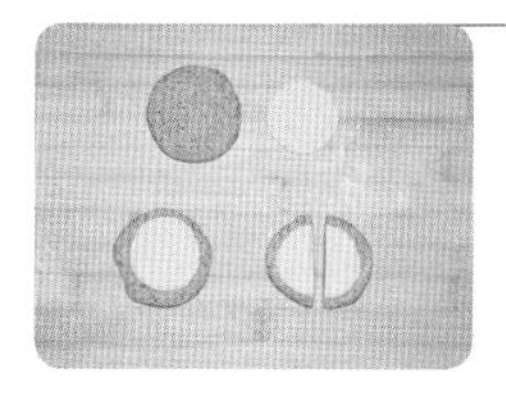

8. 把白色面团揉圆按扁，擀成比黑芝麻圆面片稍小的面片，用水黏合在一起后，从中间切开。

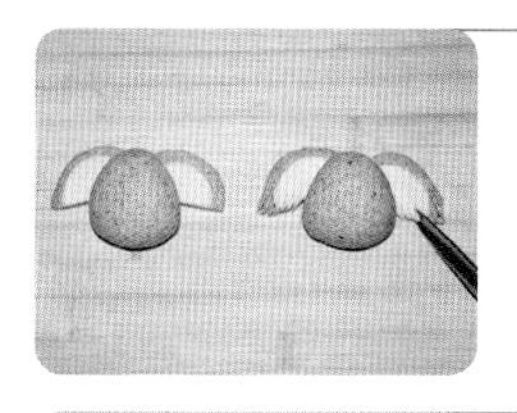

9. 把半圆的混合面片用水粘在三角形面团下方，用剪刀把下方剪几刀。

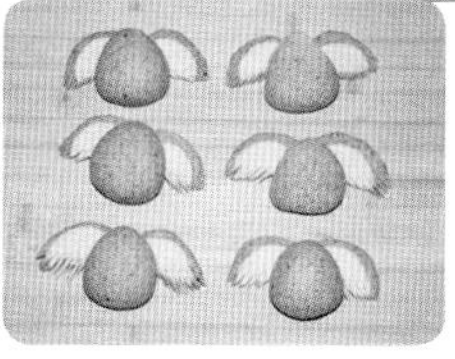

10. 依次做好 6 个。

11. 先揪黑色面团搓成椭圆形，用水粘在面团中间，再揪黑色面团做出嘴巴，然后揪白色面团做出眼睛，最后再揪黑色面团做出眼珠和眉毛。

12. 用毛笔蘸红曲水给考拉画上粉脸蛋和粉耳朵。

13. 蒸锅放足冷水，把馒头放在蒸屉上，盖好锅盖，静置 15~20 分钟，大火烧开转中火，15 分钟，关火后闷 5 分钟再出锅。

二狗妈妈碎碎念

1. 红曲水颜色尽量调得稍浅一点，这样出来的小脸蛋粉扑扑的，好看。
2. 按第 11 步骤的先后顺序做，先用鼻子定位，再做嘴巴、眼睛和眉毛，这样比较容易掌握它们的表情。
3. 耳朵也可以做成圆形，也很呆萌。

老虎

原料

南瓜面团：
南瓜泥 80 克
水 40 克
糖 20 克
酵母 2 克
中筋面粉 200 克

其他面团：
水 30 克
糖 6 克
酵母 0.6 克
中筋面粉 60 克
纯黑可可粉少许

做法

1. 80 克蒸熟凉透的南瓜泥放入盆中，加入 40 克水、20 克糖、2 克酵母搅匀。

2. 加入 200 克中筋面粉，揉成面团，盖好发酵至 1.5 倍大备用。

3. 30 克水倒入碗中，加入 6 克糖、0.6 克酵母搅匀，加入 60 克中筋面粉。

4. 搅成絮状后，另取一个小碗，分出来 20 克面絮放入小碗中，加入少许纯黑可可粉。

5. 分别揉成面团，盖好发酵至 1.5 倍大备用。

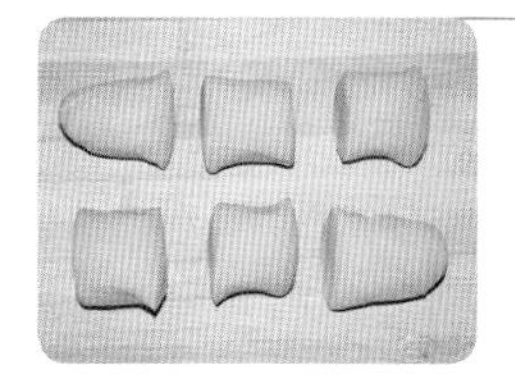

6. 案板上撒面粉，把南瓜面团放在案板上揉匀搓长，分成 6 份。

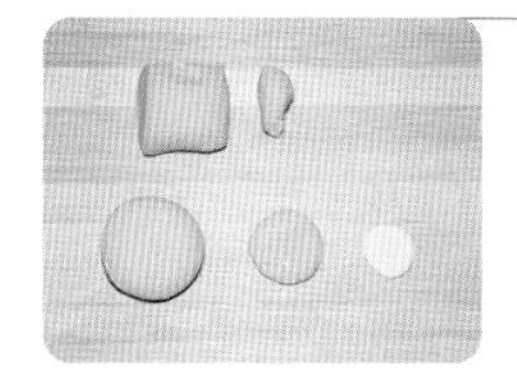

7. 取一块南瓜面团，切下来 1/5，将大、小面团分别揉圆按扁，再揪一块白色面团，揉圆按扁，白色面团要比南瓜小面团稍小一些。

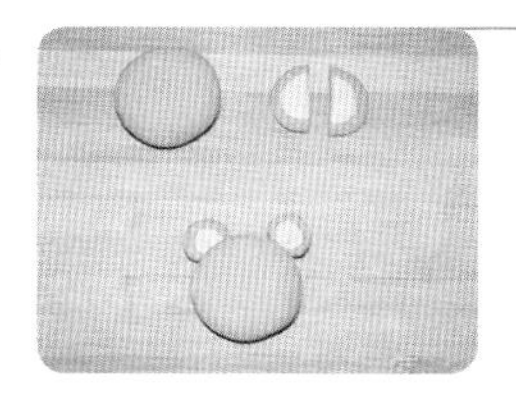

8. 把白色面团用水粘在黄色（南瓜）小面团上，稍擀，从中间切开，把切口捏在一起，用水粘在大面团上方两侧。

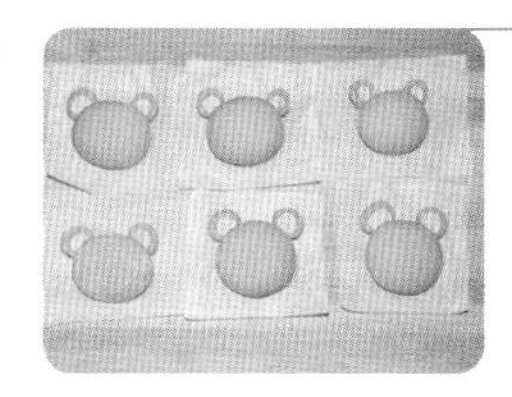

9. 依次做好 6 个，并放在油纸上。

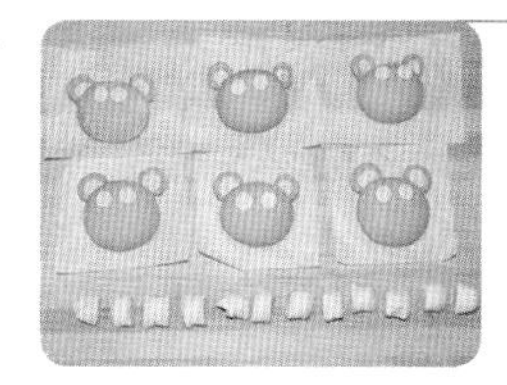

10. 揪白色面团做出眼睛，用水粘在南瓜面团上方，再把白色面团搓长分成 12 份。

11. 以 2 个白色小面团为一组，揉圆后用水粘在南瓜面团下方，再揪黑色面团做出眼珠、眉毛和鼻子，再做出额头上的“王”字和胡子，用牙签蘸水戳出嘴巴。

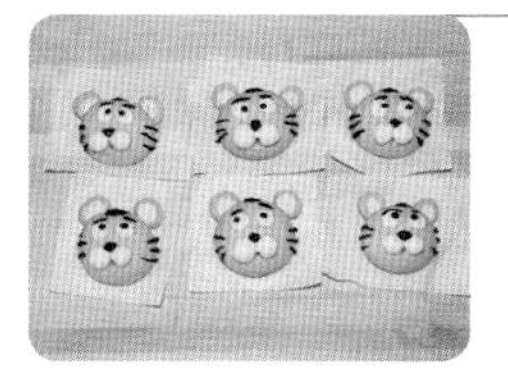

12. 依次做好 6 个，用牙签在大的白色面团上扎几个孔。

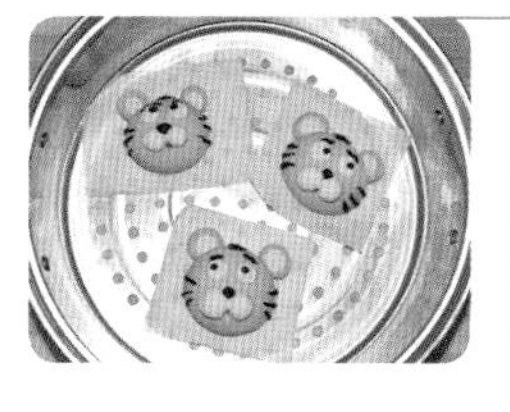

13. 蒸锅放足冷水，把馒头放在蒸屉上，盖好锅盖，静置 15~20 分钟，大火烧开转中火，15 分钟，关火后闷 5 分钟再出锅。

二狗妈妈碎碎念

1. 老虎额头上的“王”字不用非常规整，也不用全部都放在额头前面，这样会更自然一些。
2. 老虎的鼻子不要太大，大鼻子不好看哟！

狮子

 **原料**

南瓜面团：
南瓜泥 80 克
水 40 克
糖 20 克
酵母 2 克
中筋面粉 200 克

其他面团：
水 120 克
糖 20 克
酵母 2 克
中筋面粉 240 克
可可粉 8 克
纯黑可可粉少许

做法

1. 80 克蒸熟凉透的南瓜泥放入盆中，加入 40 克水、20 克糖、2 克酵母搅匀。

2. 加入 200 克中筋面粉，揉成面团，盖好发酵至 1.5 倍大备用。

3. 另取一个大碗，120 克水倒入碗中，加入20克糖、2 克酵母搅匀，加入 240 克中筋面粉。

4. 搅成絮状后，拿 2 个小碗，分别取出各 30 克面絮放入碗中，在一个小碗中加入少许纯黑可可粉，大碗中加入 8 克可可粉。

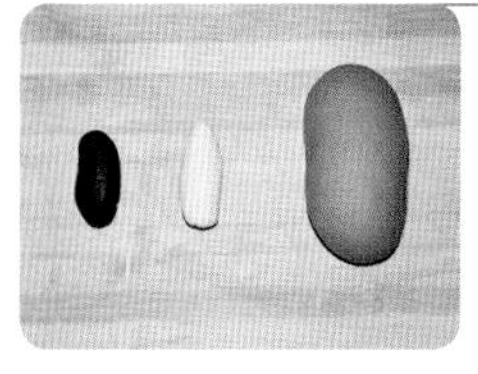

5. 分别揉成面团，盖好发酵至 1.5 倍大备用。

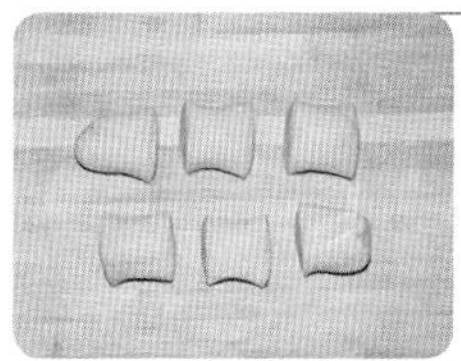

6. 案板上撒面粉，把南瓜面团放在案板上揉匀搓长，分成 6 份。

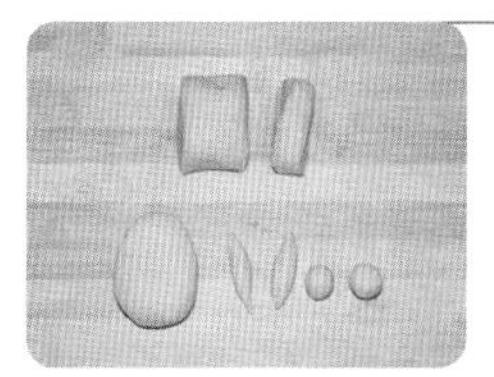

7. 取一块南瓜面团，切下来 1/4，将大面团揉成椭圆形，小面团分成 4 份，将其中 2 份搓成枣核形，另 2 份搓圆。

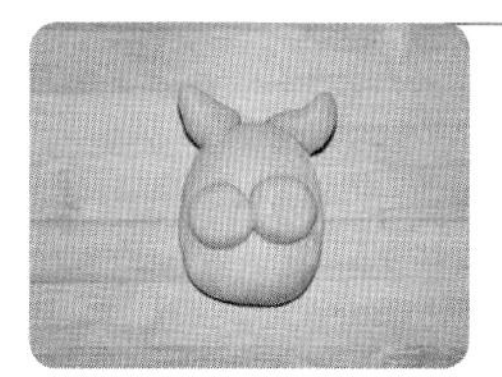

8. 把小圆面团用水黏合在大面团中间，枣核形面团用水粘在大面团上方，依次做好 6 个，这是狮子的脸哟！

9. 案板上撒面粉，把咖啡色面团放在案板上揉匀搓长，分成 6 份。

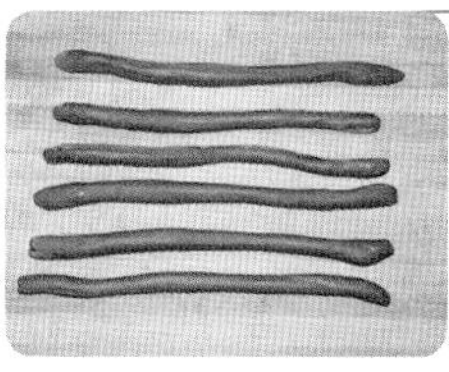

10. 将 6 份咖啡色面团搓成长条。

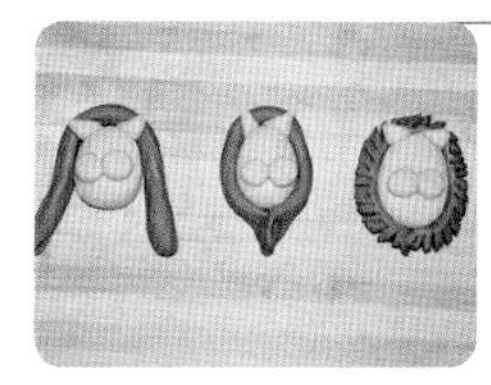

11. 把长条围在狮子脸周围，最好收口在脸的下方，捏紧，用剪刀把咖啡色面条剪出鬃毛的形状，依次做好 6 个，并放在油纸上。

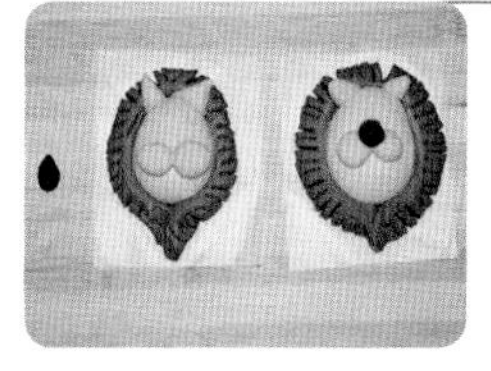

12. 揪黑色面团搓成水滴形，用水粘在两个小圆面团中间。

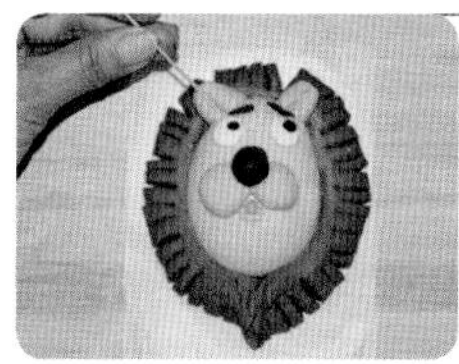

13. 揪白色面团、黑色面团做出眼睛和眉毛，然后用牙签蘸水在耳朵中间压一下，在小圆面团上扎几下，再在嘴的位置扎出个洞做嘴巴。

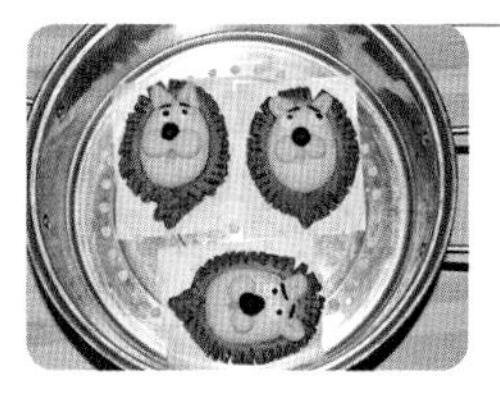

14. 蒸锅放足冷水，把馒头放在蒸屉上，盖好锅盖，静置 15~20 分钟，大火烧开转中火，15 分钟，关火后闷 5 分钟再出锅。

二狗妈妈碎碎念

1. 用咖啡色面团搓成的面条不要太长，围在狮子脸周围试一下，比狮子脸围稍长一点即可。
2. 用牙签按压耳朵、嘴巴的时候，一定要压得深一些，这样蒸出来后才有压痕。
3. 黑色和白色面团都会剩余一些，可以按扁藏在某个狮子的后方就可以啦！

刺猬

原料

水 150 克
糖 30 克
酵母 3 克
中筋面粉 300 克
纯黑可可粉少许
红曲粉少许
黑芝麻粉 15 克

是啊，我记得去年的这个时候樱桃又大又红呢！

今年的果子怎么不大呀？

做法

1. 150 克水倒入盆中，加入 30 克糖、3 克酵母搅匀，加入 300 克中筋面粉。

2. 搅成面絮后，另取 3 个小碗，分别取出 20 克、20 克、120 克面絮放入碗中，在一个盛有 20 克面絮的碗中加入少许纯黑可可粉，在盛有 120 克面絮的碗中加入 15 克黑芝麻粉，在大盆中加入少许红曲粉。

3. 分别揉成面团，盖好发酵至 1.5 倍大备用。

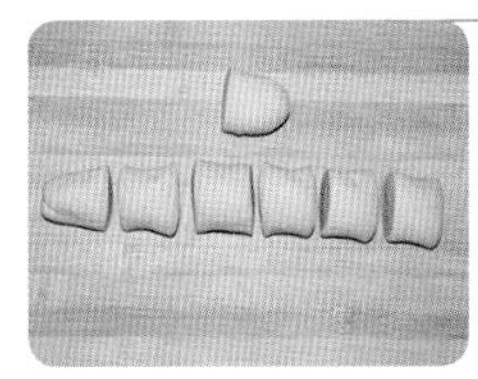

4. 案板上撒面粉，把粉色面团放在案板上揉匀搓长，分成 7 份，有一份备用。

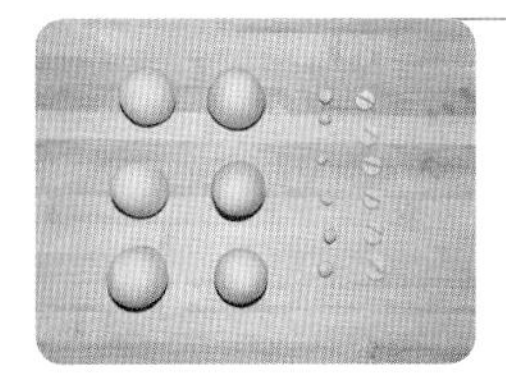

5. 把 6 个粉色面团揉圆，从预留的那块面团上揪下来 12 个小面团，将其中的 6 个揉圆成球，将另 6 个揉圆后擀开成片，把小圆片从中间切开。

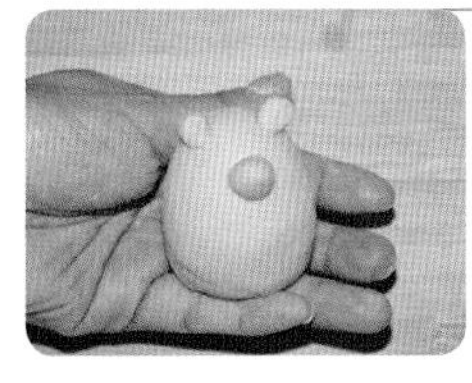

6. 把小圆球用水粘在馒头上方做鼻子，把 2 个半圆面片切口捏合后用水粘在馒头上方两侧做耳朵。

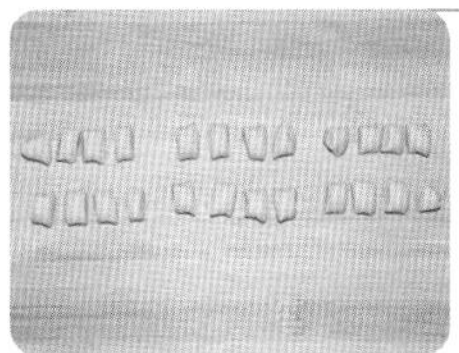

7. 把预留的粉色面团搓长，分成 24 份。

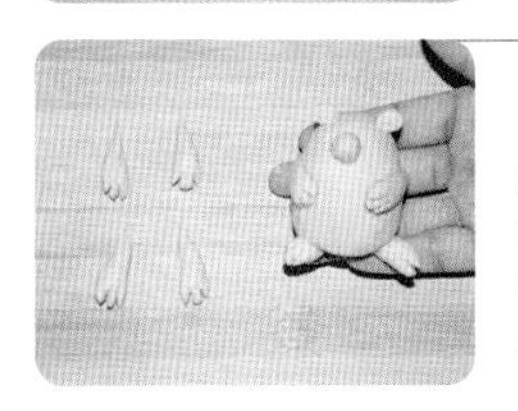

8. 每 4 个小粉色面团为一组，搓成水滴形，用剪刀在宽头这边剪 2 刀，用水粘在馒头的合适位置做手脚。

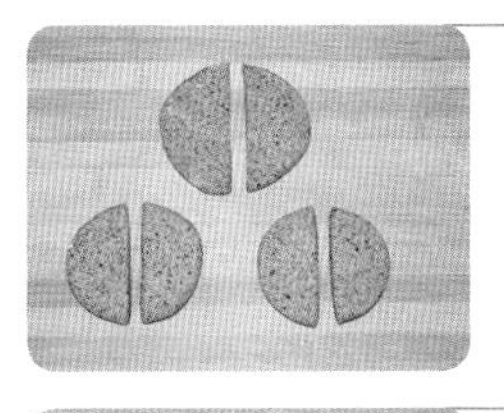

9. 把黑芝麻面团揉匀，分成 3 份，揉圆擀开成片，从中间切开。

10. 把黑芝麻面片用水黏合在耳朵后边的位置，包裹住粉色面团，多余部分都在馒头底部收好。

11. 用剪刀在黑芝麻面片上剪出刺，再揪白色面团和黑色面团做出眉毛、眼睛和鼻头。

12. 依次做好 6 个。

13. 蒸锅放足冷水，把馒头放在油纸上，再放在蒸屉上，盖好锅盖，静置 15~20 分钟，大火烧开转中火，15 分钟，关火后闷 5 分钟再出锅。

二狗妈妈碎碎念

1. 粉色面团做成馒头形状时，尽量搓高一些。
2. 黑芝麻面团擀得不要太薄，不然剪刺的时候会剪到粉色面团，那样就不好看了。
3. 如果拍照要好看可爱的效果，那就用牙签插几个水果在刺猬背上就好了。

小猴子

水 150 克
糖 30 克
酵母 3 克
中筋面粉 300 克
纯黑可可粉少许
红曲粉少许
可可粉 8 克

做法

1. 150 克水倒入盆中，加入 30 克糖、3 克酵母搅匀，加入 300 克中筋面粉。

2. 搅成絮状后，取 2 个小碗，分别取出 30 克、60 克面絮放入碗中，在盛有 30 克面絮的碗中加入少许纯黑可可粉，在盛有 60 克面絮的碗中加入少许红曲粉，在大盆中加入 8 克可可粉。

3. 分别揉成面团，盖好发酵至 1.5 倍大备用。

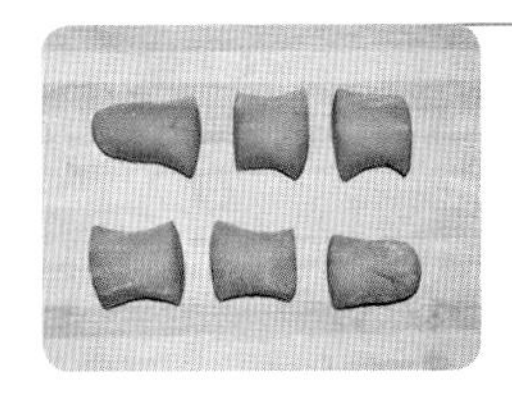

4. 案板上撒面粉，把咖啡色面团放在案板上揉匀搓长，分成 6 份。

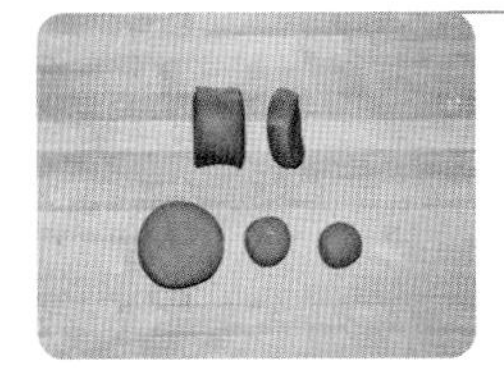

5. 取一块咖啡色面团，切下来 1/3，将大面团揉圆按扁，小面团一分为二，分别揉圆。

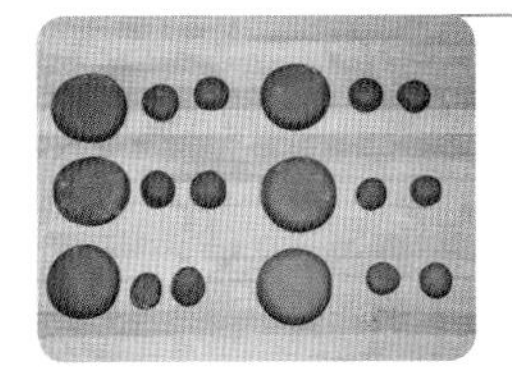

6. 依次做好 6 组。

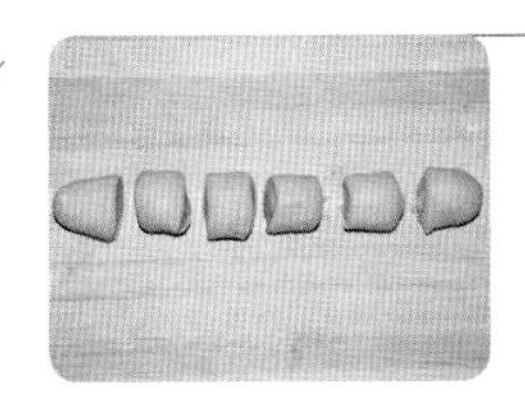

7. 案板上撒面粉，把粉色面团放在案板上揉匀搓长，分成 6 份。

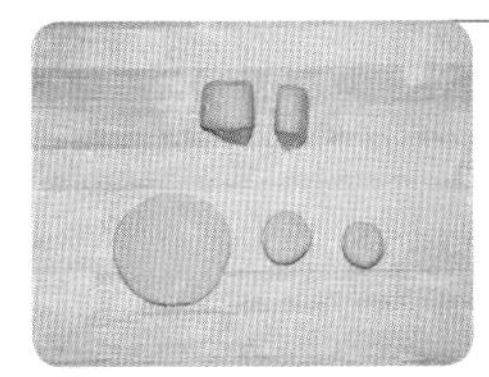

8. 取一块粉色面团，切下来 1/3，将大面团揉圆擀开成片，小面团一分为二，搓圆。

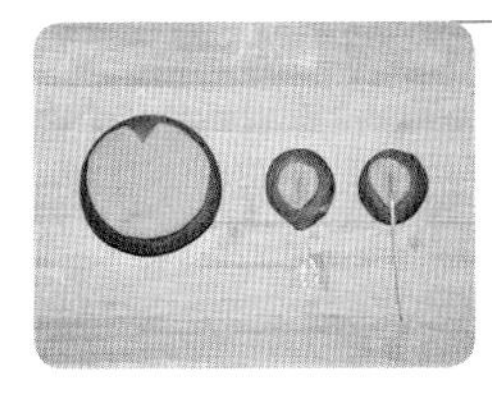

9. 在大面片中间剪一个小三角，用水粘在咖啡色大面团上，把粉色小面团搓圆并用水粘在咖啡色小面团中间，用牙签在小面团中间压一下，这是耳朵。

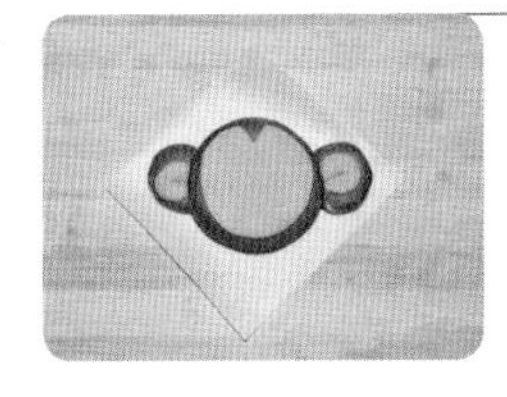

10. 把所有面团移到油纸上，把耳朵用水粘在脸的两侧。

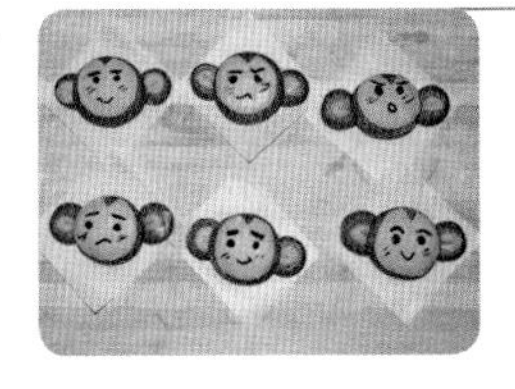

11. 依次做好 6 个，并揪黑色面团做出表情。

12. 蒸锅放足冷水，把馒头放在蒸屉上，盖好锅盖，静置 15~20 分钟，大火烧开转中火，15 分钟，关火后闷 5 分钟再出锅。

二狗妈妈碎碎念

1. 制作小猴子的脸面团时，一定不要放太多的红曲粉，不然脸太红不好看哟！当然，您也可以不用红曲粉，就是白色的脸，最后用红曲水刷出红脸蛋也是很可爱的。
2. 表情的设计可以发挥您的想象力，不一定要和我做的一样。
3. 也可以用牙签插出 2 个鼻孔，但不要太大哟！

小花牛

我才不要呢，
我刚洗完澡~~~

阳光真好，
咱们在草地上打个滚吧！

原料

水 150 克
糖 30 克
酵母 3 克
中筋面粉 300 克
纯黑可可粉少许
红曲粉少许

可可糊:
可可粉少许
水少许

做法

1. 150 克水倒入盆中，加入 30 克糖、3 克酵母搅匀，加入 300 克中筋面粉。

2. 搅成絮状后，取 2 个小碗，分别取出 60 克、80 克面絮放入碗中，在盛有 60 克面絮的碗中加入少许纯黑可可粉，在盛有 80 克面絮的碗中加入少许红曲粉。

3. 分别揉成面团，盖好发酵至 1.5 倍大备用。

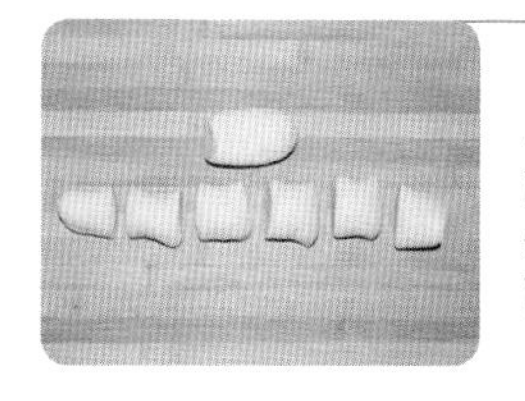

4. 案板上撒面粉，把白色面团放在案板上揉匀搓长，先切下来 60 克，再把其余面团分成 6 份。

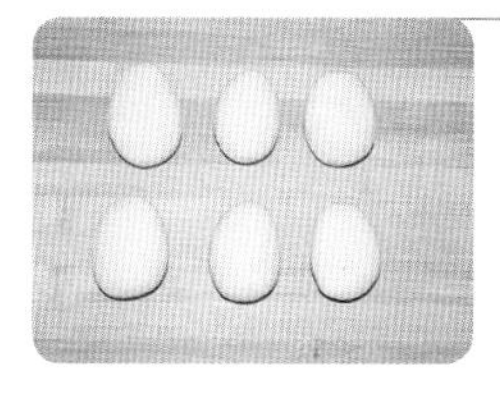

5. 把 6 个面团揉成椭圆形，上方最好稍窄一些。

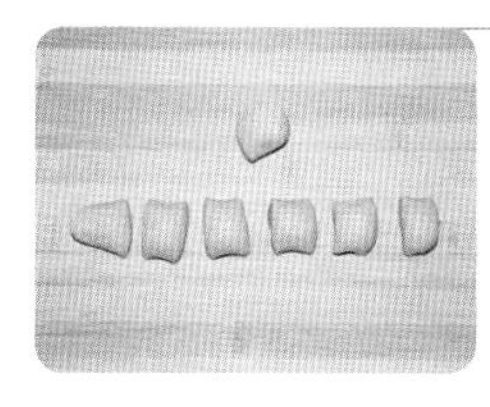

6. 案板上撒面粉，把粉色面团放在案板上揉匀搓长，分成 7 份，其中有一份备用。

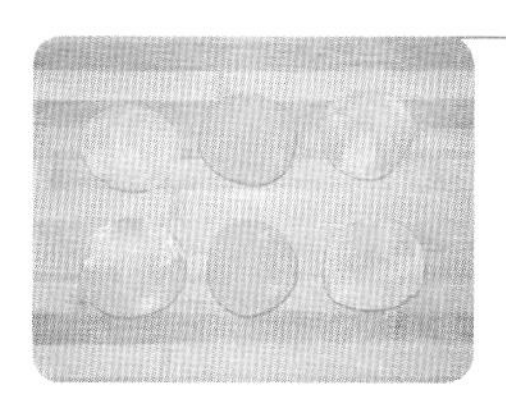

7. 把 6 个粉色面团擀圆成片。

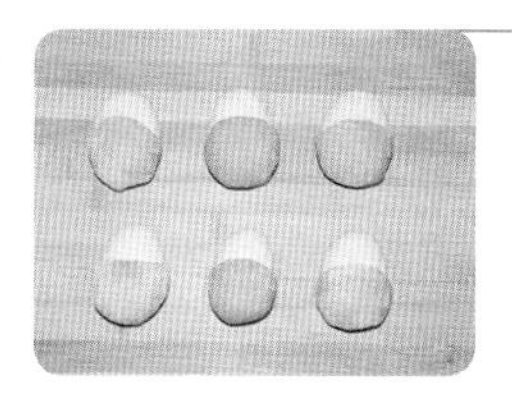

8. 用水把粉色面片黏合在白色面团下方，多余的部分包在白色面团后面。

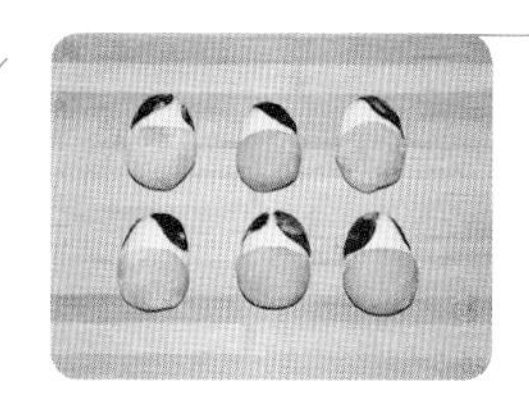

9. 随意揪一些黑色面团擀薄，用水粘在小牛脸的上方。

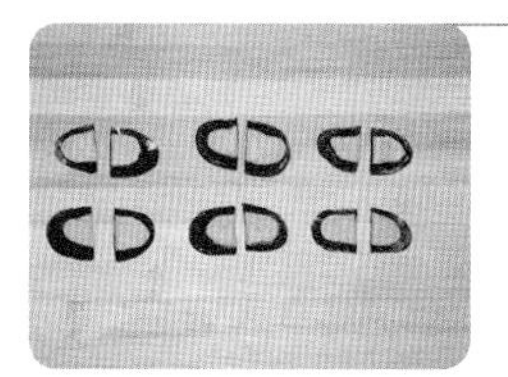

10. 把黑色面团切下来 6 个约 5 克的小面团，擀成椭圆形，揪预留的粉色面团也分成 6 个后擀成椭圆形，用水粘在黑色面片上方，从中间切开。

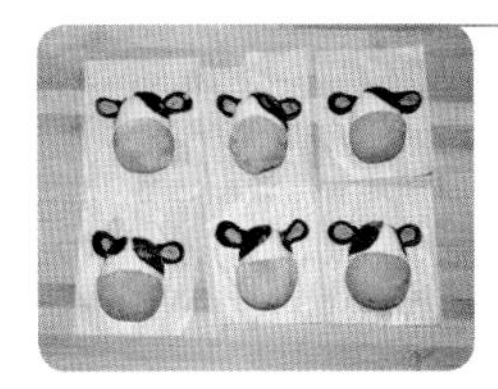

11. 把混合面片的切口捏合后，用水粘在小牛脸上方的两侧，并放在油纸上。

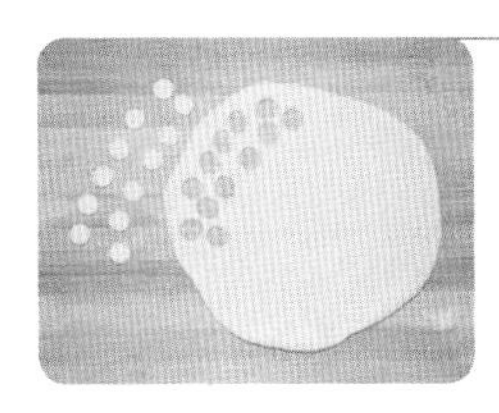

12. 把预留的白色面团擀开，用裱花嘴扣出 12 个小圆片。

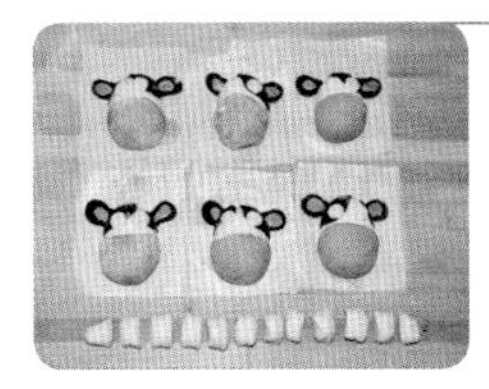

13. 用水将小圆片粘在小牛脸的上方，把其他的白色面团搓长分成 12 份。

14. 把白色面团搓成枣核形，压在小牛脸的上方，再揪黑色面团做出眼睛和眉毛。

15. 在鼻子的位置用筷子蘸水戳出两个鼻孔，再揪黑色面团做出嘴巴，最后用毛笔蘸可可糊给牛角刷上颜色，依次做好 6 个。

16. 蒸锅放足冷水，把馒头放在蒸屉上，盖好锅盖，静置 15~20 分钟，大火烧开转中火，15 分钟，关火后闷 5 分钟再出锅。

二狗妈妈碎碎念

1. 小牛脸上的黑色花纹大小、形状都随意，一定要擀薄一些哟！
2. 如果小牛眼睛上方没有黑色花纹，那就做一条眉毛，这样会更好看。
3. 牛角用毛笔蘸可可糊刷，会有自然裂纹，很好看，可可糊不要调得太稀。

你不要看我哟！
你面前就有新鲜的树枝可以吃呀~~~
不过如果你喜欢我的，
那我的也可以给你呀~~~~
长颈鹿

原料

南瓜面团：
- 南瓜泥 80 克
- 水 40 克
- 糖 20 克
- 酵母 2 克
- 中筋面粉 200 克

红曲水
- 红曲粉少许
- 水少许

其他面团：
- 水 50 克
- 糖 10 克
- 酵母 1 克
- 中筋面粉 100 克
- 可可粉 2 克
- 纯黑可可粉少许

做法

1. 80 克蒸熟凉透的南瓜泥放入盆中，加入 40 克水、20 克糖、2 克酵母搅匀。

2. 加入 200 克中筋面粉，揉成面团，盖好发酵至 1.5 倍大备用。

3. 另取一个大碗，50 克水倒入碗中，加入 10 克糖、1 克酵母搅匀，加入 100 克中筋面粉。

4. 另取 2 个小碗，取出 20 克面絮、50 克面絮放入小碗中，在盛有 20 克面絮的碗中加入少许纯黑可可粉，在盛有 50 克面絮的碗中加入 2 克可可粉。

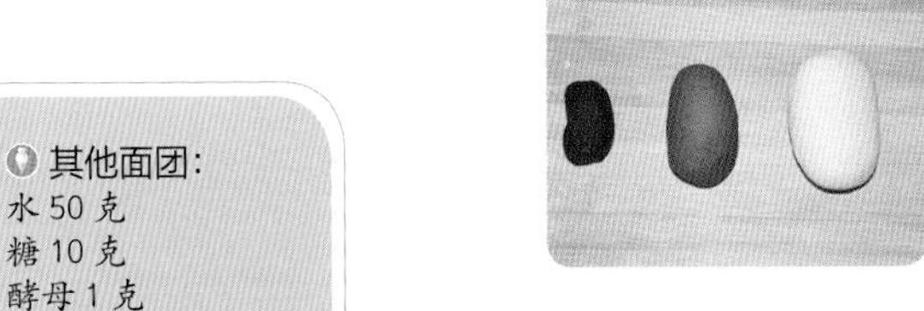

5. 将碗中的面絮分别揉成面团，盖好发酵至 1.5 倍大备用。

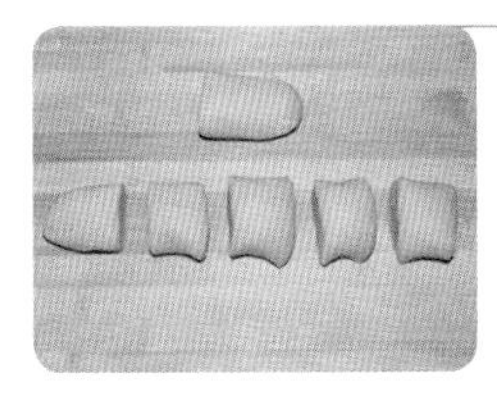

6. 案板上撒面粉，把南瓜面团放在案板上揉匀搓长，先切下来 80 克面团备用，再把其余面团分成 5 份。

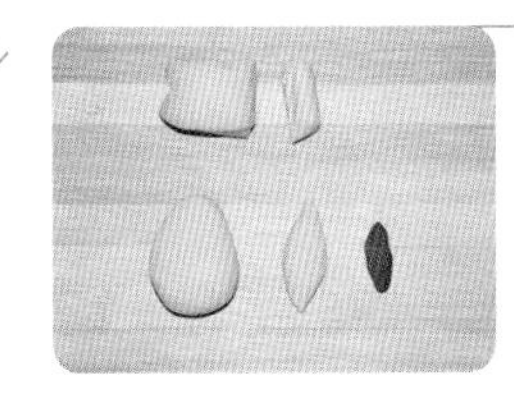

7. 取一份南瓜面团，切下来 1/4，把大面团揉成上窄下宽的形状，小面团搓成枣核形，揪咖啡色面团搓成小枣核形。

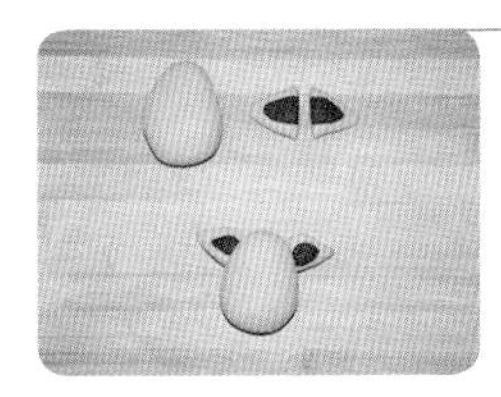

8. 把咖啡色小枣核形面团用水粘在南瓜大枣核形面团上，轻擀，一分为二，用水粘在大面团上方两侧。

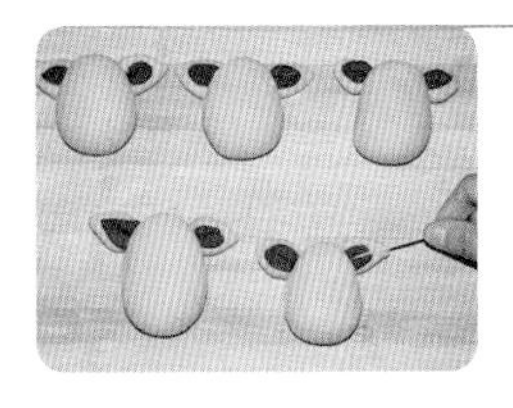

9. 依次做好 5 个，用牙签在耳朵中间压一下。

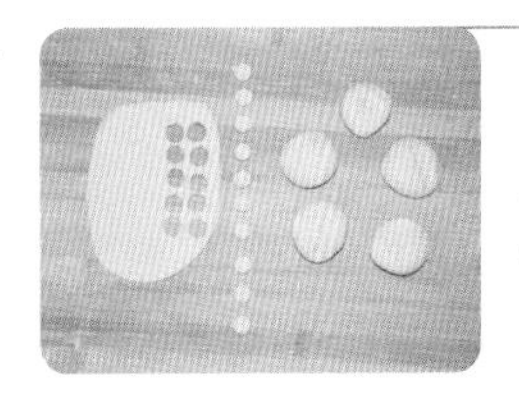

10. 从白色面团切下来 5 个面团（每个约 15 克），然后擀薄，用裱花嘴扣出 10 个小圆片。

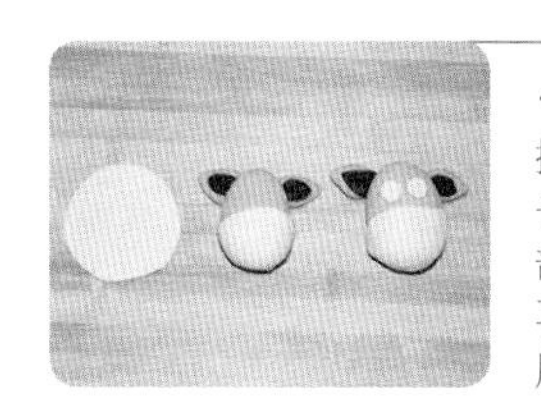

11. 把 5 个 15 克的面团都擀成圆形薄片，用水粘在长颈鹿脸的下方，多余的部分都堆积在脸后即可，再把白色小圆片用水粘在脸的上方做眼睛。

12. 揪 2 个小白面团粘在脸的中间，用筷子蘸水后压一下。

13. 分别做好 6 个，揪黑色面团做出眉毛、眼珠和嘴巴。

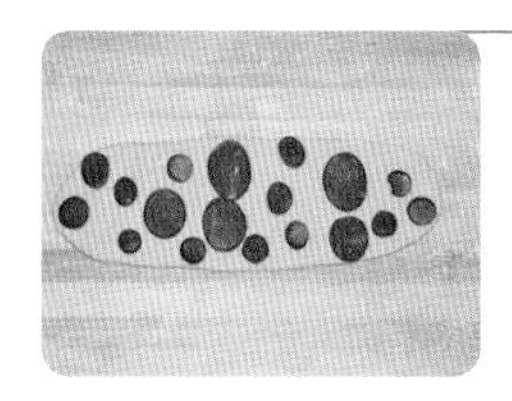

14. 把预留的南瓜面团擀开成片，用裱花嘴扣一些咖啡色面片粘在南瓜面片上，擀压结实。

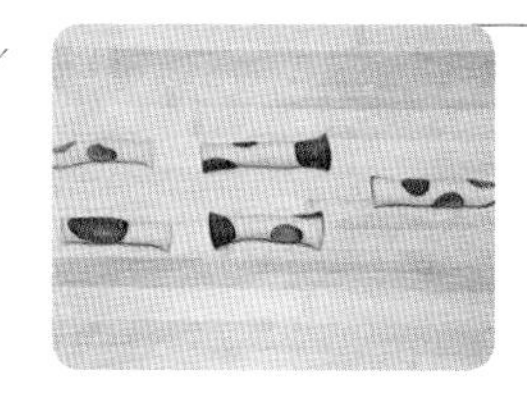

15. 把图案部分放在外面，卷起来后，搓长，分成 5 段，这是脖子。

16. 把脖子粘在每个长颈鹿头的下方，并放在油纸上，把剩余的咖啡色面团搓长并分成 10 份。

17. 把咖啡色面团搓成一头粗一头细的形状，两个一组粘在每个长颈鹿头的上方，用毛笔蘸红曲水画上红脸蛋。

18. 蒸锅放足冷水，把馒头放在蒸屉上，盖好锅盖，静置 15~20 分钟，大火烧开转中火，15 分钟，关火后闷 5 分钟再出锅。

二狗妈妈碎碎念

1. 如果不想做长颈鹿的脖子，那就只做 6 只长颈鹿的脸吧，我觉得加上长脖子才更像长颈鹿哟！
2. 长颈鹿的触角，要把咖啡色面团搓得有一头大一点会比较好看。
3. 长颈鹿脖子上的花纹，有大有小会比较自然。

小浣熊

原料

水 150 克
糖 30 克
酵母 3 克
中筋面粉 300 克
纯黑可可粉少许
可可粉 8 克

做法

1. 150 克水倒入盆中，加入 30 克糖、3 克酵母搅匀，加入 300 克中筋面粉。

2. 搅成面絮后，另取 3 个小碗，分别取出 20 克、40 克、40 克面絮放入碗中，在盛有 20 克面絮的碗中加入少许纯黑可可粉，在一个盛有 40 克面絮的碗中加入 4 克可可粉，在大盆中加入 4 克可可粉。

3. 分别揉成面团，盖好发酵至 1.5 倍大备用。

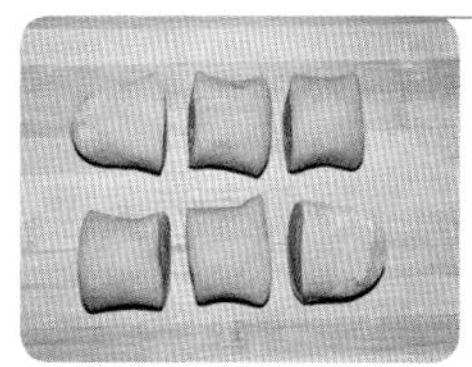

4. 案板上撒面粉，把浅咖啡色面团放案板上揉匀搓长，分成 6 份。

5. 取一个浅咖啡色面团揉圆按扁，用刀切下来约 1/4，把大面团揉圆按扁，把小面团搓成枣核形，揪深咖啡色面团搓一个小枣核形面片。

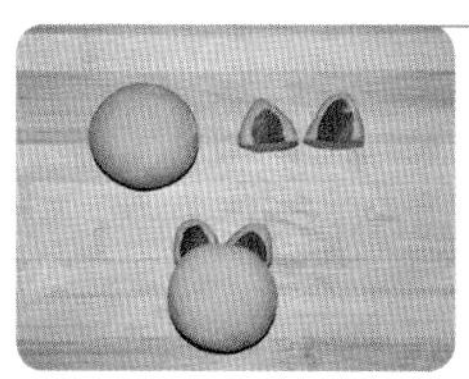

6. 把深咖啡色面片用水粘在浅咖啡色小面团上，从中间切开，用水粘在大面团上方。

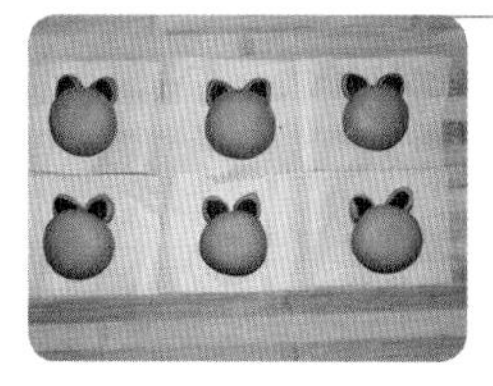

7. 依次做好 6 个，放在油纸上。

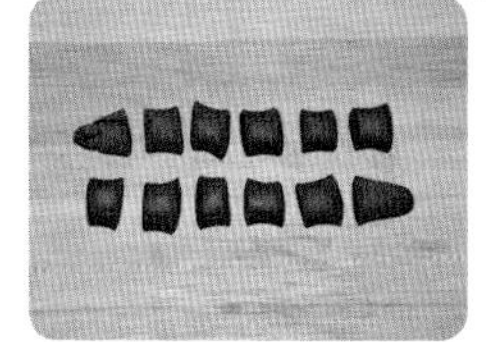

8. 把深咖啡色面团搓长，分成 12 份。

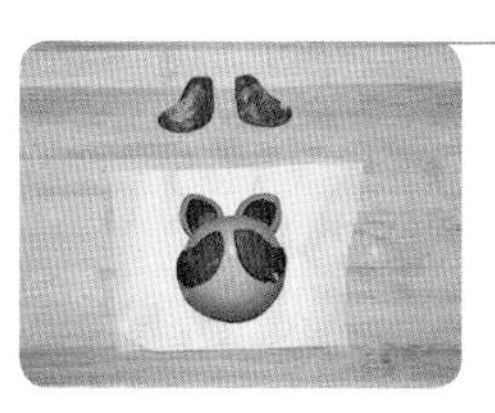

9. 把深咖啡色小面团都擀开，用剪刀修出图片上的形状，用水粘在大面团上。

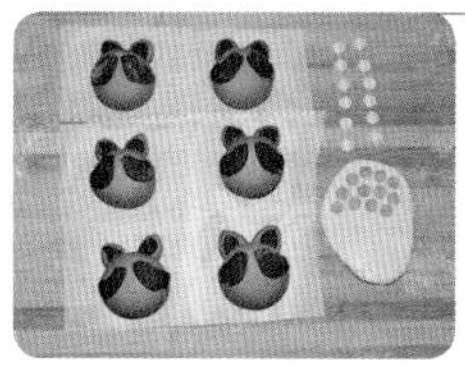

10. 依次做好 6 个后，把白色面团擀开，用裱花嘴扣出 12 个小圆片。

11. 把白色小圆片用水粘在图中位置，揪黑色面团做出眼珠，再揪白色面团做出眼珠上的亮光，把其余的白色面团揉匀搓长，分成 7 份，留一份备用。

12. 把白色面团揉圆，用水粘在眼睛下方，揪黑色面团做出鼻子和嘴巴，再揪预留的白色面团做出胡子。

13. 依次做好 6 个。

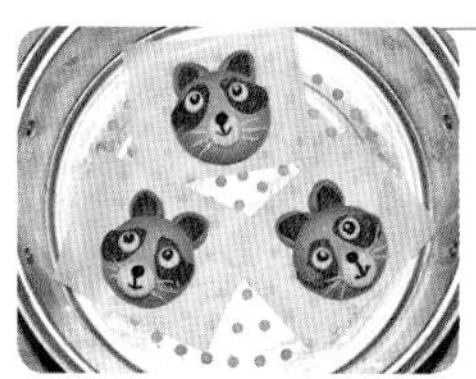

14. 蒸锅放足冷水，把馒头放在蒸屉上，盖好锅盖，静置 15~20 分钟，大火烧开转中火，15 分钟，关火后闷 5 分钟再出锅。

二狗妈妈碎碎念

1. 这款馒头的难点就是用剪刀修剪出咖啡色眼圈的形状，大概是个三角形，只不过边角有些弧度就可以啦！
2. 胡子散开来的小浣熊会比较俏皮可爱。

小老鼠

伙计们，
今天咱们把这些粮食
都搬到仓库去！
动作快一点！
不然就会被二狗妈妈发现了！

原料

水 150 克
糖 30 克
酵母 3 克
中筋面粉 300 克
纯黑可可粉少许
黑芝麻粉 20 克

红曲水：
红曲粉少许
水少许

做法

1. 150 克水倒入盆中，加入 30 克糖、3 克酵母搅匀，加入 300 克中筋面粉。

2. 搅成面絮后，另取 2 个小碗，分别取出 30 克、30 克面絮放入碗中，在其中一碗中加入少许纯黑可可粉，在大盆中加入 20 克黑芝麻粉。

3. 分别揉成面团，盖好发酵至 1.5 倍大备用。

4. 案板上撒面粉，把黑芝麻面团放在案板上揉匀搓长，分成 8 份。

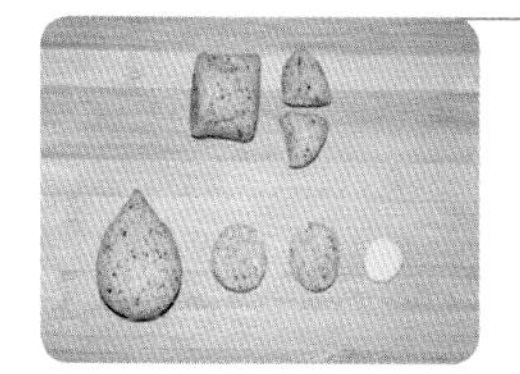

5. 取一块黑芝麻面团，切下来约 1/5，把小面团再一分为二，大面团搓成水滴形，将一分为二的小面团揉圆稍擀成片，再揪一块白色面团揉圆稍擀，比小黑芝麻面片稍小一些。

6. 把水滴形面团尖头朝向一侧，把白色面片用水粘在其中一个小黑芝麻面片上，稍捏下，按照图片用水粘在相应位置。

7. 依次做好 8 个，放在油纸上。

8. 把白色面团擀开，用裱花嘴扣出 16 个小圆面片。

9. 把小白色面片两个一组用水粘在相应位置，揪黑色面团做出眉毛、眼珠、鼻子、胡子和嘴巴。

10. 依次做好 8 个，用毛笔蘸红曲水画出红脸蛋。

11. 蒸锅放足冷水，把馒头放在蒸屉上，盖好锅盖，静置 15~20 分钟，大火烧开转中火，15 分钟，关火后闷 5 分钟再出锅。

二狗妈妈碎碎念

1. 如果嫌麻烦，嘴巴可以直接用牙签或刀背蘸水压进去，压得深一些，蒸出来也是笑的样子。
2. 注意两只耳朵的处理，没有白色面片的那片小面片是压在脸下的哟！

第三章 动画片

看，这里有我最喜欢的动画片！

妈妈说，她小时候看的动画片，都是经典，很多形象都深深地刻在脑海里……现在，她又陪着我看这些经典动画片和现在的宝贝爱看的动画片了……

我的妈妈不仅仅是陪我看，还会做成馒头给我吃呢，黑猫警长、加菲猫、蓝精灵，还有好多好多我喜欢的动画片人物。哇哦哇哦，我的妈妈简直太厉害啦！

"来了！"

超级飞侠乐迪

"快飞起来，
那个地方需要我！"

原料

水 150 克
糖 30 克
酵母 3 克
中筋面粉 300 克
纯黑可可粉少许
红曲粉 4 克
蝶豆花粉 8 克

红曲水：
红曲粉少许
水少许

做法

1. 150 克水倒入盆中，加入 30 克糖、3 克酵母搅匀，加入 300 克中筋面粉。

2. 搅成絮状后，另取 3 个小碗，分别取出 20 克、50 克、70 克面絮放入碗中，在盛有 20 克的小碗中加入少许纯黑可可粉，在盛有 50 克面絮的碗中加入 8 克蝶豆花粉，在大盆中加入 4 克红曲粉。

3. 分别揉成面团，盖好发酵至 1.5 倍大备用。

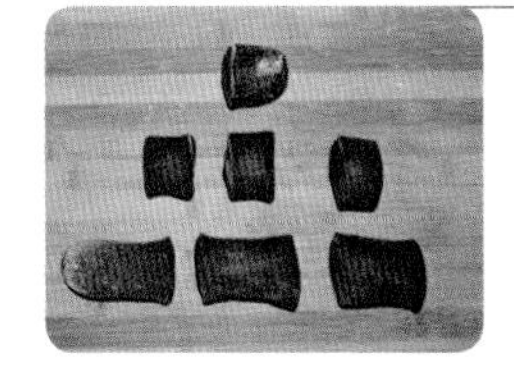

4. 案板上撒面粉，把红色面团放在案板上揉匀搓长，先切下来 40 克，再把其余的面团分成 3 个小面团（每个约 30 克），3 个大面团（每个约 60 克）。

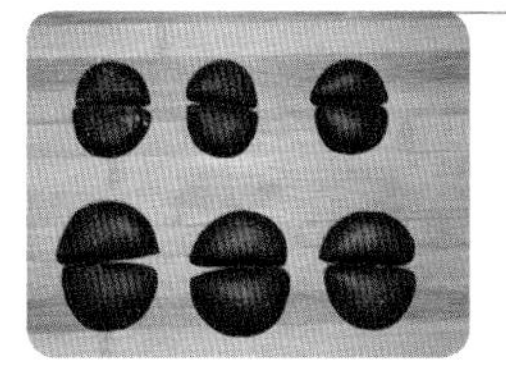

5. 把 3 个红色小面团和 3 个红色大面团揉圆按扁，从中间切开。

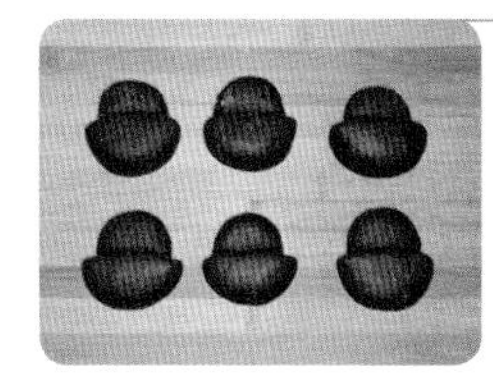

6. 一个半圆小面团下面放一个半圆大面团，将二者组合好。

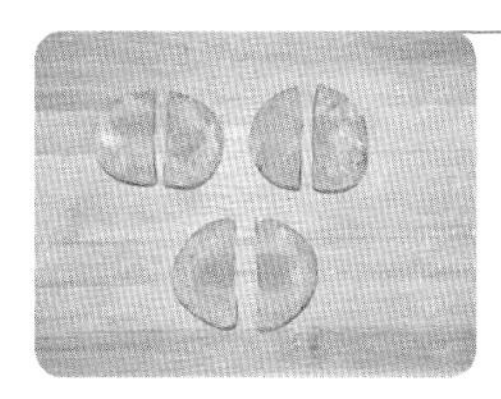

7. 取 3 个约 6 克的蓝色面团，揉圆擀开成片，从中间切开。

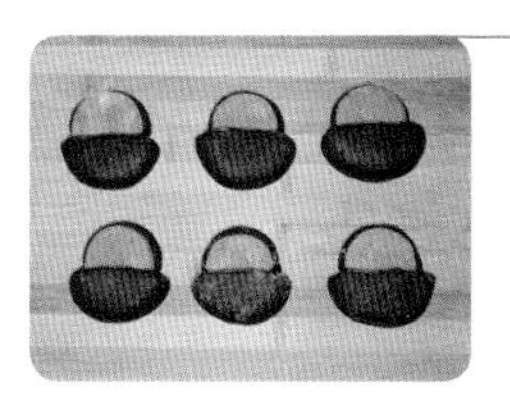

8. 把半圆的蓝色面片用水粘在红色面团上方。

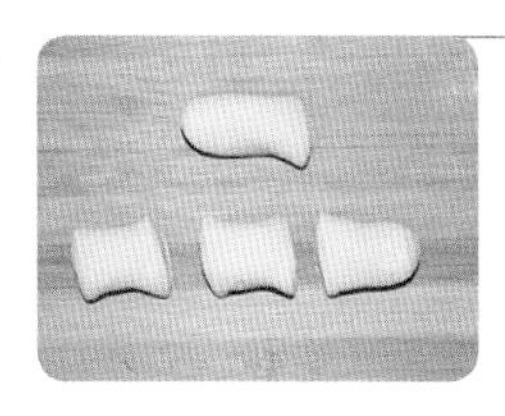

9. 把白色面团揉匀搓长，分成 4 份，其中一份备用。

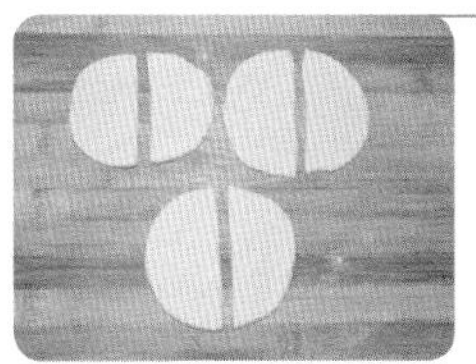

10. 把 3 块白色面团揉圆擀薄成片，从中间切开。

11. 把半圆白色面片用水粘在红色面团下方。

12. 从预留的白色面团上切下来 3 个约 3 克的白色面团揉圆擀开成片，把每个圆片都切十字分成 4 份。

13. 用水粘在蓝色面片下方。

14. 揪黑色面团做出眼睛、鼻子和嘴巴，再揪白色面团做出脸蛋。

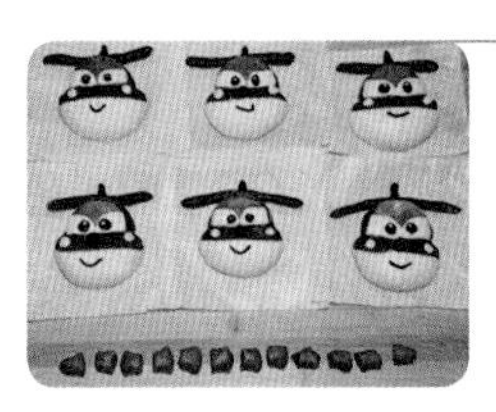

15. 把预留的红色面团分成 6 份，搓长，做成螺旋桨，用水粘在上方，揪黑色面团粘在螺旋桨中间（把面团放在油纸上更易操作），把剩余的蓝色面团搓长，分成 12 份。

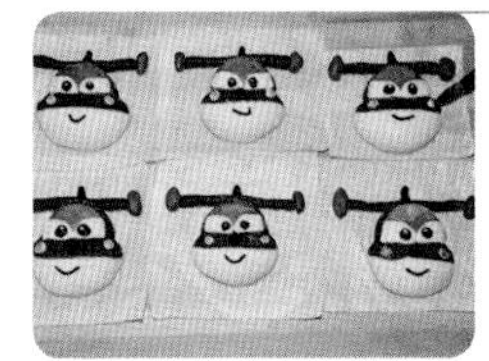

16. 把蓝色面团揉成椭圆形，粘在螺旋桨两端，用毛笔蘸红曲水把脸蛋刷成粉色。

17. 蒸锅放足冷水，把馒头放在蒸屉上，盖好锅盖，静置 15~20 分钟，大火烧开转中火，15 分钟，关火后闷 5 分钟再出锅。

二狗妈妈碎碎念

1. 超级飞侠中有很多个可爱的角色，我只是把出镜最高的乐迪做出来，您学会这个造型后，就可以去做其他飞侠了，都是大同小异的。
2. 这款馒头难点就是眼睛的做法，我把一个圆形面片切成 4 块，取其中两块面片，注意把有弧度的对着放哟！如果觉得弧度不够完美，可以用剪刀修一下再粘。
3. 脸蛋也可以不刷红曲水。

蛋黄君

那么早，
我还没有睡醒呢……
再睡一会儿，
就一会儿……

原料

南瓜面团：
南瓜泥 70 克
糖 10 克
酵母 1 克
中筋面粉 100 克

其他面团：
水 150 克
糖 30 克
酵母 3 克
中筋面粉 300 克
纯黑可可粉少许
红曲粉 1 克
黑芝麻少许

做法

1. 70 克蒸熟凉透的南瓜泥放入盆中，加入 10 克糖、1 克酵母搅匀。

2. 加入 100 克中筋面粉，揉成面团，盖好发酵至 1.5 倍大备用。

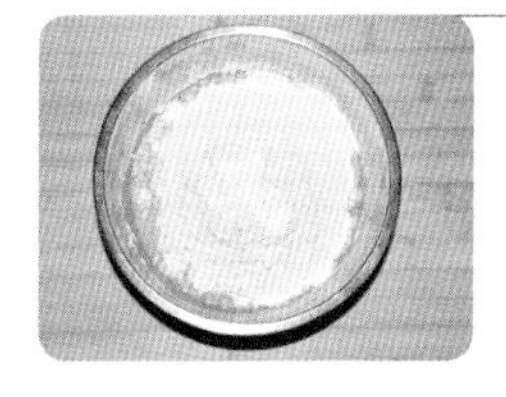

3. 150 克水倒入另一个盆中，加入 30 克糖、3 克酵母搅匀，加入 300 克中筋面粉。

4. 搅成絮状后，另取 2 个小碗，分别取出 20 克、100 克面絮放入碗中，在盛有 20 克面絮的小碗中加入少许纯黑可可粉，在盛有 100 克面絮的碗中加入 1 克红曲粉、少许黑芝麻。

5. 分别揉成面团，盖好发酵至 1.5 倍大备用。

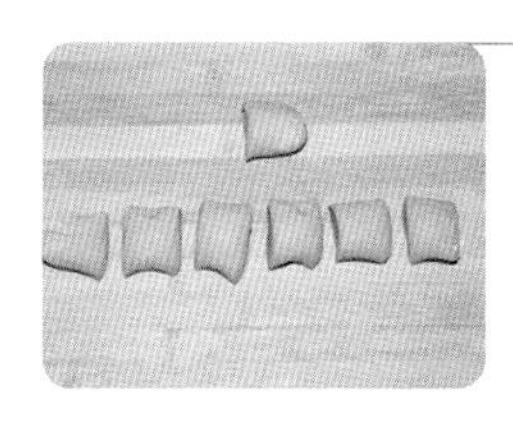

6. 案板上撒面粉，把南瓜面团放在案板上揉匀搓长，分成 7 份，其中留一份备用。

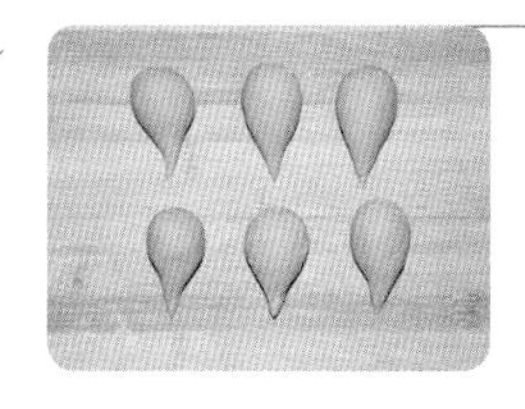

7. 把 6 个南瓜面团整理成水滴形。

8. 把红色面团擀开成片，再取 100 克白色面团也擀开成片。

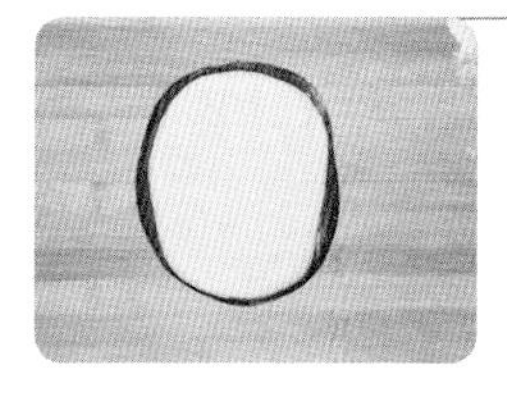

9. 把白色面片压在红色面片上。

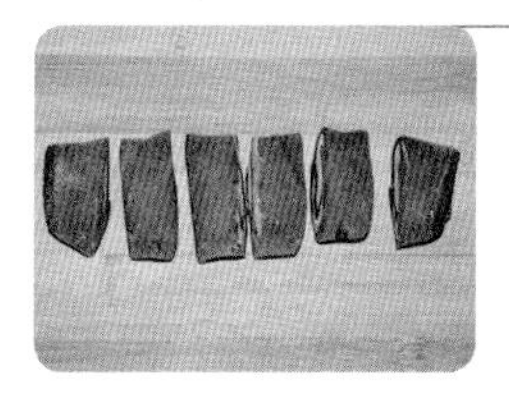

10. 将压在一起的面片卷起来，切成 6 份。

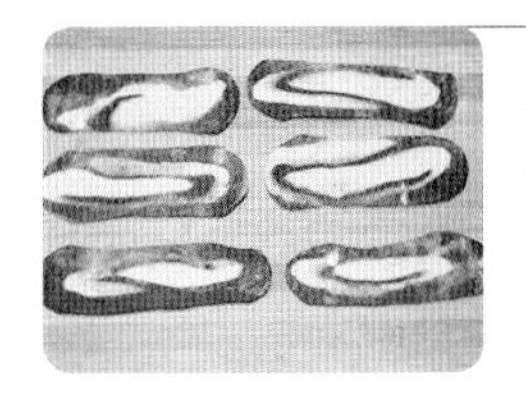

11. 把切面朝上，擀开成红白面片，如果觉得两边红色过多，可以折一些并在后方再擀薄一些就可以了。

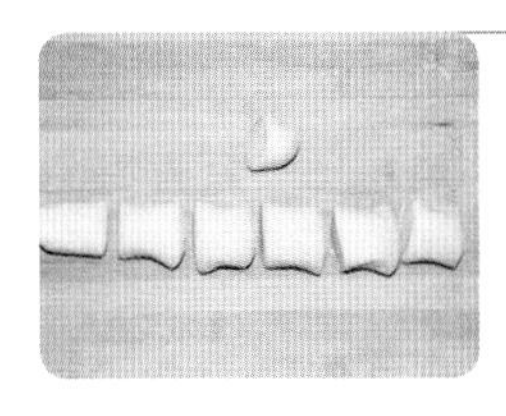

12. 把其余的白色面团揉匀搓长，切下来 10 克，其余的分成 6 份。

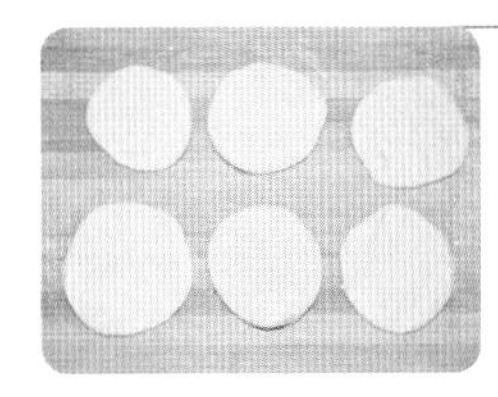

13. 把 6 个白色面团揉圆擀开成片。

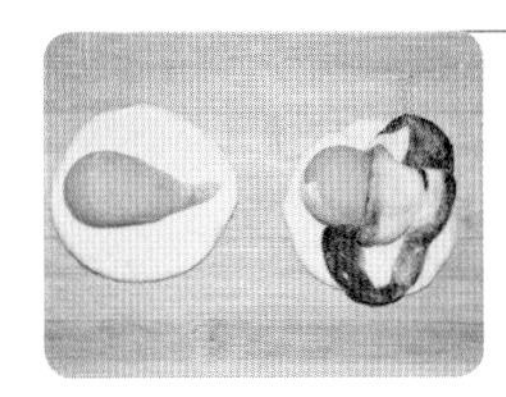

14. 把南瓜面团放在白色面片上，盖一张红白面片，注意把红白面片整理成像被子一样的形状。

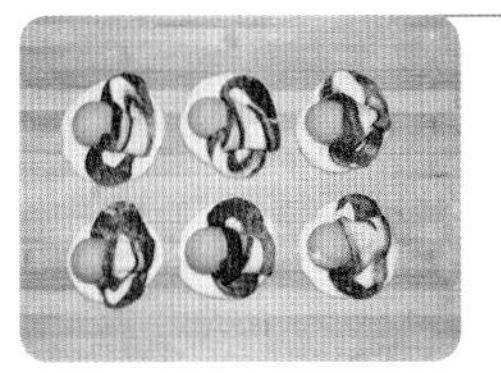

15. 依次做好 6 个。

16. 揪预留的南瓜面团做出手，放在合适位置，揪黑色面团做出眼睛和嘴巴。

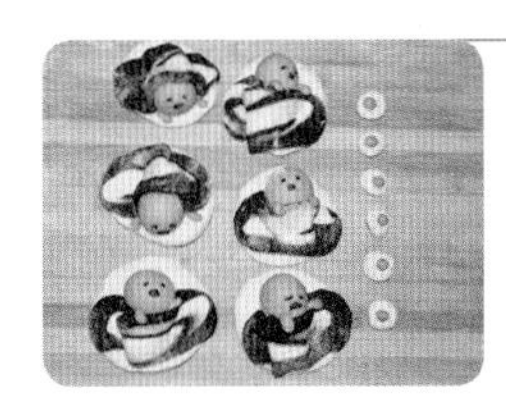

17. 依次做好 6 个后，用剩下的白色、黄色面团做成 6 个小荷包蛋，放在大馒头的任何位置都可以。

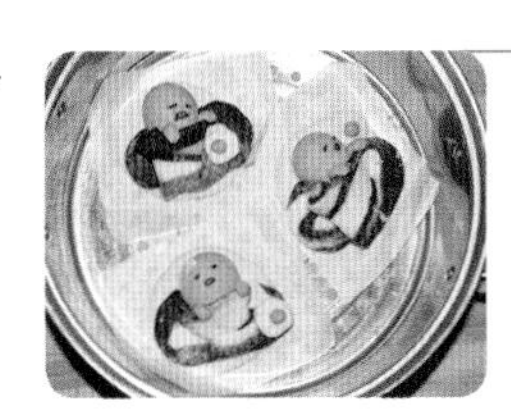

18. 蒸锅放足冷水，把馒头放在油纸上，再放在蒸屉上，盖好锅盖，静置 15~20 分钟，大火烧开转中火，15 分钟，关火后闷 5 分钟再出锅。

二狗妈妈碎碎念

1. 红白面片不要擀得太薄，有点厚度，卷起来再擀开就特别像培根的花纹，用黑芝麻是想仿制黑胡椒培根，如果不喜欢可以不放。
2. 蛋黄君的神情和姿势都随您发挥，不一定和我的一样。

嗨，你别害怕，
你自己就是怪物呀，
你不要吓到别人就好~~~

这是什么地方？
这里好多长长的毛，
啊~~~好可怕！

水 150 克
糖 30 克
酵母 3 克
中筋面粉 300 克
纯黑可可粉少许
抹茶粉 3 克
蝶豆花粉 5 克

做法

1. 150 克水倒入盆中，加入 30 克糖、3 克酵母搅匀，加入 300 克中筋面粉。

2. 搅成絮状后，另取 3 个小碗，分别取出 20 克、50 克、70 克面絮放入碗中，在盛有 20 克面絮的小碗中加入少许纯黑可可粉，在盛有 70 克面絮的碗中加入 5 克蝶豆花粉，在大盆中加入 3 克抹茶粉。

3. 分别揉成面团，盖好发酵至 1.5 倍大备用。

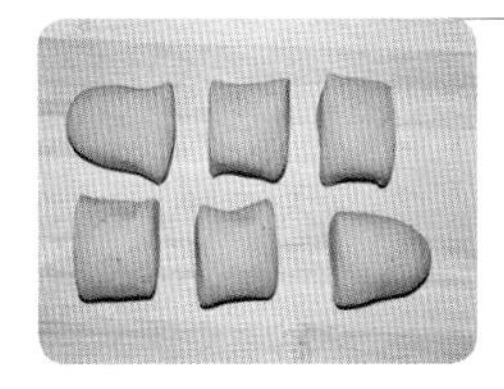

4. 案板上撒面粉，把绿色面团放在案板上揉匀搓长，分成 6 份。

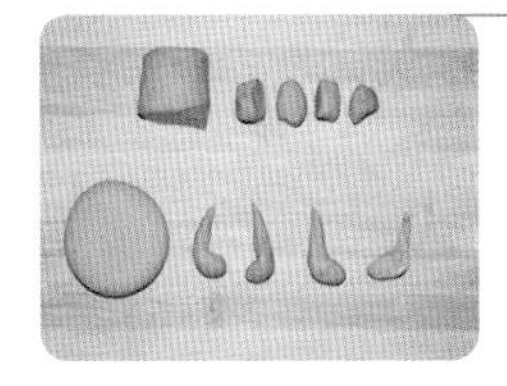

5. 取一块绿色面团，切下来 1/3，把小面团再分成 4 份，分别搓成水滴形，把大面团揉圆按扁。

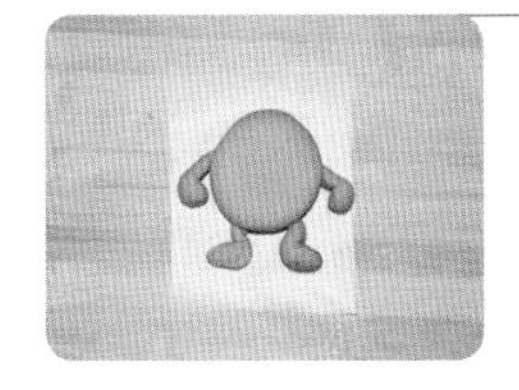

6. 把 4 个水滴形小面团用水黏合在大面团两侧和下方，并放在油纸上，依次做好 6 个。

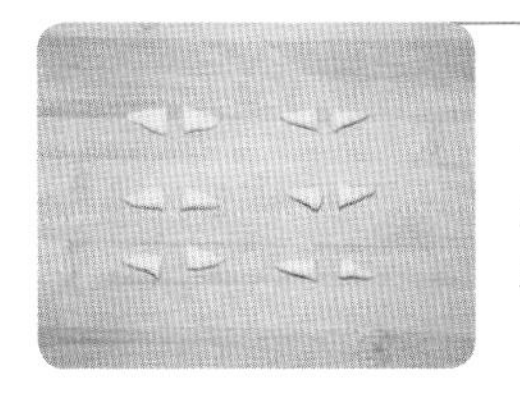

7. 从白色面团揪下来 6 小块，每块大约 3 克重，搓成枣核形，从中间切开。

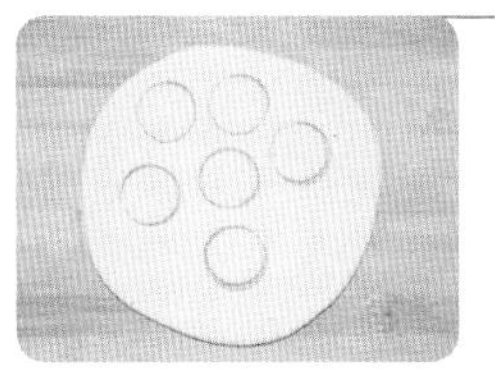

8. 再把剩余的白色面团揉匀擀开，用裱花嘴扣出 6 个圆片。

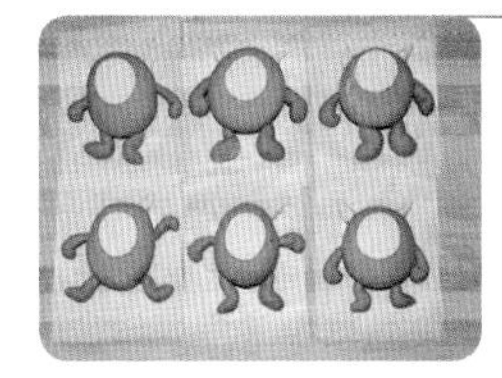

9. 把半个枣核形面团用水粘在头顶两侧，把白色面片用水粘在中间偏上的位置，并放在油纸上。

10. 揪蓝色面团揉圆稍按，用水粘在白色面片中间，再揪黑色面团做出眼珠和嘴巴，注意眼珠上还有白色亮光。

11. 依次做好 6 个，把蓝色面团搓长，分成 6 份，揉圆。

12. 把蓝色面团两侧擀薄，用水粘在头顶上，用勺子压一下。

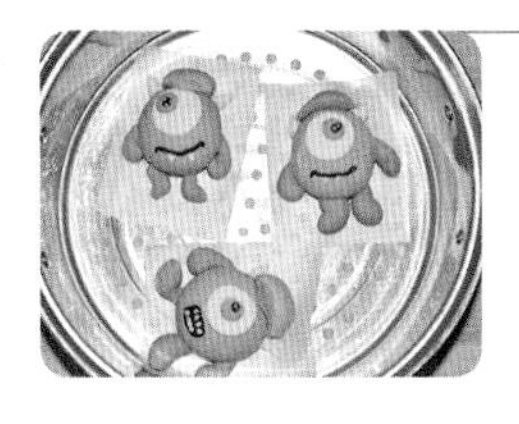

13. 蒸锅放足冷水，把馒头放在蒸屉上，盖好锅盖，静置 15~20 分钟，大火烧开转中火，15 分钟，关火后闷 5 分钟再出锅。

二狗妈妈碎碎念

1. 大眼怪的嘴巴可以按您想要的做，我做了张大嘴巴的，也很可爱哟！
2. 如果不喜欢抹茶的味道，那可以把菠菜焯水后打成泥和面，具体做法可以参考 P.205 的毛毛虫做法。

粉红豹

原料

水 150 克
糖 30 克
酵母 3 克
中筋面粉 300 克
纯黑可可粉少许
南瓜粉 1 克
红曲粉少许

红曲水：
红曲粉少许
水少许

做法

1. 150 克水倒入盆中，加入 30 克糖、3 克酵母搅匀，加入 300 克中筋面粉。

2. 搅成絮状后，另取 3 个小碗，分别取出 20 克、20 克、140 克面絮放入碗中，在盛有 20 克面絮的小碗中分别加入 1 克南瓜粉和少许纯黑可可粉，在大盆中加入少许红曲粉。

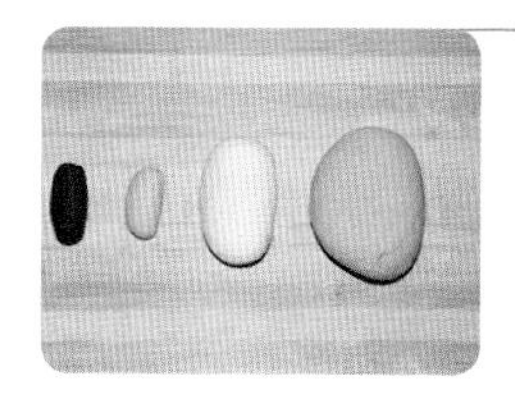

3. 分别揉成面团，盖好发酵至 1.5 倍大备用。

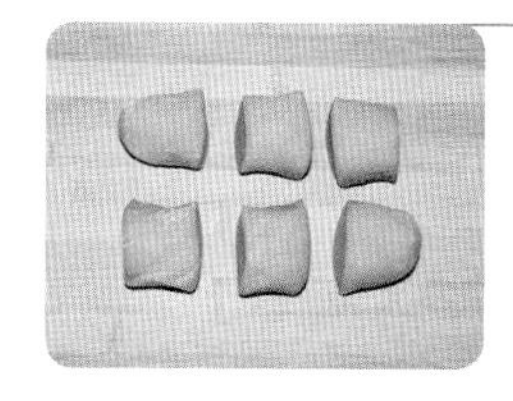

4. 案板上撒面粉，把粉色面团放在案板上揉匀搓长，分成 6 份。

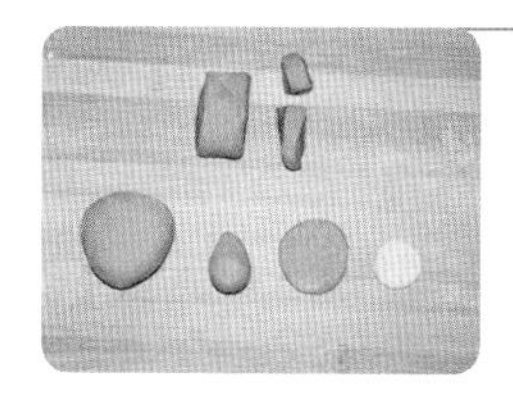

5. 取一块粉色面团，切下来 1/3，再把这 1/3 的面团分成一大一小，把刚切下来的稍大的面团搓成水滴形，把稍小的面团揉圆擀开成片，把那 2/3 的大面团搓成三角形，再揪一块白色面团揉圆擀开成片。

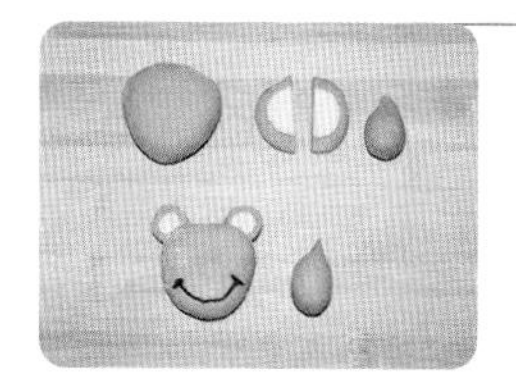

6. 把白色面片用水粘在粉色面片上，从中间切开，把切口向中间收紧后粘在三角形的大面团上方，揪黑色面团做出微笑的嘴角。

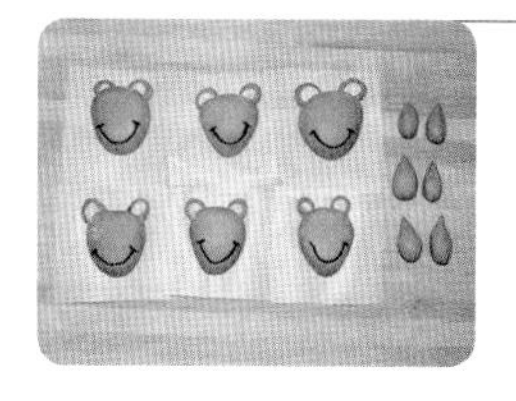

7. 依次做好 6 个，注意此时水滴形面团处于备用状态。

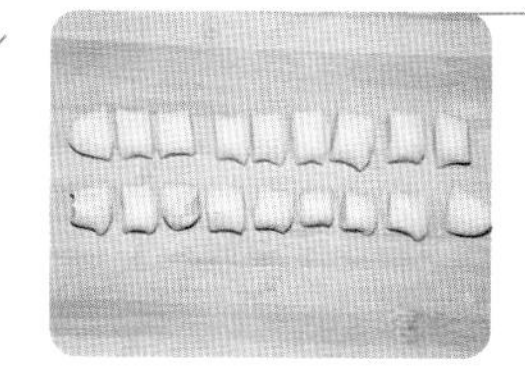

8. 案板上撒面粉，把白色面团放在案板上揉匀搓长，分成 18 份。

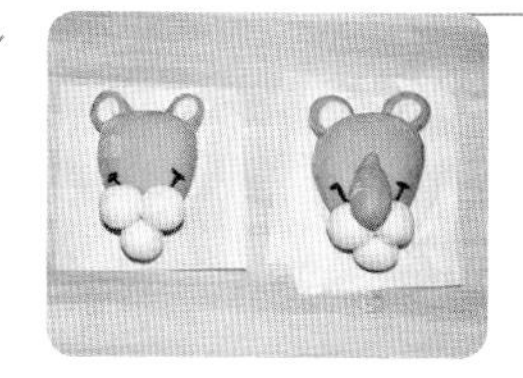

9. 3 个一组，揉圆，粘在粉色大面团下方，再把水滴形粉色面团粘在中间。

10. 依次做好 6 个后，把黄色面团擀开，用裱花嘴扣出 12 个小圆片。

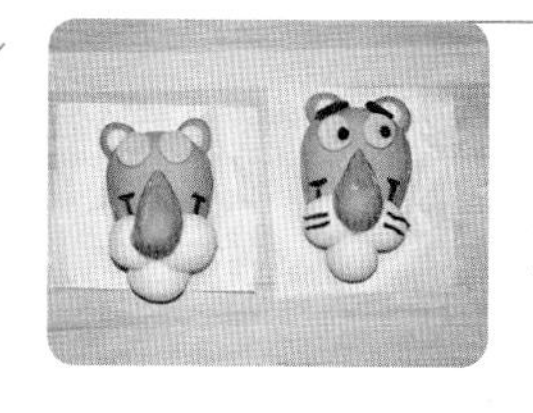

11. 把黄色面片粘在粉色大面团上方，揪黑色面团做出眉毛、眼珠、胡子。

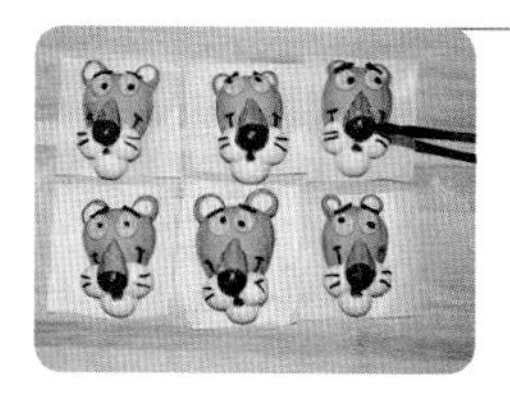

12. 用毛笔蘸红曲水，刷出红鼻头和红嘴巴。

13. 蒸锅放足冷水，把馒头放在蒸屉上，盖好锅盖，静置 15~20 分钟，大火烧开转中火，15 分钟，关火后闷 5 分钟再出锅。

二狗妈妈碎碎念

1. 红曲粉一定不要一次性加入过多，因为我们要的是粉嫩嫩的颜色。
2. 南瓜粉可以用姜黄粉替换。
3. 眉毛做成粗一些的八字眉才可爱。

好呀好呀！
你骑车，
把我们都带上吧~~

原料

南瓜面团：
南瓜泥 80 克
水 40 克
糖 20 克
酵母 2 克
中筋面粉 200 克

其他面团：
水 25 克
糖 5 克
酵母 0.5 克
中筋面粉 50 克
红曲粉少许
纯黑可可粉少许

做法

1. 80克蒸熟凉透的南瓜泥放入盆中，加入40克水、20克糖、2克酵母搅匀。

2. 加入200克中筋面粉，揉成面团，盖好发酵至1.5倍大备用。

3. 另取一个大碗，加入25克水、5克糖、0.5克酵母搅匀后放入50克中筋面粉，搅成絮状。

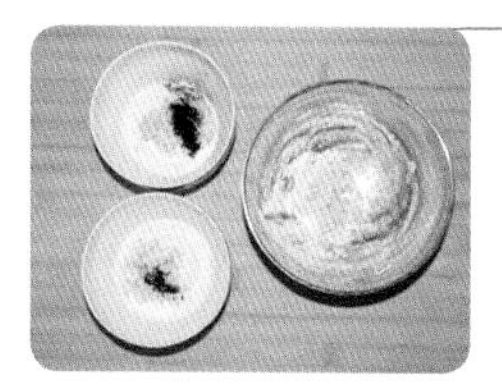

4. 再取2个小碗，把面絮平均分成3份分别放在3个碗中，在其中一个小碗中加入少许纯黑可可粉，在另外一个小碗中加入少许红曲粉。

5. 将3个碗中的面絮分别揉成面团，盖好发酵至1.5倍大备用。

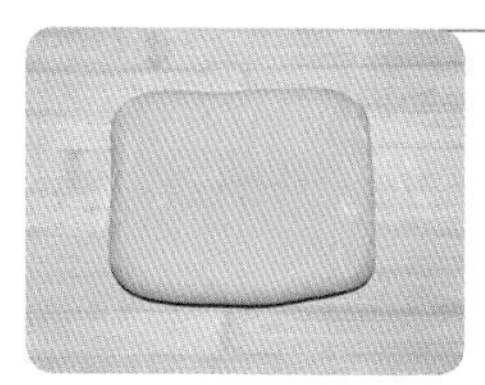

6. 案板上撒面粉，把发酵好的南瓜面团放在案板上揉匀，擀成厚约1厘米的长方形厚片。

7. 将厚片切去四边后，再切成4个方块。

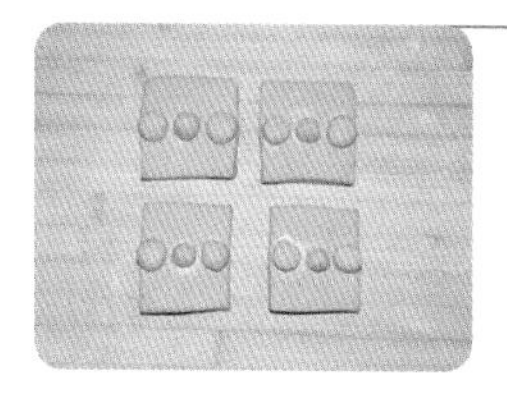

8. 从刚才切去的面团四边中揪出12个小球，按照图片用水黏合在方块中间。

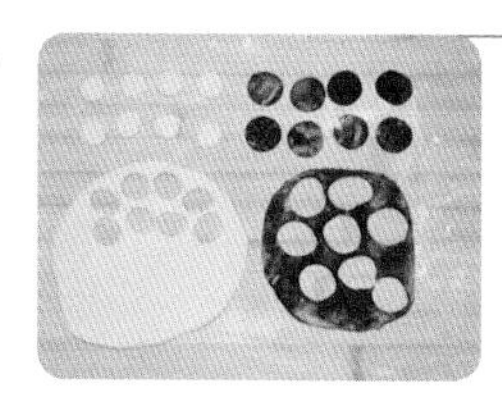

9. 把黑色面团和白色面团分别擀开，用大一些的裱花嘴在黑色面片上扣出8个圆片，用小一些的裱花嘴在白色面片上扣出8个圆片。

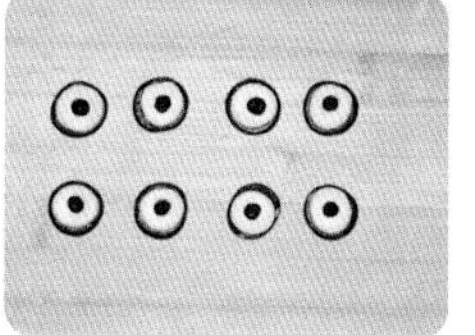

10. 把白色面片用水粘在黑色面片中间后，再揪黑色面团做出眼珠。

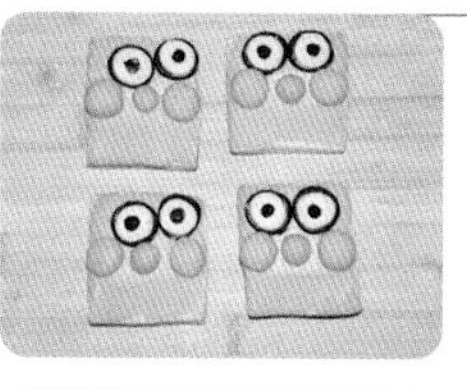

11. 把眼睛用水粘在南瓜方块面片上方。

12. 再用黑色面片做出嘴巴，用粉色面团做出舌头。

13. 把海绵宝宝都放在油纸上，用牙签在脸蛋上扎一些小孔。

14. 蒸锅放足冷水，把馒头放在蒸屉上，盖好锅盖，静置15~20分钟，大火烧开转中火，13分钟，关火后闷5分钟再出锅。

二狗妈妈碎碎念

1. 如果没有裱花嘴，可以用小瓶盖，再没有小瓶盖，那就直接揪合适大小的面团，揉圆擀开就好啦！
2. 小舌头的做法：揪粉色面团，搓成水滴形，用牙签蘸水在嘴巴下方戳一个小洞，把小舌头塞进小洞中，用牙签按压中间就可以啦！

派大星

您这造型是要踢足球吗?

不是，我要把这只海星踢回海里去……

 **原料**

水 150 克
糖 30 克
酵母 3 克
中筋面粉 300 克
纯黑可可粉少许
蝶豆花粉 5 克
红曲粉少许

做法

1. 150 克水倒入盆中，加入 30 克糖、3 克酵母搅匀，加入 300 克中筋面粉。

2. 搅成絮状后，另取 3 个小碗，分别取出 20 克、20 克、80 克面絮放入碗中，在一个盛有 20 克小碗中加入少许纯黑可可粉，在盛有 80 克面絮的小碗中加入 5 克蝶豆花粉，在大盆中加入少许红曲粉。

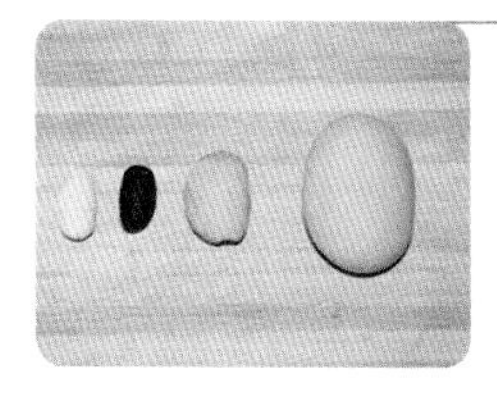

3. 分别揉成面团，盖好发酵至 1.5 倍大备用。

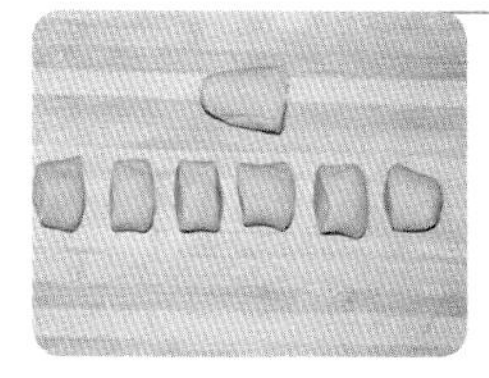

4. 案板上撒面粉，把粉色面团放在案板上揉匀，搓长，先切下来 100 克面团，再把其余的分成 6 份。

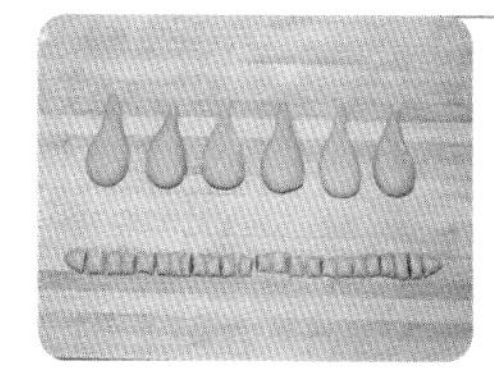

5. 把 6 块粉色面团揉成水滴形稍按扁，把预留的那块粉色面团搓长，分成 24 份。

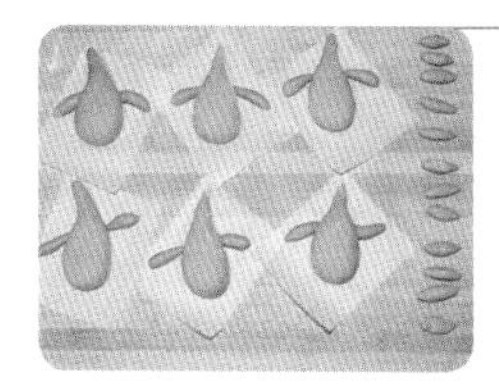

6. 把水滴形粉色面团放在油纸上，先把其中的 12 个小面团搓长放在大面团比较靠上的两侧，另外 12 个小面团搓长备用。

7. 揪白色面团做出眼睛，再揪黑色面团做出眼珠、眉毛、嘴巴。

8. 取一块蓝色面团擀薄，切成 12 片。

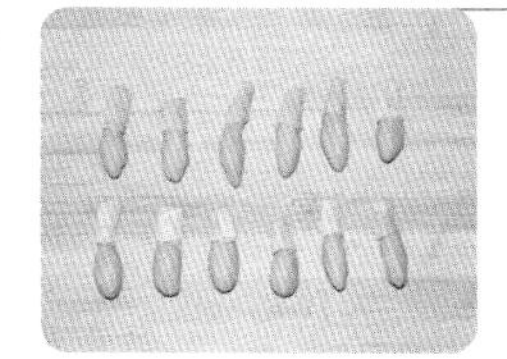

9. 用蓝色面片包住预留的粉色长柱的一半（这是派大星的腿），备用。

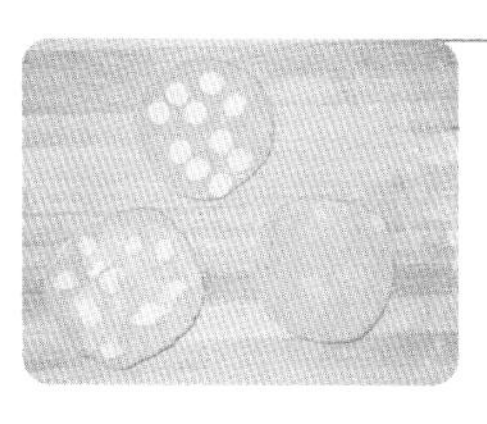

10. 把其他的蓝色面团分成 3 份，揉圆擀薄，随意揪一些白色面团压在上面，再擀压一下。

11. 把蓝色面片一分为二，包在下方。

12. 再把之前做好的腿的蓝色部分朝上粘在下方。

13. 蒸锅放足冷水，把馒头放在蒸屉上，盖好锅盖，静置 15~20 分钟，大火烧开转中火，15 分钟，关火后闷 5 分钟再出锅。

二狗妈妈碎碎念

1. 派大星的短裤颜色，您可以选用您喜欢的颜色。如果选用绿色，可以用 2 克抹茶粉替换蝶豆花粉；如果选用咖啡色，可以用 1 克可可粉替换蝶豆花粉。
2. 派大星的腿，您可以不用做裤腿那一段，更能节约一点时间。

黑猫警长

原料

水 150 克
糖 30 克
酵母 3 克
中筋面粉 300 克
纯黑可可粉 10 克
红曲粉少许

二狗妈妈碎碎念

1. 纯黑可可粉较吸水，揉面团时要适当增加一些水，不断揉搓，一直到面团呈现非常光滑的状态就可以了。
2. 这款馒头的难点在于脸中心的那个小三角与下方白色面片的融合，注意把面片压在小三角上面后，用手压一压重叠部分。

做法

1. 150克水倒入盆中，加入30克糖、3克酵母搅匀，加入300克中筋面粉。

2. 搅成絮状后，另取2个小碗，分别取出40克、80克面絮放入碗中，在盛有40克面絮的碗中加入少许红曲粉，在大盆中加入10克纯黑可可粉。

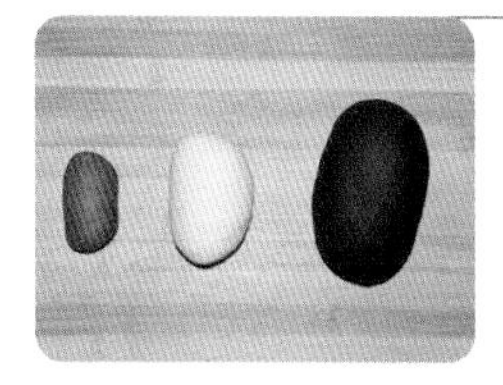

3. 分别揉成面团，盖好发酵至1.5倍大备用。

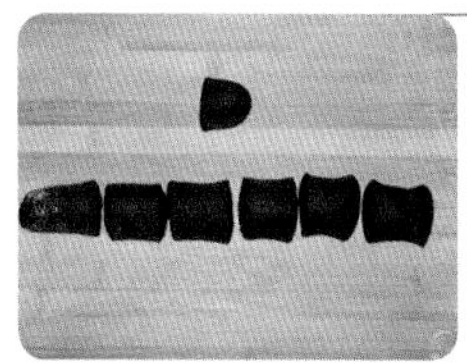

4. 案板上撒面粉，把黑色面团放在案板上揉匀搓长，切下来30克后，分成6份。

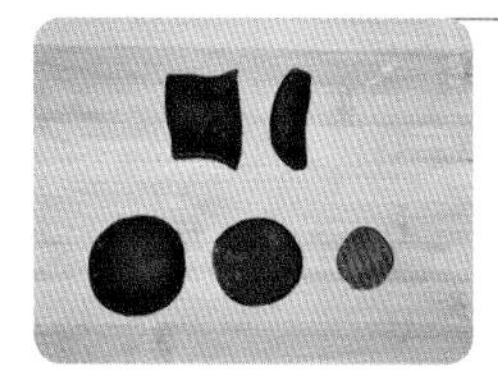

5. 取一块黑色面团，切下来约6克，将大、小面团分别揉圆，把大面团稍按扁，小面团擀薄成片，再揪红色面团擀成比小黑面片稍小的圆片。

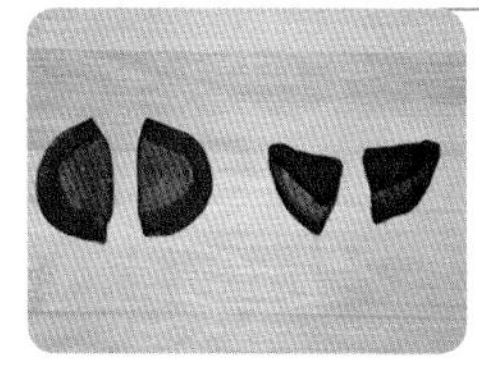

6. 把红色面片用水粘在黑色面片上，从中间切开，上下稍错开对折。

7. 用水粘在猫脸上方做耳朵。

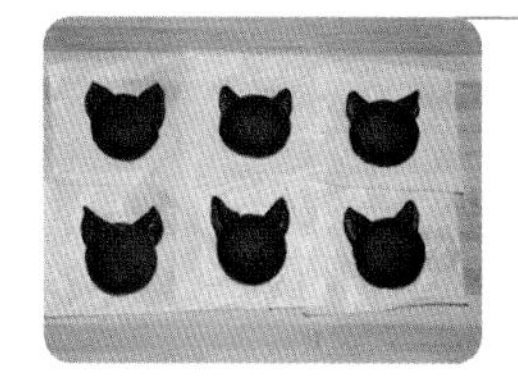

8. 依次做好6个，并放在油纸上。

9. 揪一点白色面团擀开，切出来6个小三角形，再揪出3块白面团（每个约15克），揉圆擀开成片，从中间切开。

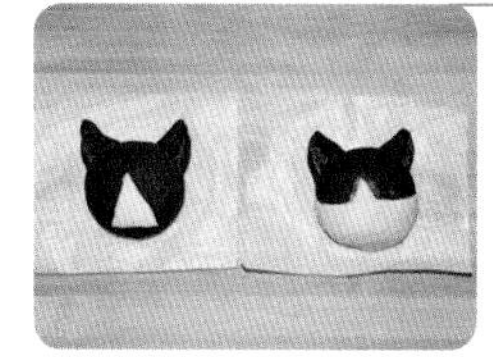

10. 把小三角面片用水粘在猫脸的中间位置，把半圆面片粘在猫脸的下方，多余的面片塞在猫脸后。

11. 再揪黑、白色面团做出眉毛、眼睛、胡子，揪红色面团做出鼻子。

12. 依次做好6个，分别揪红、黑色面团擀开成片，把黑色面片粘在红色面片上，从中间切开。

13. 把半圆的红黑组合面片用水粘在眉毛上方。

14. 再揪白色面团做成帽子，用水粘在黑猫头顶。

15. 蒸锅放足冷水，把馒头放在蒸屉上，盖好锅盖，静置15~20分钟，大火烧开转中火，15分钟，关火后闷5分钟再出锅。

喜羊羊

今天天气真好，咱们重新修了栅栏，
灰太狼来抓我们，我们也不怕！

原料

水 150 克
糖 30 克
酵母 3 克
中筋面粉 300 克
纯黑可可粉少许
可可粉 2 克
红曲粉少许

做法

1. 150 克水倒入盆中，加入 30 克糖、3 克酵母搅匀，加入 300 克中筋面粉。

2. 搅成絮状后，另取 3 个小碗，分别取出 20 克、30 克、120 克面絮放入碗中，在盛有 20 克面絮的小碗中加入少许纯黑可可粉，在盛有 30 克面絮的小碗中加入 2 克可可粉，在大盆中加入少许红曲粉。

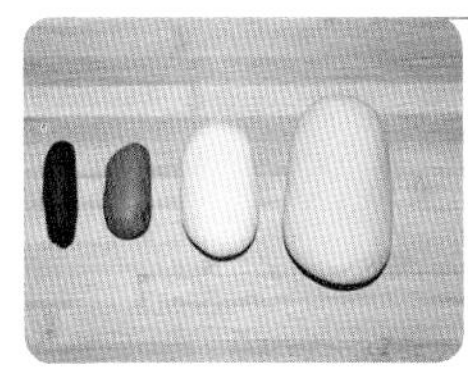

3. 分别揉成面团，盖好发酵至 1.5 倍大备用。

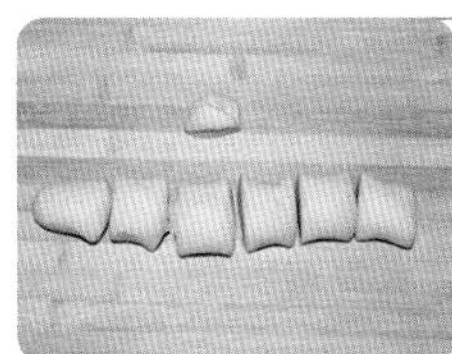

4. 案板上撒面粉，把粉色面团放在案板上揉匀搓长，先切下来 25 克后，再分成 6 份。

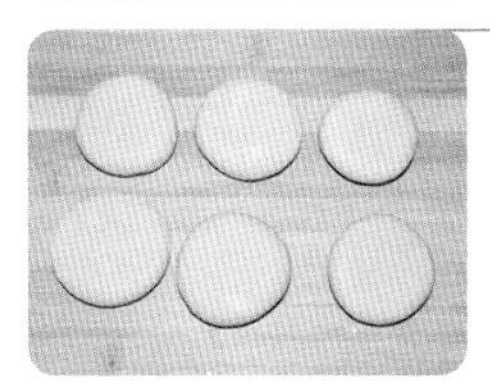

5. 把 6 个粉色大面团揉圆按扁备用。

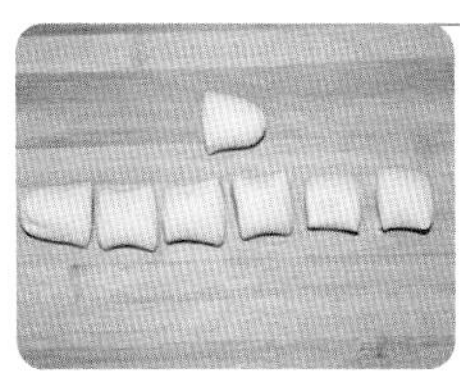

6. 把白色面团揉匀搓长，分成 7 份，留一份备用。

7. 把白色面团搓长，擀开，用水粘在粉色面团侧面，注意面片长度，要围住粉色面团的 3/4，然后用剪刀在白色面片上剪些刀口。

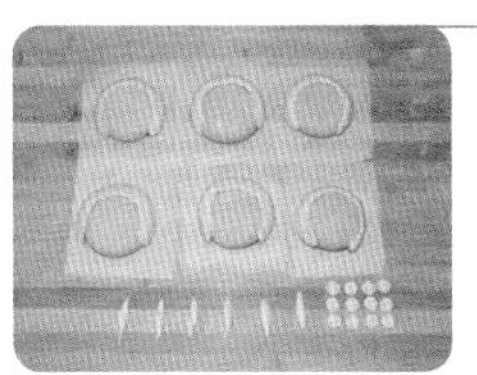

8. 依次做好 6 个后，放在油纸上，把预留的白色面团一分为二，其中一份分成 6 块后搓成枣核形状，再把另一份擀开，用裱花嘴扣出 12 个小圆片。

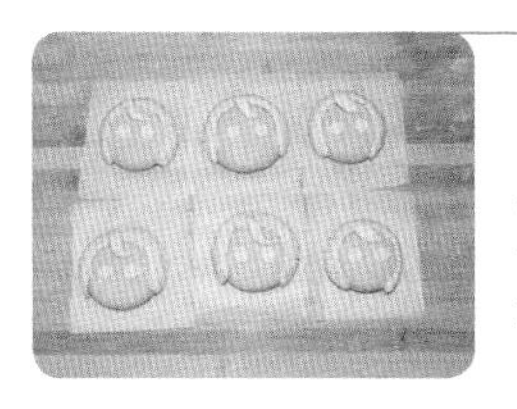

9. 把枣核形面团用水粘在喜羊羊面部的中间，把白色小面片两个一组粘在合适位置。

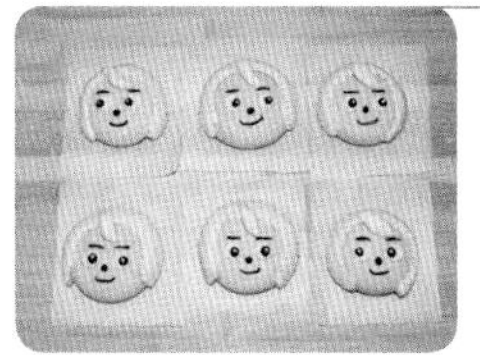

10. 揪黑色面团做出眉毛、眼珠、鼻子和嘴巴，再揪白色面团做出眼珠上的亮光。

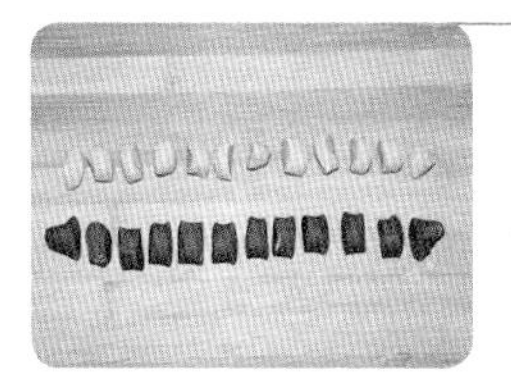

11. 把预留的粉色面团分成 12 份，把咖啡色面团也分成 12 份。

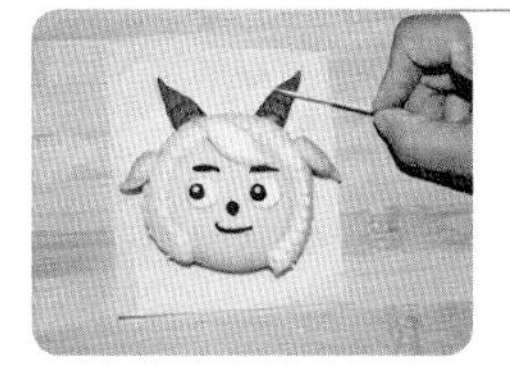

12. 把粉色面团搓成水滴形，用水粘在面部两侧，再把咖啡色面团搓成枣核形，两个一组，粘在脑袋上方，用牙签在羊角上压出些印子，依次做好 6 个。

13. 蒸锅放足冷水，把馒头放在蒸屉上，盖好锅盖，静置 15~20 分钟，大火烧开转中火，15 分钟，关火后闷 5 分钟再出锅。

二狗妈妈碎碎念

1. 注意第 7 步中白色面片擀开的长度，可以在擀好后与粉色面团稍比一下，正好围住 3/4 就好。
2. 剪白色面片的时候，您看一下我的效果图，是把内圈先剪一圈后，再剪外侧一圈，是剪侧面哟！
3. 如果喜欢，还可以给喜羊羊用毛笔蘸红曲水刷出红脸蛋。
4. 依照这个方法，还可以做出美羊羊、懒羊羊等可爱羊羊系列。

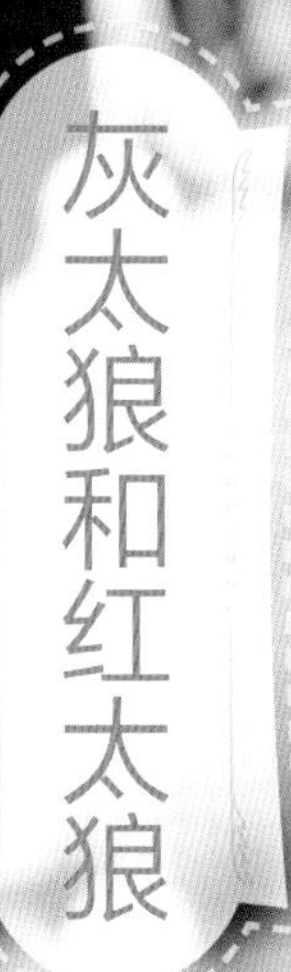

灰太狼和红太狼

原料

水 150 克
糖 30 克
酵母 3 克
中筋面粉 300 克
纯黑可可粉少许
红曲粉少许
黑芝麻粉 20 克

其他面团：
南瓜泥 20 克
酵母 0.4 克
中筋面粉 40 克

做法

1. 150 克水倒入盆中，加入 30 克糖、3 克酵母搅匀，加入 300 克中筋面粉。

2. 搅成絮状后，另取 3 个小碗，分别取出 20 克、20 克、40 克面絮放入碗中，在一个盛有 20 克面絮的小碗中加入少许纯黑可可粉，在盛有 40 克面絮的小碗中加入少许红曲粉，在大盆中加入 20 克黑芝麻粉。

3. 分别揉成面团，盖好发酵至 1.5 倍大备用。

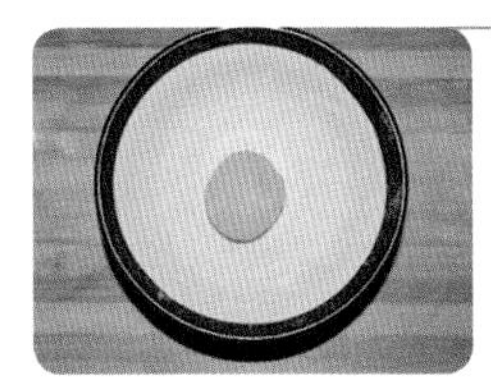

4. 再取一个碗，放入 20 克南瓜泥加上 0.4 克酵母搅匀后再加入 40 克中筋面粉，揉成面团，盖好发酵至 1.5 倍大备用。

5. 案板上撒面粉，把黑芝麻面团放在案板上揉匀搓长，分成 6 份。

6. 取一块面团，切下来 1/4，把大面团揉成圆形，再把切下来的小面团一分为二，分别都揉成圆形，按扁。

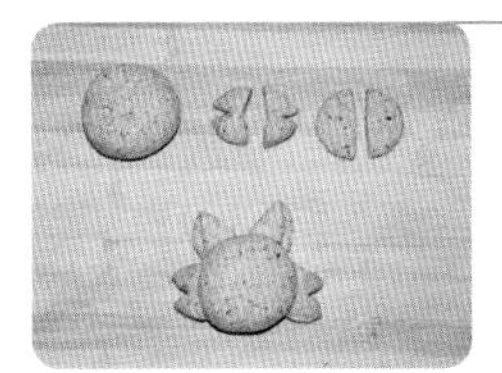

7. 把按扁后的小面团从中间切开，其中有 2 个半圆从侧面各切一刀，把侧面切刀的面团用水粘在大面团两侧，把另外 2 个半圆面片对折后粘在面团上方。

8. 依次做好 6 个，放在油纸上，把白色面团擀开，用裱花嘴扣出 12 个小圆片。

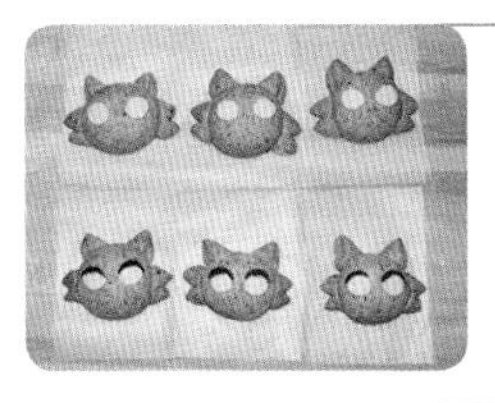

9. 把两个一组的小圆片粘在大面团上的合适位置后，再揪红色面团做出红太狼的眼皮。

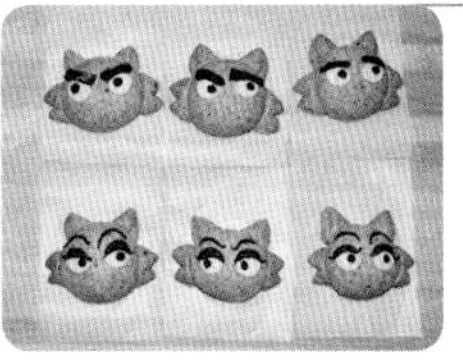

10. 揪黑色面团做出灰太狼和红太狼的眉毛、眼珠、睫毛。

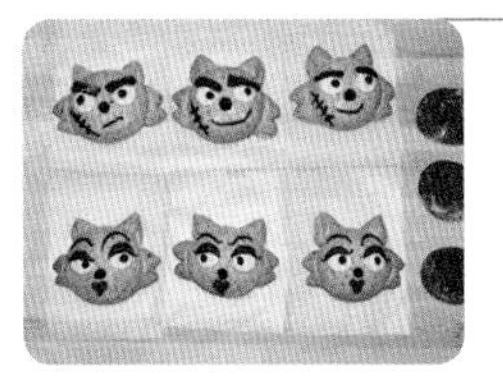

11. 再揪黑色面团做出鼻子、嘴巴，揪红色面团做出红太狼的嘴巴，最后揪白色面团做出灰太狼的牙齿，把剩余的红色面团分成 3 份，揉圆擀开。

12. 先往里折进去一点，再对折，做出灰太狼的帽子，用水粘在灰太狼的头上。

13. 把南瓜面团稍擀，切出皇冠形状，用水粘在红太狼头上。

14. 蒸锅放足冷水，把馒头放在蒸屉上，盖好锅盖，静置 15~20 分钟，大火烧开转中火，15 分钟，关火后闷 5 分钟再出锅。

二狗妈妈碎碎念

1. 如果不想用南瓜泥做黄色面团的话，可以在第 2 步时，多取一个小碗，分出来 30 克面絮放入碗中，加入 1 克南瓜粉或者姜黄粉就可以啦。

2. 红太狼的小嘴就是由 3 个小圆球拼成的，比较简单，在步骤图中没有详细描述。

史努比

咱们今天都穿得正式一些，一会儿有个很重要的活动哟~~~

原料

水 150 克
糖 30 克
酵母 3 克
中筋面粉 300 克
纯黑可可粉 2 克
红曲粉少许

做法

1. 150克水倒入盆中，加入30克糖、3克酵母搅匀，加入300克中筋面粉。

2. 搅成絮状后，另取2个小碗，各取出80克、30克面絮放入碗中，在盛有80克面絮的碗中加入2克纯黑可可粉，在盛有30克面絮的碗中加入少许红曲粉。

3. 分别揉成面团，盖好发酵至1.5倍大备用。

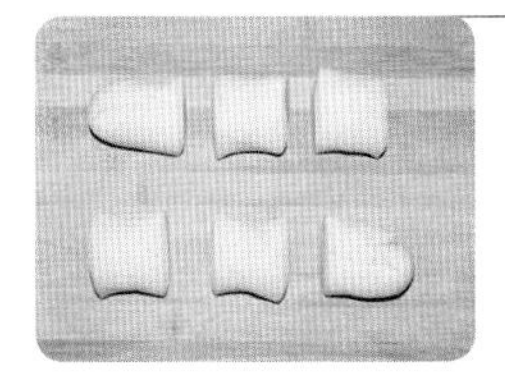

4. 案板上撒面粉，把白色面团放在案板上揉匀搓长，分成6份。

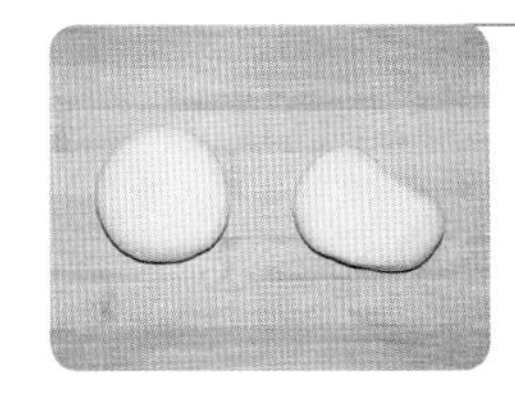

5. 取一块白色面团先揉圆按扁，用手整理成图中的形状。

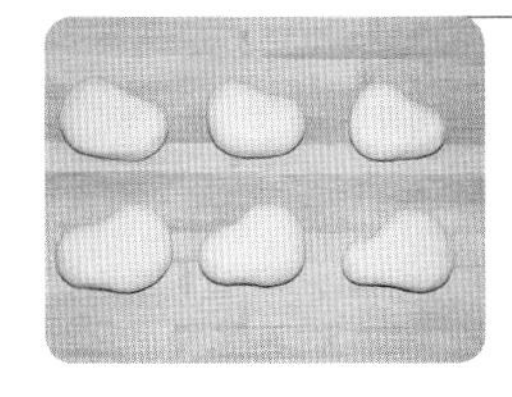

6. 把6块面团都分别整理好，方向可以不太一致。

7. 揪黑色面团搓圆，用水粘在白色面团上的合适位置，这是鼻子。

8. 再揪黑色面团做出眉毛、眼睛和嘴巴。

9. 把其余的黑色面团搓长，分成6份。

10. 将每份黑色面团均揉成水滴形稍擀，用水粘在白色面团上的合适位置，这是耳朵。

11. 分别做好6个，放在油纸上，把红色面团搓长，分成6份。

12. 把红色面团做成蝴蝶结用水粘在史努比脸的下方。

13. 蒸锅放足冷水，把馒头放在蒸屉上，盖好锅盖，静置15~20分钟，大火烧开转中火，15分钟，关火后闷5分钟再出锅。

二狗妈妈碎碎念

1. 史努比的表情可以随意。

2. 红色领结可以不做，我是觉得加一点红色会比较好看。

加菲猫
她不知道我们不爱吃这个吗?
肥猫，还有猫比我们肥吗?
二狗妈妈给我们拿了两块蜂蜜蛋糕耶……
我们不爱吃，可是后面有一只肥猫盯着我们呢……

原料

南瓜面团：
南瓜泥 80 克
水 40 克
糖 20 克
酵母 2 克
中筋面粉 200 克
红曲粉 1 克

其他面团：
水 30 克
糖 6 克
酵母 1 克
中筋面粉 60 克
纯黑可可粉 2 克

纯黑可可水：
纯黑可可粉少许
水少许

做法

1. 80 克蒸熟凉透的南瓜泥放入盆中，加入 40 克水、20 克糖、2 克酵母搅匀。

2. 加入 200 克中筋面粉，搅成絮状后，取一个小碗，取出 50 克面絮放入碗中，大盆中加入 1 克红曲粉。

3. 分别揉成面团，盖好发酵至 1.5 倍大备用。

4. 30 克水倒入一个大碗中，加入 6 克糖、1 克酵母搅匀，加入 60 克中筋面粉。

5. 搅成絮状后，取出 30 克面絮放入一个小碗中，在大碗中加入 2 克纯黑可可粉。

6. 将碗中的面絮分别揉成面团，盖好发酵至 1.5 倍大备用。

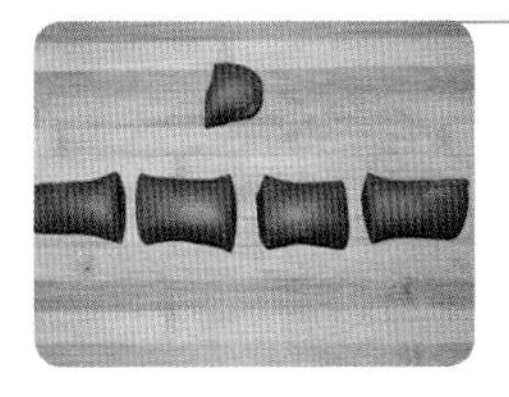

7. 案板上撒面粉，把橘红色面团放在案板上揉匀搓长，切下来 30 克后，分成 4 份。

8. 取一块橘红色的面团，切下来 1/6，把大面团揉圆按扁，小面团揉成椭圆形按扁。

9. 把小面团从中间切开，揪黑色面团搓长后，用水粘在边缘，再揪黑色面团搓成 6 根短一些的条，按照图片样子粘在相对应的位置，这是耳朵。

10. 把做好的耳朵用水粘在大面团上方。

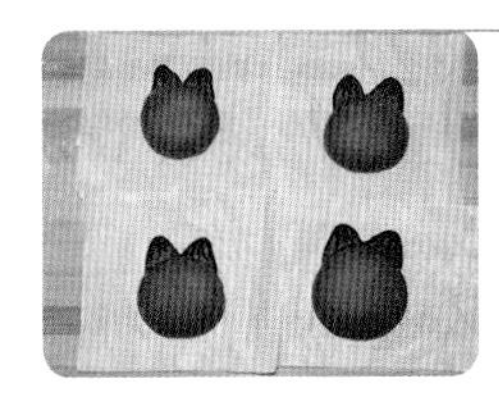

11. 依次做好 4 个，放在油纸上。

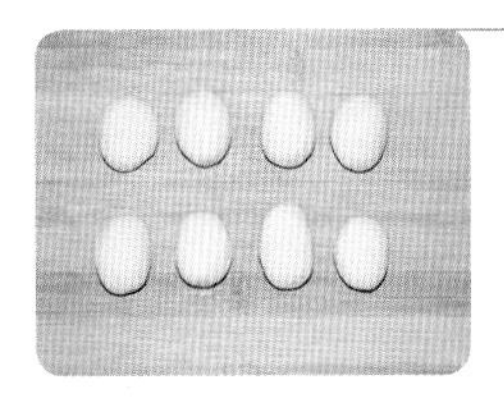

12. 把白色面团揉匀搓长，分成 8 份，搓成椭圆形。

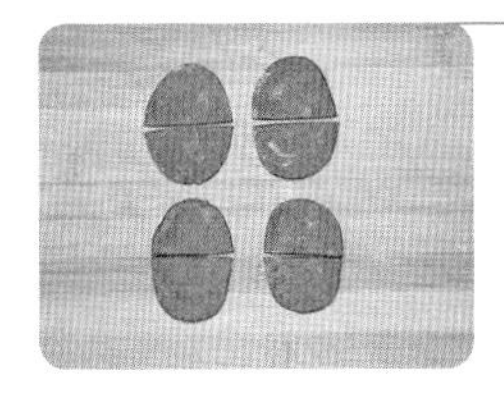

13. 把预留的橘红色面团分成 4 份，揉圆擀薄成片，从中间切开。

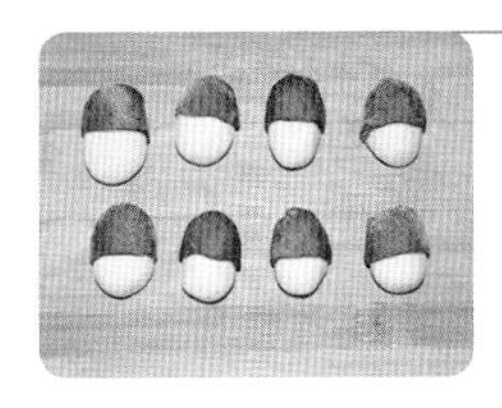

14. 用半圆的橘红色面片包住白色面团一半，这是眼眶。

15. 将两个一组的眼眶用水粘在大面团上，揪黑色面团做出眼线和眼珠。

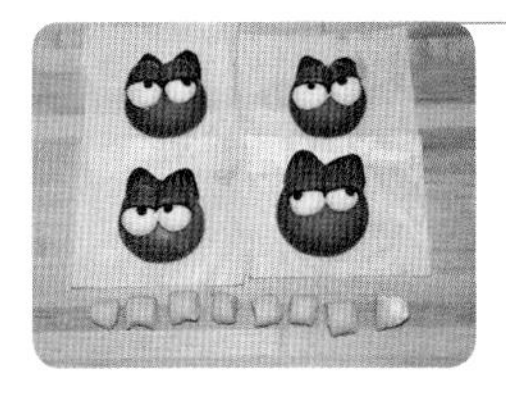

16. 依次做好 4 个，把南瓜面团揉匀搓长，分成 8 份。

17. 把南瓜面团搓长，粘在眼睛下方，揪黑色面团做出鼻子，再用毛笔蘸纯黑可可水画出脸上的花纹。

18. 蒸锅放足冷水，把馒头放在蒸屉上，盖好锅盖，静置 15~20 分钟，大火烧开转中火，15 分钟，关火后闷 5 分钟再出锅。

二狗妈妈碎碎念

1. 这款馒头的特点就是眼睛，橘红色半圆面片包住白色面团后，您可以放在加菲猫脸上比一下大小，如果觉得大，可以在眼睛背面剪下来一些。
2. 纯黑可可水调得不要太稀，这样刷出来的花纹才更好看。

汪汪队阿奇
我的小伙伴们约我在这里集合，
我早一点到，等他们！

原料

南瓜面团：

南瓜泥 130 克
水 30 克
糖 20 克
酵母 2.6 克
中筋面粉 260 克
可可粉 10 克
纯黑可可粉少许

其他面团：

水 30 克
糖 6 克
酵母 0.6 克
中筋面粉 60 克
蝶豆花粉 12 克

做法

1. 130 克蒸熟凉透的南瓜泥放入盆中，加入 30 克水、20 克糖、2.6 克酵母搅匀。

2. 加入 260 克中筋面粉，搅成絮状后，取 2 个小碗，各取出 30 克、100 克面絮放入碗中，在盛有 30 克面絮的碗中加入少许纯黑可可粉，在大盆中加入 10 克可可粉。

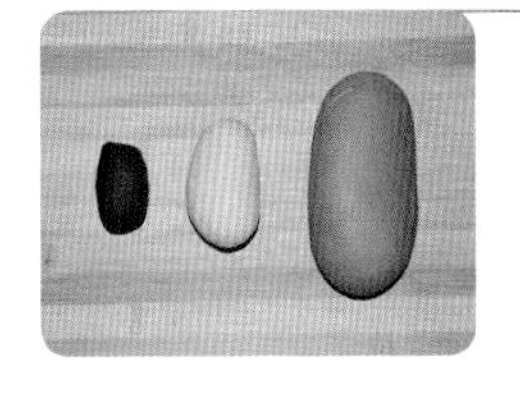

3. 分别揉成面团，盖好发酵至 1.5 倍大备用。

4. 30 克水倒入一个大碗中，加入 6 克糖、0.6 克酵母搅匀，加入 60 克中筋面粉。

5. 另取一个小碗，取出 20 克面絮放入小碗中，在大碗中加入 12 克蝶豆花粉。

6. 将碗中的面絮分别揉成面团，盖好发酵至 1.5 倍大备用。

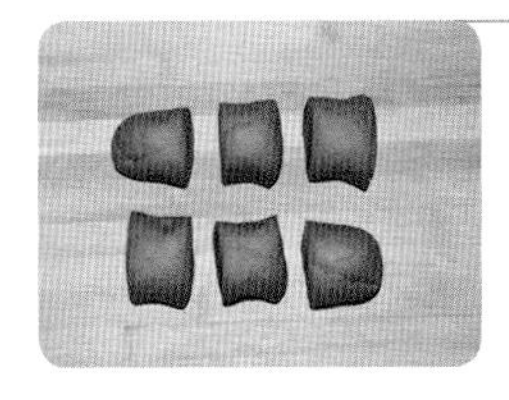

7. 案板上撒面粉，把咖啡色面团放在案板上揉匀搓长，分成 6 份。

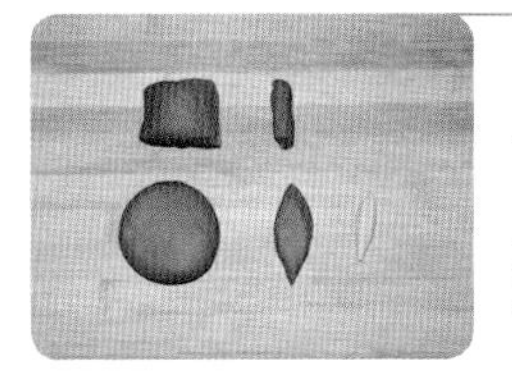

8. 取一块咖啡色面团，切下来约 1/5，把大面团揉圆按扁，小面团搓成枣核形，揪黄色面团搓成小枣核形。

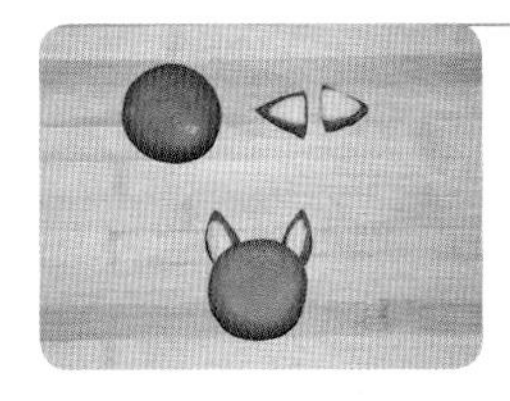

9. 把黄色面团用水粘在咖啡色小面团上，从中间切开，用水粘在咖啡色大面团上方。

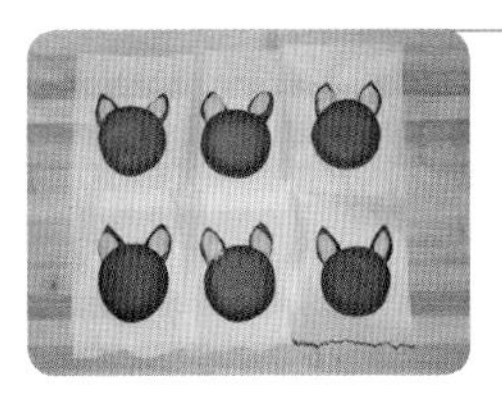

10. 依次做好 6 个，放在油纸上。

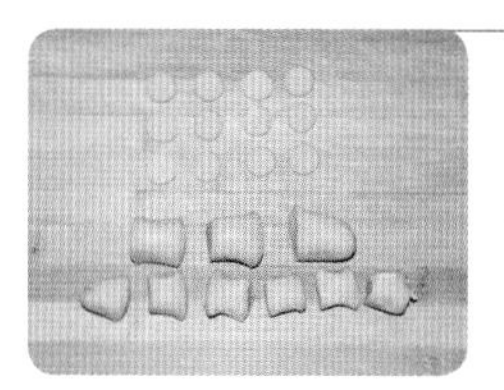

11. 把黄色面团擀开，用裱花嘴扣出 12 个小圆面片后，再把除小面片之外的面团揉匀，分成 2 块，一块分成 3 份大面团，一块分成 6 份小面团。

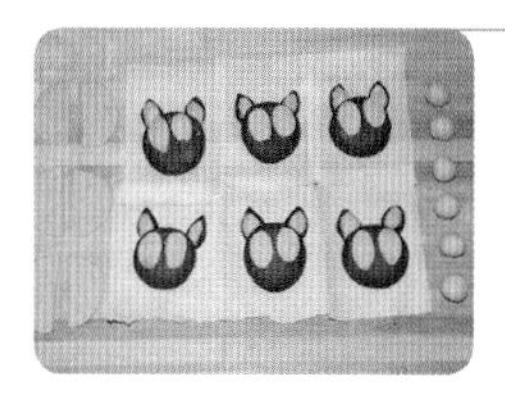

12. 把小面片擀成椭圆形，用水粘在咖啡色大面团上，把 3 个黄色大面团揉圆擀薄成片，从中间切开，把 6 个黄色小面团揉圆。

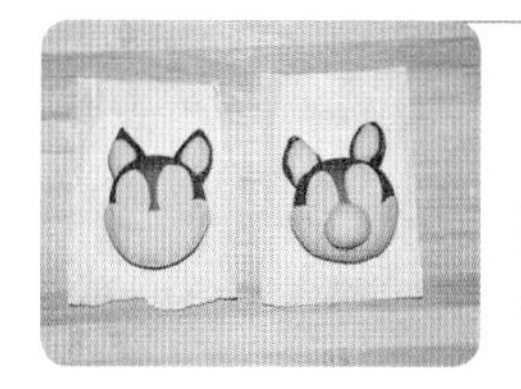

13. 用剪刀把黄色半圆面片两端修圆，用水粘在咖啡色面团下方，再把黄色小圆面团用水粘在中间。

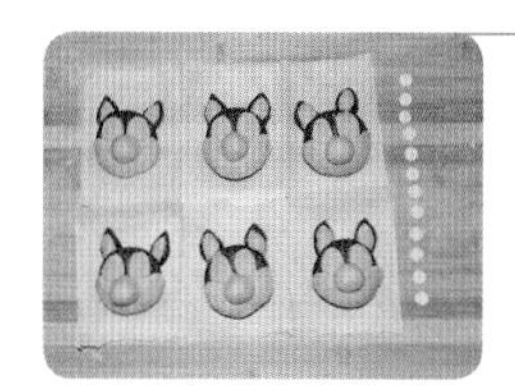

14. 依次做好 6 个后，把白色面团擀开，用裱花嘴扣出 12 个小圆面片。

15. 把小白色圆面片用水粘在合适位置，揪黑色面团做出眉毛、眼珠、鼻子和嘴巴，再揪白色面团做出眼珠里的亮光。

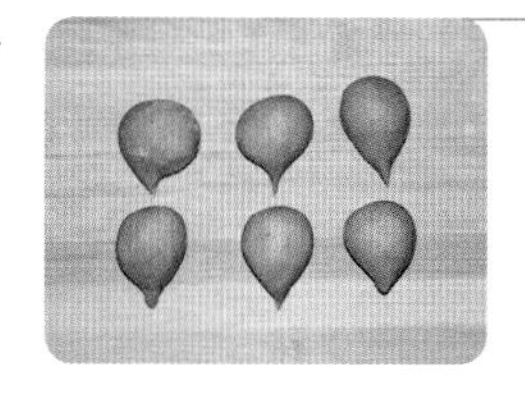

16. 把蓝色面团分成 6 份，搓成水滴形，下方按扁一些。

17. 把蓝色小面团用水粘在脑袋后方，这是帽子。把黑色面团分成 3 份，揉圆擀开成片，从中间切开。

18. 把半圆黑色面片用水粘在帽子前方。

19. 蒸锅放足冷水，把馒头放在蒸屉上，盖好锅盖，静置 15~20 分钟，大火烧开转中火，15 分钟，关火后闷 5 分钟再出锅。

二狗妈妈碎碎念

1. 注意鼻子下方的半圆面片，粘上去的时候，一定要盖住两个椭圆面片下方，两端稍往上提一些更好看。
2. 注意两只耳朵要立起来，并且间距稍远一些，预留出帽子的位置。

蓝精灵

原料

水 150 克
糖 30 克
酵母 3 克
中筋面粉 300 克
纯黑可可粉少许
蝶豆花粉 20 克

红曲水：
红曲粉少许
水少许

今天大象先生来家里
做客，好开心哟~~~

做法

1. 150 克水倒入盆中，加入 30 克糖、3 克酵母搅匀，加入 300 克中筋面粉。

2. 另取 2 个小碗，分别取出 20 克、100 克面絮放入碗中，在盛有 20 克面絮的碗中加入少许纯黑可可粉，在大盆中加入 20 克蝶豆花粉。

3. 分别揉成面团，盖好发酵至 1.5 倍大备用。

4. 案板上撒面粉，把蓝色面团放在案板上揉匀搓长，分成 6 份。

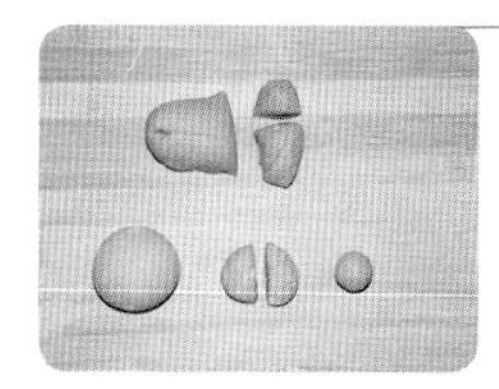

5. 取一块蓝色面团，切下来 1/3，把其余的大面团揉圆，把切下来的 1/3 面团再分成一大一小两块面团，分别揉圆按扁，把其中稍大的面团从中间切开。

6. 把切开的面团切口捏在一起，粘在大面团两侧做耳朵，用筷子蘸水在耳朵中间戳个洞，把小面团粘在大面团中间。

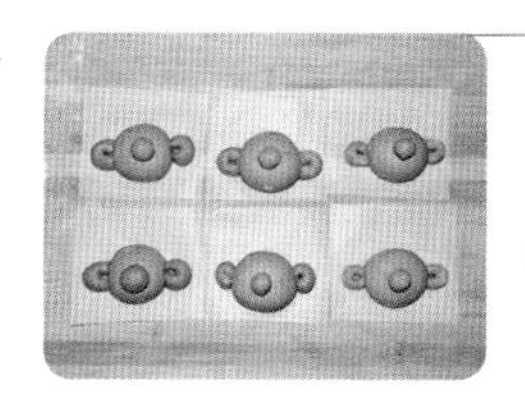

7. 分别做好 6 个，放在油纸上。

8. 揪白色面团做出眼睛，再揪黑色面团做出眉毛、眼珠和嘴巴，依次做好 6 个。

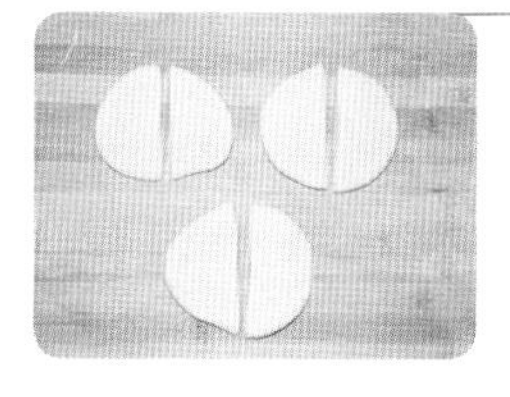

9. 把白色面团分成 3 份，分别揉圆擀开成片，从中间切开。

10. 把白色面片折成一个圆锥形，套在蓝精灵头上。

11. 用毛笔蘸红曲水画上红脸蛋。

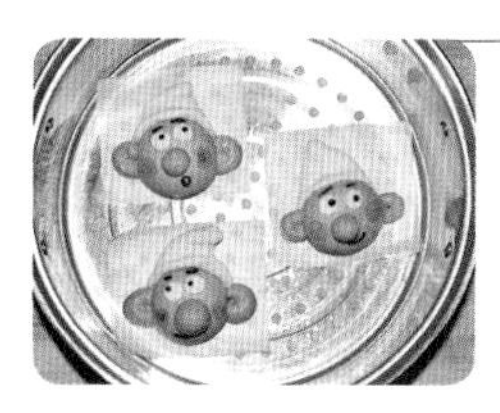

12. 蒸锅放足冷水，把馒头放在蒸屉上，盖好锅盖，静置 15~20 分钟，大火烧开转中火，15 分钟，关火后闷 5 分钟再出锅。

二狗妈妈碎碎念

1. 蓝精灵的帽子做法：把一个半圆面片的半圆边缘对折，捏紧收口后，把帽子口撑开一些，套在蓝精灵头上，注意和头顶接触部分可以用水黏合一下。
2. 红脸蛋也可以不画，我觉得画上更可爱。

麦兜

麻烦你，来碗鱼丸粗面！

没有粗面！

没有鱼丸！

那~~来碗鱼丸河粉吧！

没有粗面！

额……那来碗牛肚粗面吧！

不开心……

二狗妈妈碎碎念

1. 麦兜的脸的颜色一定是浅浅的粉，千万不要加太多的红曲粉，不然脸太红，不好看。
2. 如果觉得麻烦，帽子上的线条可以不做。
3. 嘴巴也可以用黑色面团做成微笑的形状。

原料

水 150 克
糖 30 克
酵母 3 克
中筋面粉 300 克
纯黑可可粉少许
可可粉 2 克
红曲粉少许

红曲水：
红曲粉少许
水少许

做法

1. 150 克水倒入盆中，加入 30 克糖、3 克酵母搅匀，加入 300 克中筋面粉。

2. 搅成絮状后，另取 3 个小碗，分别取出 20 克、30 克、100 克面絮放入碗中，在盛有 20 克面絮的小碗中加入少许纯黑可可粉，在盛有 30 克面絮的小碗中加入 2 克可可粉，在盛有 100 克面絮的小碗中和大盆中各加入少许红曲粉。

3. 分别揉成面团，盖好发酵至 1.5 倍大备用。

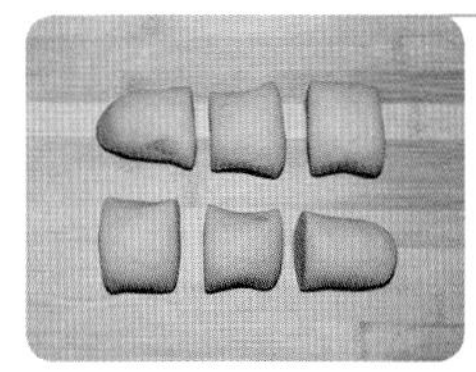

4. 案板上撒面粉，把浅粉色面团放在案板上揉匀搓长，分成 6 份。

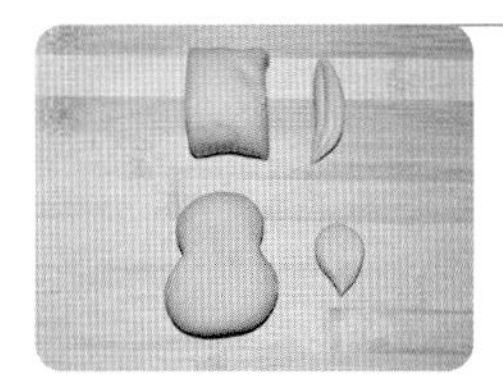

5. 取一份浅粉色面团，切下来约 1/6，将大面团揉圆按扁后，整理成葫芦形，小面团搓成水滴形再按扁。

6. 把小面团用水粘在大面团左上方或右上方。

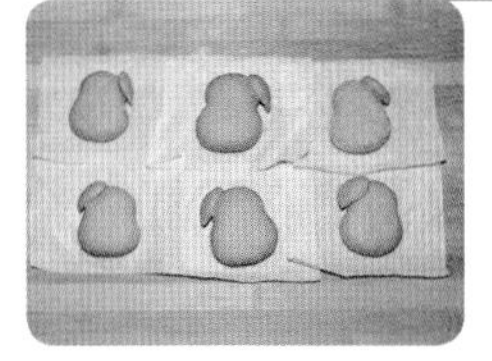

7. 依次做好 6 个，并放在油纸上。

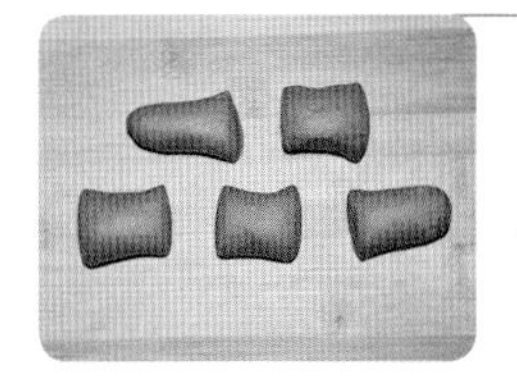

8. 把深粉色面团揉匀搓长，分成 5 份。

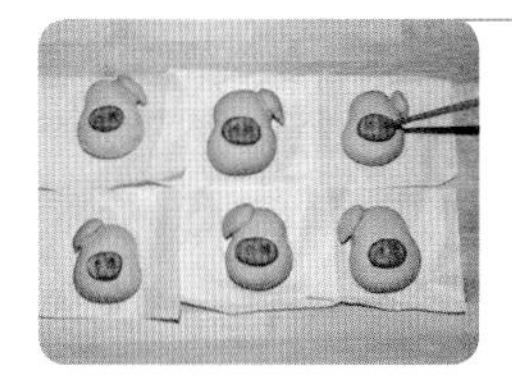

9. 取一份深粉色面团搓长，分成 6 份后，都搓成椭圆形粘在麦兜脸中间，用筷子蘸水后在深粉色面团中间戳 2 个洞。

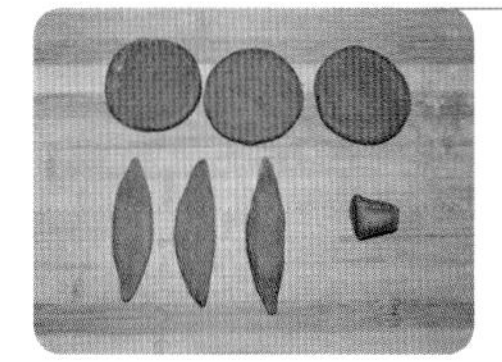

10. 取 3 个深粉色面团揉圆擀开成片，把咖啡色面团分成 4 份，将其中 3 份搓成枣核形，另一份备用。

11. 把咖啡色的枣核形面团用水粘在深粉色面片中间，用刀从中间切开。

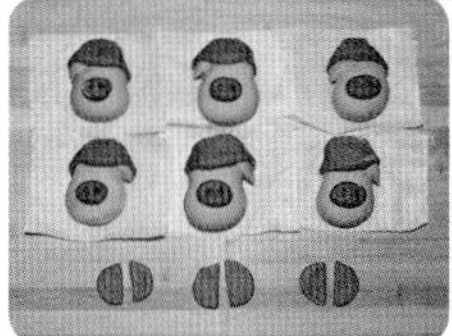

12. 用水粘在麦兜脸的上方做帽子，把备用的一份深粉色面团分成 3 份，擀圆，从中间切开。

13. 用水粘在没有耳朵的一侧。

14. 揪预留的咖啡色面团做出眼圈，揪黑色面团做出帽子上的线条、眉毛、眼睛，用牙签戳出嘴巴。

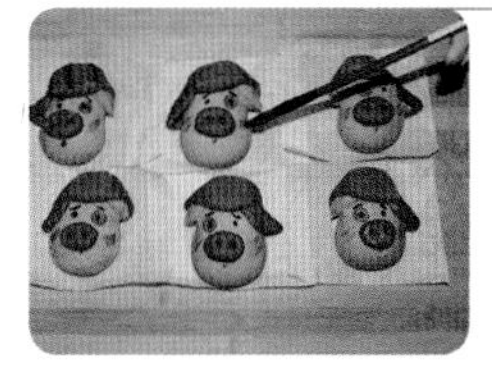

15. 用毛笔蘸红曲水画出红脸蛋。

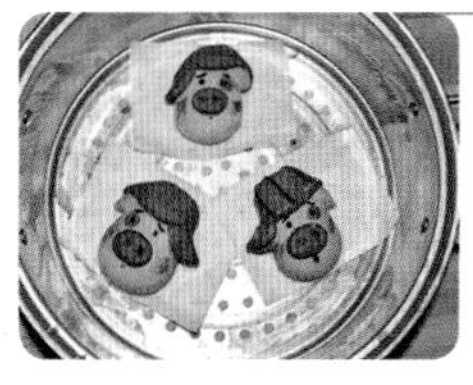

16. 蒸锅放足冷水，把馒头放在蒸屉上，盖好锅盖，静置 15~20 分钟，大火烧开转中火，15 分钟，关火后闷 5 分钟再出锅。

圣诞老人

原料

水 150 克
糖 30 克
酵母 3 克
中筋面粉 300 克
纯黑可可粉少许
红曲粉 2 克 + 少许

二狗妈妈碎碎念

1. 圣诞老人在我的《中式面食》中曾经出现，这次把做法稍做了改动，更精致一些，大家喜欢哪种做法，就用哪种哟！
2. 圣诞老人的嘴巴，我是揪黑色面团搓成小球后，用牙签往胡子里面塞的，这样更好看。
3. 做帽子的时候，注意把半圆面片擀得稍大一些，用面片包住额头才更好看。

做法

1. 150克水倒入盆中，加入30克糖、3克酵母搅匀，加入300克中筋面粉。

2. 搅成絮状后，另取3个小碗，分别取出20克、100克、150克面絮放入碗中，在盛有20克面絮的小碗中加入少许纯黑可可粉，在盛有100克面絮的小碗中加入2克红曲粉，在大盆中加入少许红曲粉。

3. 分别揉成面团，盖好发酵至1.5倍大备用。

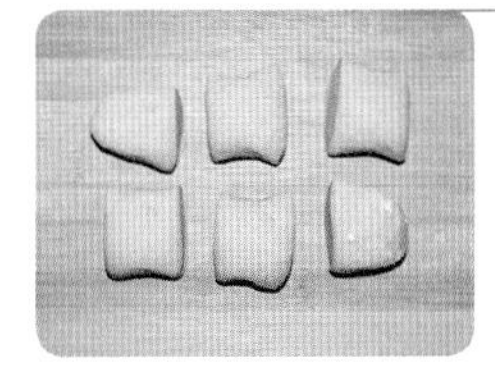

4. 案板上撒面粉，把粉色面团放在案板上揉匀搓长，分成6份。

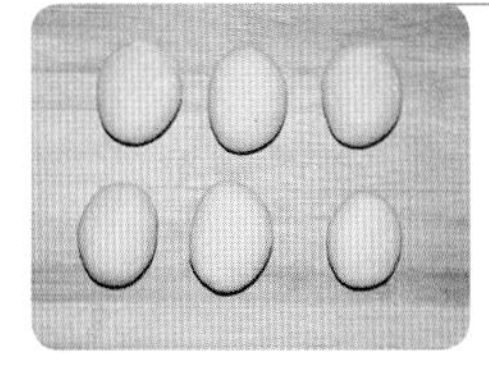

5. 将每份粉色面团揉成椭圆形后按扁。

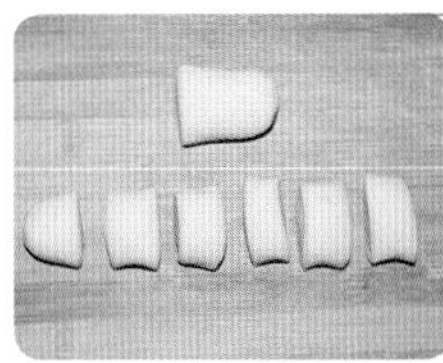

6. 把白色面团揉匀搓长，先切下来约70克备用，把其余面团分成6份。

7. 取一份白色小面团擀开，上面的中间用手指往下压一下，在边缘剪几刀，用水粘在粉色面团下方。

8. 依次做好6个后，放在油纸上。

9. 揪预留的白色面团搓成个小长条，摆成八字形，用水粘在中间，揪红色面团搓圆粘在八字胡上方。

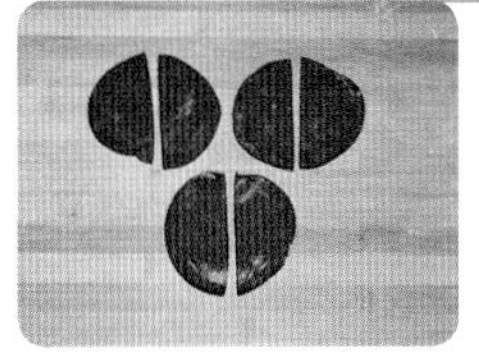

10. 把红色面团揉匀搓长，分成3份后，擀成圆形薄片，从中间切开。

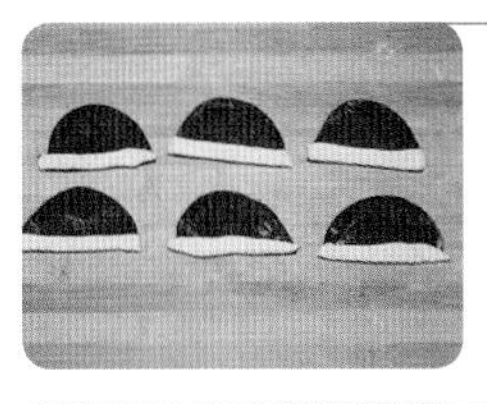

11. 揪预留的白色面团搓长擀开，剪成6个小长条，用水粘在红色半圆面片的下方。

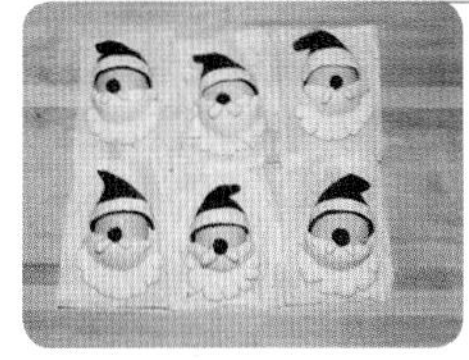

12. 把红色半圆面片用水粘在粉色面团上方，整理成帽子形。

13. 揪预留的白色面团做出眉毛和帽子顶端的小白球，用水粘在相应位置。

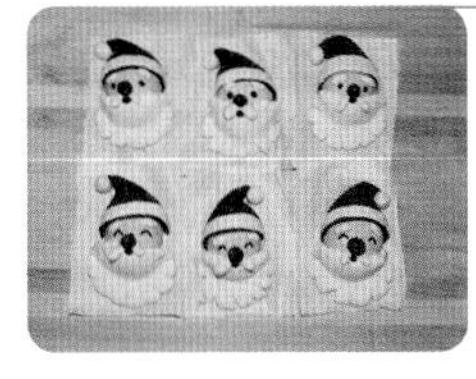

14. 揪黑色面团做出眼睛和嘴巴。

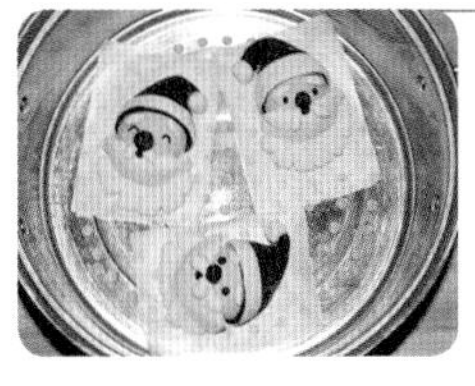

15. 蒸锅放足冷水，把馒头放在蒸屉上，盖好锅盖，静置15~20分钟，大火烧开转中火，15分钟，关火后闷5分钟再出锅。

圣诞雪人

二狗妈妈**碎碎念**

1. 帽子边和帽子球上可以不剪，如果剪出来会更好看。
2. 还可以用毛笔蘸红曲水，给雪人们画个红脸蛋。

又要过圣诞节啦，咱们一起排练个小节目给大家看吧！

原料

水 150 克
糖 30 克
酵母 3 克
中筋面粉 300 克
纯黑可可粉少许
红曲粉 2 克

做法

1. 150 克水倒入盆中，加入 30 克糖、3 克酵母搅匀，加入 300 克中筋面粉。

2. 搅成絮状后，另取 2 个小碗，分别取出 20 克、150 克面絮放入碗中，在盛有 20 克面絮的碗中加入少许纯黑可可粉，在盛有 150 克面絮的碗中加入 2 克红曲粉。

3. 分别揉成面团，盖好发酵至 1.5 倍大备用。

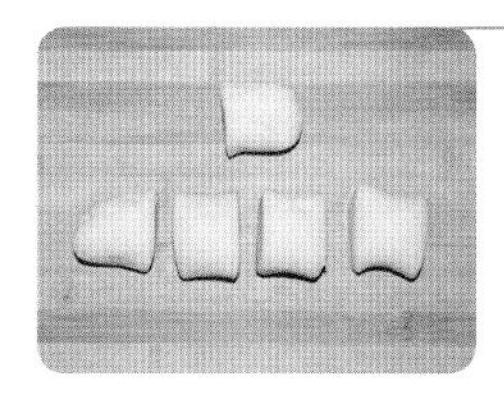

4. 案板上撒面粉，把白色面团放在案板上揉匀搓长，分成 5 份，其中有一份备用。

5. 把 4 份白色面团揉成椭圆形。

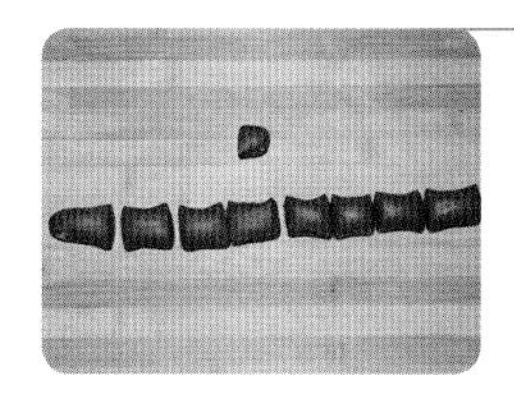

6. 把红色面团揉匀搓长，先切下来约 3 克备用，再把其余面团分成 8 份。

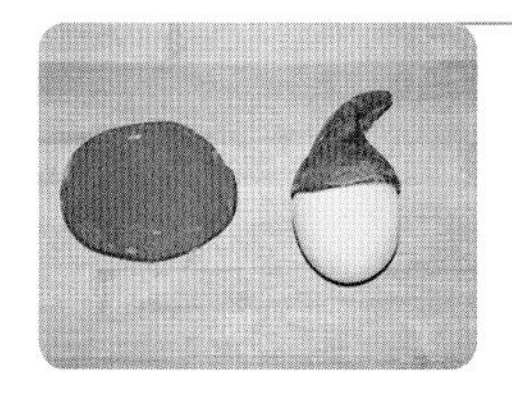

7. 取 4 份红色面团擀开，抹水后围在白色面团上方，依次做好 4 个。

8. 再把另外 4 个红色面团搓长稍擀，把白色面团放在红色面条中间，两边的红色面条往中间搭在一起，依次做好 4 个。

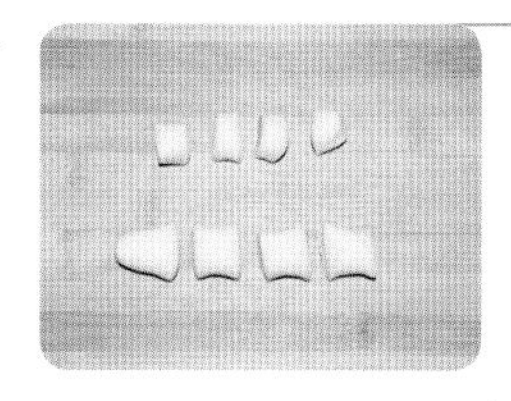

9. 把白色面团分成 4 大、4 小共 8 块面团。

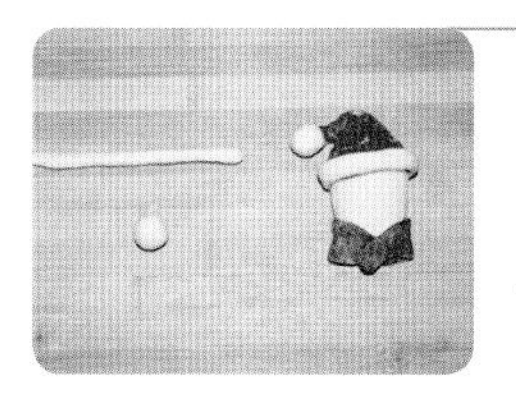

10. 将白色大面团搓长，白色小面团揉圆，分别用水粘在帽子口和帽子尖上。

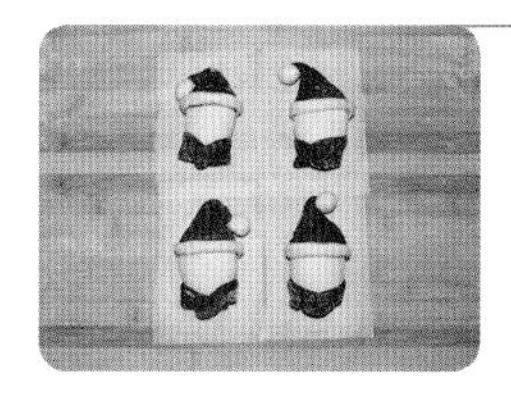

11. 依次做好 4 个，放在油纸上。

12. 揪预留的红色面团做成鼻子，揪黑色面团做出眼睛和嘴巴。

13. 用剪刀剪出帽子檐和帽子球的毛茸茸的感觉（也可以不剪）。

14. 蒸锅放足冷水，把馒头放在蒸屉上，盖好锅盖，静置 15~20 分钟，大火烧开转中火，15 分钟，关火后闷 5 分钟再出锅。

麋鹿

原料

水 150 克
糖 30 克
酵母 3 克
中筋面粉 300 克
纯黑可可粉少许
红曲粉 2 克
可可粉 5 克

二狗妈妈碎碎念

1. 麋鹿的鹿角随意切几刀后，把面条左右翻一下会更好看。
2. 麋鹿的耳朵要平一点，这样鹿角才有位置安放。

做法

1. 150克水倒入盆中，加入30克糖、3克酵母搅匀，加入300克中筋面粉。

2. 搅成面絮后，另取3个小碗，分别取出30克、30克、150克面絮放入碗中，在一个盛有30克面絮的碗中加入少许纯黑可可粉，在盛有150克面絮的碗中加入2克红曲粉，在大盆中加入5克可可粉。

3. 分别揉成面团，盖好发酵至1.5倍大备用。

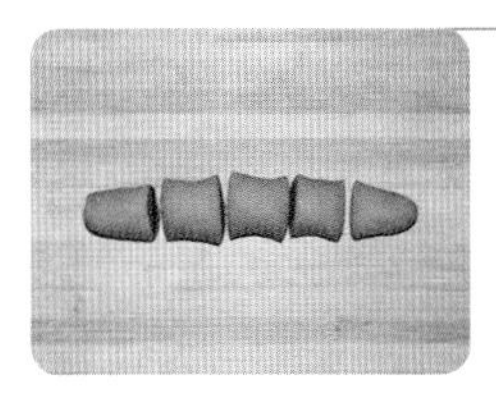

4. 案板上撒面粉，把咖啡色面团放在案板上揉匀搓长，分成5份。

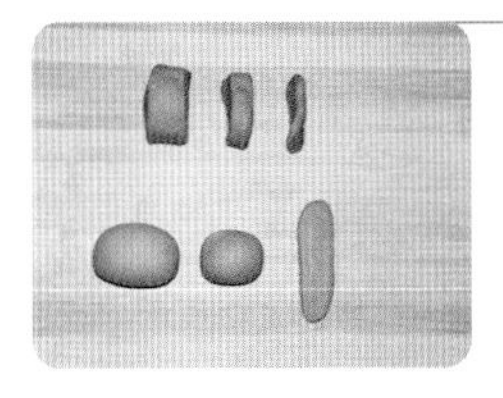

5. 取一份咖啡色面团，先切下来1/6，把其余的大面团揉成椭圆形，再把切下来的面团分成一大一小两块面团分别揉成椭圆形，将小的那块面团搓长擀开。

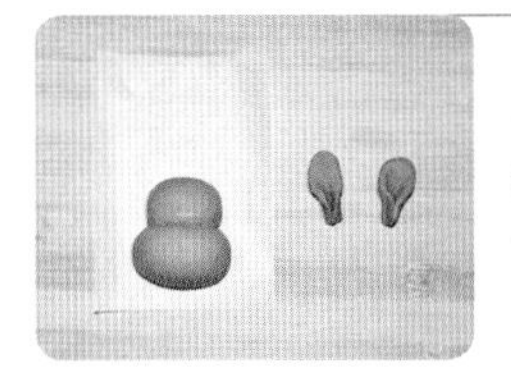

6. 小面团在上，大椭圆形面团在下，用水粘在一起（这是鹿脸），放在油纸上。将长片面团从中间切开，然后把切口处往中间捏在一起（这是耳朵）。

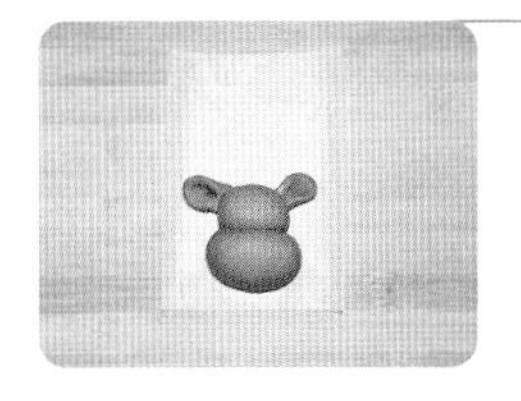

7. 把耳朵用水粘在脸的上方两侧。

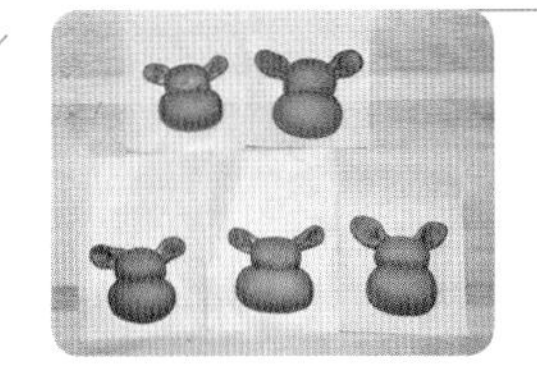

8. 依次做好5个。

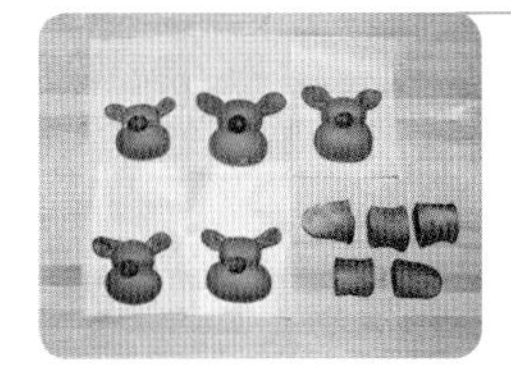

9. 揪红色面团揉圆，用水粘在脸的中间，其余的红色面团揉匀搓长，分成5份。

10. 把每份红色面团揉成椭圆形稍擀，从中间切开，再在两侧切几刀，这是鹿角。

11. 把鹿角用水粘在鹿头的上方（有一点塞在面团后面）。

12. 揪白色面团搓圆按扁用水粘在脸的上方，再揪黑色面团做出眼珠、眉毛和嘴巴。

13. 依次做好6个，剩余的黑色面团也可以给麋鹿做头发。

14. 蒸锅放足冷水，把馒头放在蒸屉上，盖好锅盖，静置15~20分钟，大火烧开转中火，15分钟，关火后闷5分钟再出锅。

皮卡丘
原料
南瓜面团:
南瓜泥 80 克
水 40 克
糖 20 克
酵母 2 克
中筋面粉 200 克
其他面团:
水 30 克
糖 6 克
酵母 0.6 克
中筋面粉 60 克
纯黑可可粉 1 克
红曲粉少许
小姐姐，你今天可以和
我一起坐旋转木马吗?
二狗妈妈碎碎念
1. 耳朵不用做得非常规整，歪一点更俏皮好看。
2. 眼珠上的亮光是点睛之笔，一定不要嫌麻烦。

做法

1. 80 克蒸熟凉透的南瓜泥放入盆中，加入 40 克水、20 克糖、2 克酵母搅匀。

2. 加入 200 克中筋面粉，揉成面团，盖好发酵至 1.5 倍大备用。

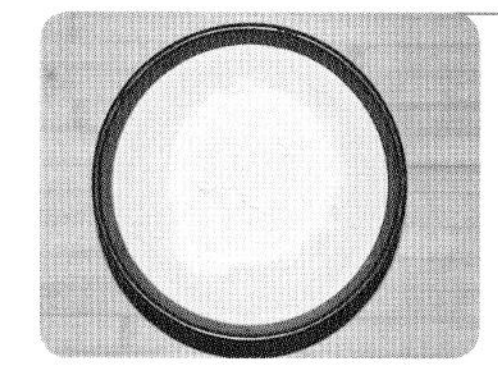

3. 30 克水倒入一个大碗中，加入 6 克糖、0.6 克酵母搅匀，加入 60 克中筋面粉。

4. 另取 2 个小碗，分别取出 10 克、20 克面絮放入碗中，在盛有 20 克面絮的碗中加入少许红曲粉，在大碗中加入 1 克纯黑可可粉。

5. 将碗中的面絮分别揉成面团，盖好发酵至 1.5 倍大备用。

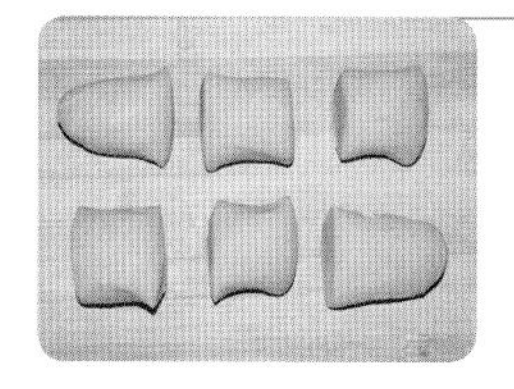

6. 案板上撒面粉，把南瓜面团放在案板上揉匀搓长，分成 6 份。

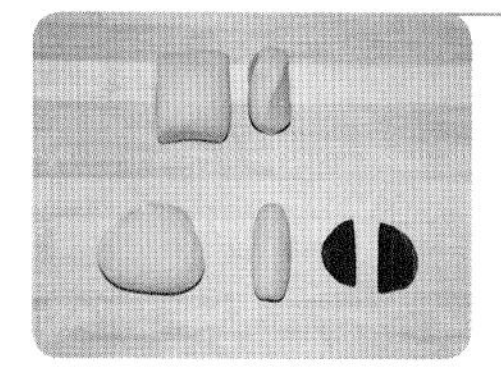

7. 取一份南瓜面团，切下来 1/3，将其余的大面团揉圆按扁，将切下来的小面团搓成椭圆形，揪一块黑色面团（约 5 克）揉圆按扁擀薄成片，从中间切开。

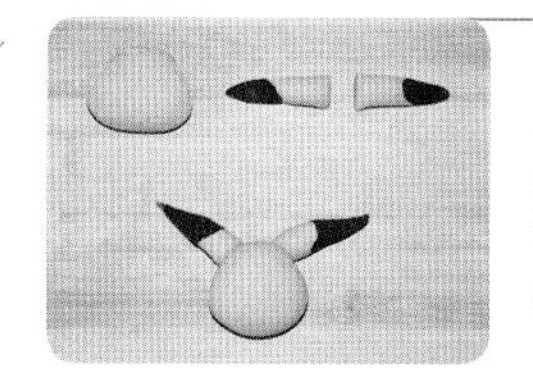

8. 把半圆黑色面片包在小的面团两端，搓成两头尖的形状，从中间切开，用水粘在大面团上方两侧。

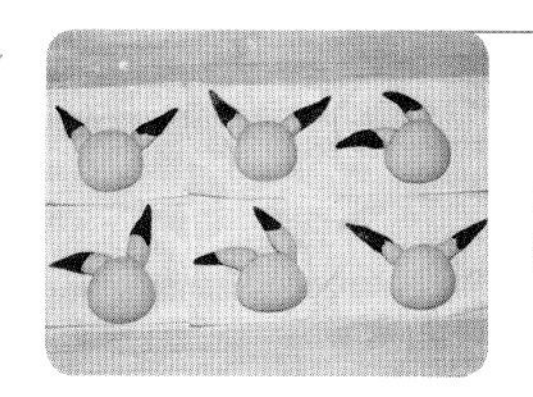

9. 依次做好 6 个，并放在油纸上。

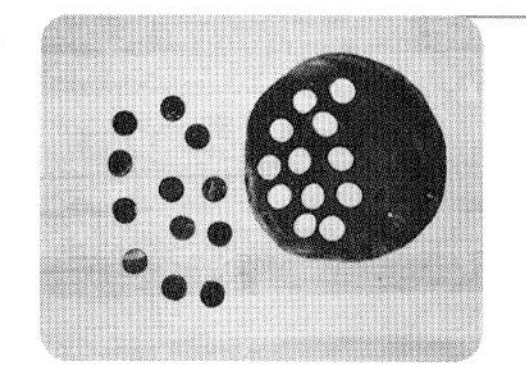

10. 把其余的黑色面团擀开，用裱花嘴扣出 12 个黑色面片。

11. 把黑色面片用水粘在大面团上方，揪白色面团做眼珠上的亮光，再揪黑色面团做出鼻子和嘴巴。

12. 依次做好 6 个后，把红色面团揉匀擀薄，用裱花嘴扣出 12 个小圆片。

13. 把两个红色小圆片分别用水粘在面团两侧。

14. 蒸锅放足冷水，把馒头放在蒸屉上，盖好锅盖，静置 15~20 分钟，大火烧开转中火，15 分钟，关火后闷 5 分钟再出锅。

唐老鸭

好奇怪，我身后为什么还有一只唐老鸭？他是谁？他要干什么？难道要抢我的果子吃？

原料

南瓜面团：

南瓜泥 35 克
糖 5 克
酵母 0.5 克
中筋面粉 50 克

其他面团：

水 120 克
糖 20 克
酵母 2.4 克
中筋面粉 240 克
纯黑可可粉少许
蝶豆花粉 10 克

做法

1. 35 克蒸熟凉透的南瓜泥放入盆中，加入 5 克糖、0.5 克酵母搅匀。

2. 加入 50 克中筋面粉，揉成面团，盖好发酵至 1.5 倍大备用。

3. 120 克水倒入另一个盆中，加入 20 克糖、2.4 克酵母搅匀，加入 240 克中筋面粉。

4. 搅成絮状后，另取 2 个小碗，分别取出 40 克、80 克面絮放入碗中，在盛有 40 克面絮的小碗中加入少许纯黑可可粉，在盛有 80 克面絮的小碗中加入 10 克蝶豆花粉。

5. 将碗中和盆中的面絮分别揉成面团，盖好发酵至 1.5 倍大备用。

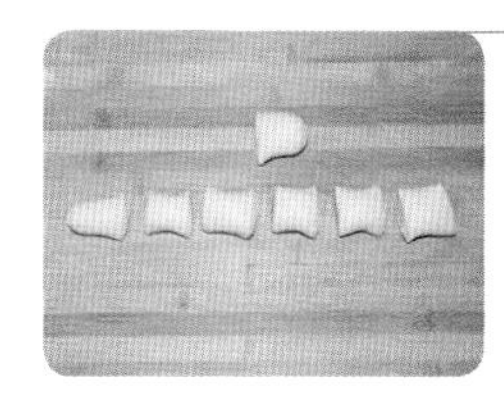

6. 案板上撒面粉，把白色面团揉匀搓长，分成 7 份，其中有一份备用。

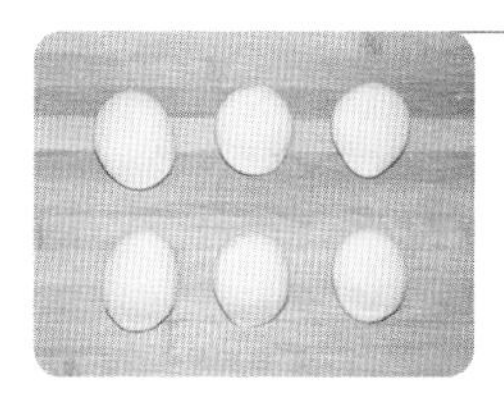

7. 把 6 份白色面团均揉成椭圆形，下方按扁备用。

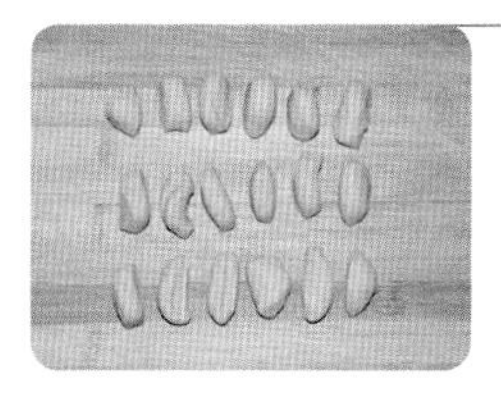

8. 把南瓜面团揉匀后，分成 18 份。

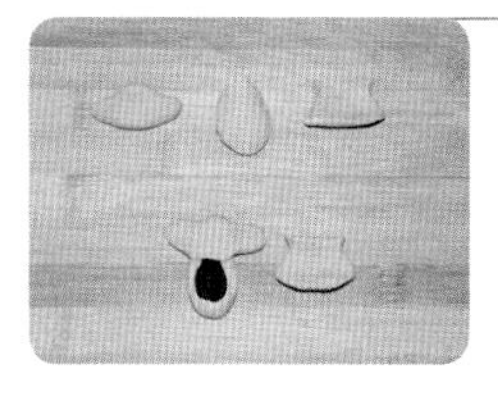

9. 每 3 份南瓜面团为一组，分别整理成图中形状，然后揪黑色面团搓成水滴形，用水粘在中间那块面团上后，把第一块面团压在第二块面团上，第三块面团备用。

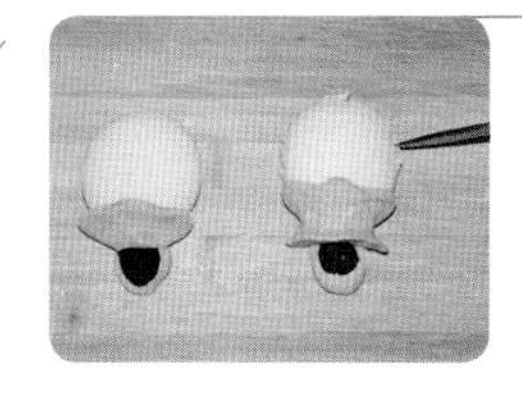

10. 先把组合好的面团用水粘在白色面团下方，再把第三块面团用水粘在上方，用手把鸭子嘴巴向上捏捏，再用剪刀在左、上、右各剪几刀。

11. 依次做好 6 个，放在油纸上。

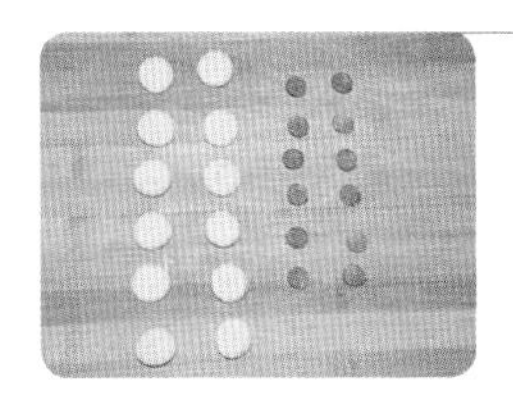

12. 把预留的白色面团和蓝色面团擀开，用大一点的裱花嘴扣出 12 个白色面片，用小一些的裱花嘴扣出 12 个蓝色面片。

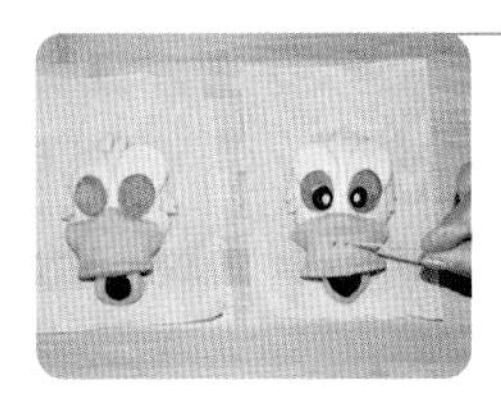

13. 把白色面片稍擀成椭圆形，用水粘在稍靠上一点的位置，再把蓝色面片擀成椭圆形，用水粘在嘴巴上方，揪黑色面团做出眼珠，再揪白色面团做出眼珠上的亮光，用牙签戳出鼻孔。

14. 依次做好 6 个后，把蓝色面团分成 6 份。

15. 把每份蓝色面团擀开，自下向上错开折起来，揪黑色面团稍擀，用水粘在中间靠下的位置，这是帽子。

16. 将做好的帽子用水粘在鸭子头的后方，再将黑色面团擀成长条，剪出飘带的形状，用水粘在帽子一侧。

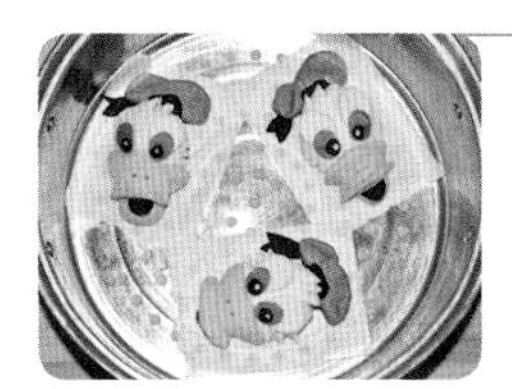

17. 蒸锅放足冷水，把馒头放在蒸屉上，盖好锅盖，静置 15~20 分钟，大火烧开转中火，15 分钟，关火后闷 5 分钟再出锅。

二狗妈妈碎碎念

1. 唐老鸭的嘴巴是个难点，我先做嘴巴下面的那部分，再把嘴巴上半部分粘上去，用牙签戳出鼻孔后就比较像了。
2. 眼睛分成了两部分。一部分是白色面片，这个面片要稍厚一些，是为了做出唐老鸭眉骨高高的感觉；另一部分就是蓝色眼白和黑眼珠，注意这部分一定要紧挨着嘴巴，这样做出来会更像。
3. 如果想做唐老鸭的女朋友，那就需要把眼睛部分做出长睫毛，帽子改成大蝴蝶结就行啦。

跳跳虎

我的天！你咋自我感觉这么良好呢！

我发现我又帅了，可咋整？

原料

南瓜面团:

南瓜泥 80 克
水 40 克
糖 20 克
酵母 2 克
中筋面粉 200 克
红曲粉 1 克

其他面团:

水 100 克
糖 20 克
酵母 2 克
中筋面粉 200 克
纯黑可可粉少许

做法

1. 80 克蒸熟凉透的南瓜泥放入盆中，加入 40 克水、20 克糖、2 克酵母搅匀。

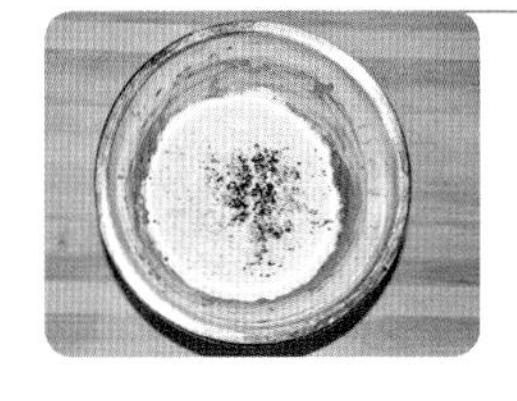

2. 加入 200 克中筋面粉、1 克红曲粉。

3. 将盆中的面絮揉成面团，盖好发酵至 1.5 倍大备用。

4. 另取一个大碗，100 克水倒入碗中，加入 20 克糖、2 克酵母搅匀，加入 200 克中筋面粉。

5. 另取一个小碗，取出 40 克面絮放入碗中，在小碗中加入少许纯黑可可粉。

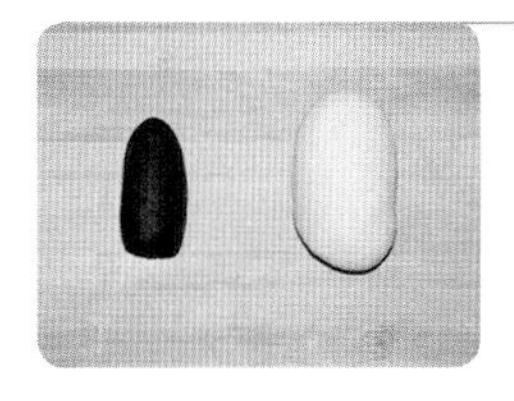

6. 将碗中的面絮分别揉成面团，盖好发酵至 1.5 倍大备用。

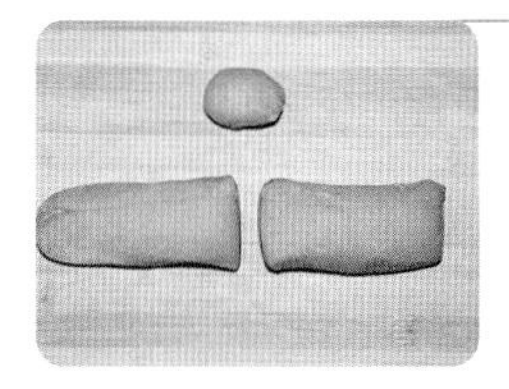

7. 案板上撒面粉，把橘红色面团放在案板上揉匀搓长，先切下来 30 克面团备用，再把其余面团一分为二。

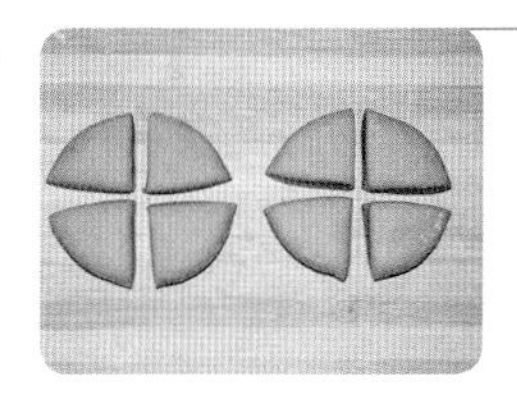

8. 把两块大面团揉圆稍擀，各分成 4 份。

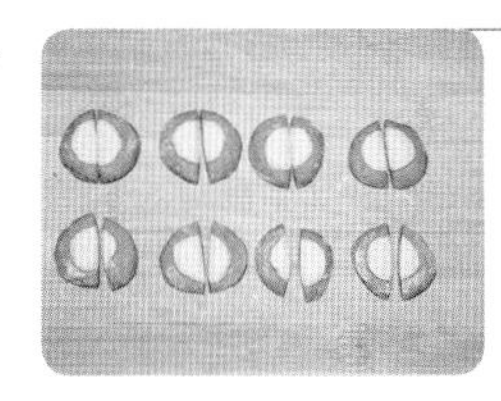

9. 把预留的 30 克小面团搓长，分成 8 份，揉圆按扁，揪白色面团搓圆，用水粘在橘红色小面团中间，按扁后从中间切开。

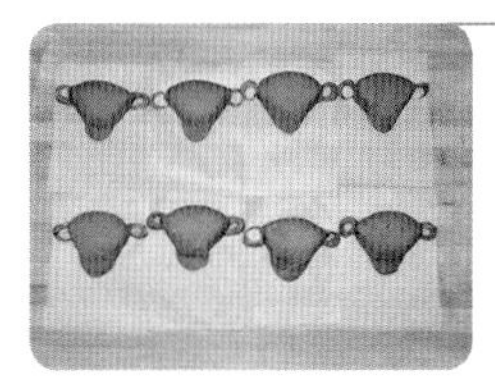

10. 把切口捏在一起后，两个一组，用水粘在 1/4 圆面团两侧，并放在油纸上，把面团下方的一个角按扁。

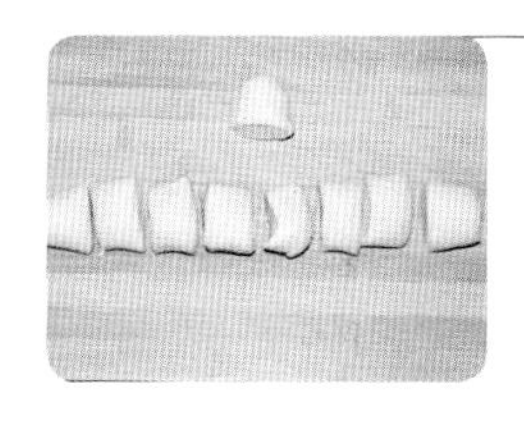

11. 案板上撒面粉，把白色面团揉匀搓长，分成 9 份，其中一份备用。

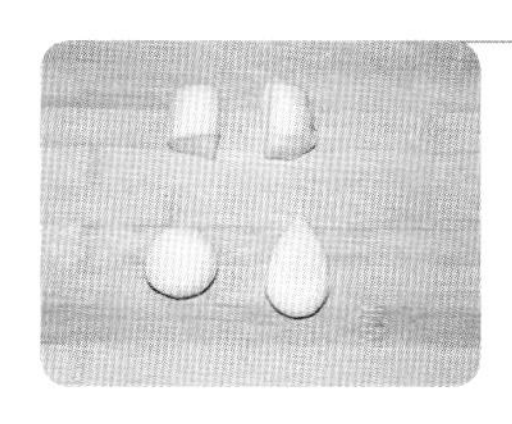

12. 取一份白色面团，一分为二，将其中一块揉圆，另一块搓成水滴形。

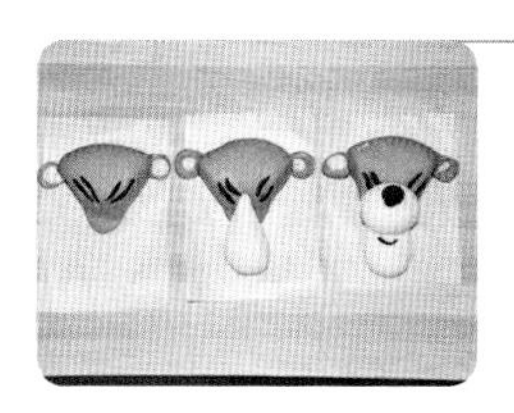

13. 先揪黑色面团做出跳跳虎脸上的花纹，再把水滴形白色面团用水粘在橘红色面团下方，最后把圆的白色面团用水粘在中间，揪黑色面团做出鼻子和嘴巴。

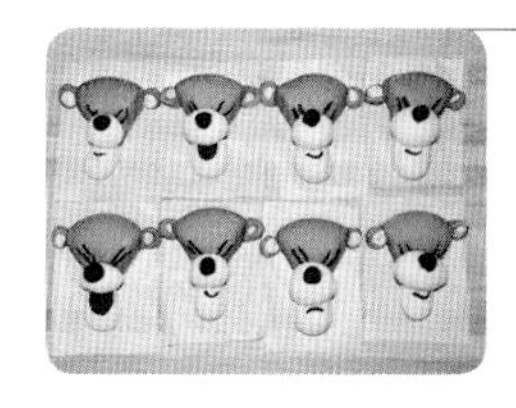

14. 依次做好 8 个。

15. 把预留的白色面团一分为二，揉圆擀薄，各分成 4 份面片。

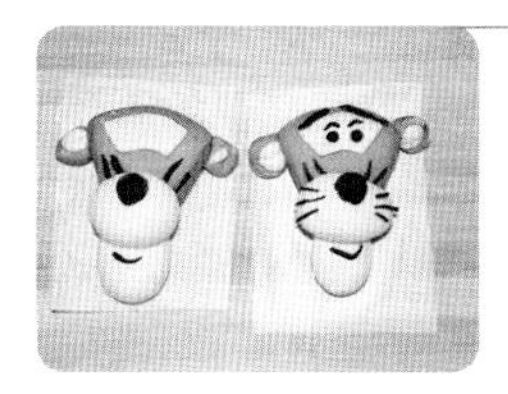

16. 取一块白色面片，剪掉尖角，用水粘在橘红色面团上方，揪黑色面团做出额头上的花纹、眉毛、眼睛和胡子，依次做好 8 个。

17. 蒸锅放足冷水，把馒头放在蒸屉上，盖好锅盖，静置 15~20 分钟，大火烧开转中火，15 分钟，关火后闷 5 分钟再出锅。

二狗妈妈碎碎念

1. 跳跳虎是橘红色的，所以我加了一些红曲粉，如果您不想要橘红色，那就不要加啦！
2. 我做了 8 只跳跳虎，如果您整形速度不够快，那就把用料都减半吧！
3. 如果想做张着的嘴巴，那就在水滴形白色面团上粘一块黑色水滴形面片，接着再做下一步就可以啦！

原料

水 150 克
糖 30 克
酵母 3 克
中筋面粉 300 克
纯黑可可粉少许
红曲粉少许
抹茶粉 2 克

红曲水
红曲粉少许
水少许

做法

1. 150克水倒入盆中，加入30克糖、3克酵母搅匀，加入300克中筋面粉。

2. 另取3个小碗，各取出20克、60克、80克面絮放入碗中，在盛有20克面絮的碗中加入少许纯黑可可粉，在盛有60克面絮的碗中加入少许红曲粉，在盛有80克面絮的碗中加入2克抹茶粉。

3. 分别揉成面团，盖好发酵至1.5倍大备用。

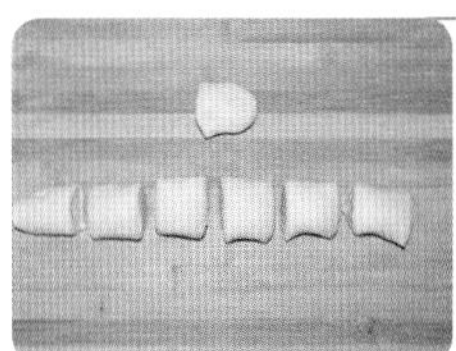

4. 案板上撒面粉，把白色面团放在案板上揉匀搓长，分成7份，其中有一份备用。

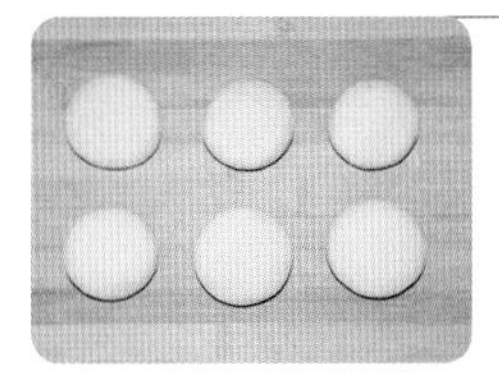

5. 把6份白色面团均揉圆稍按扁。

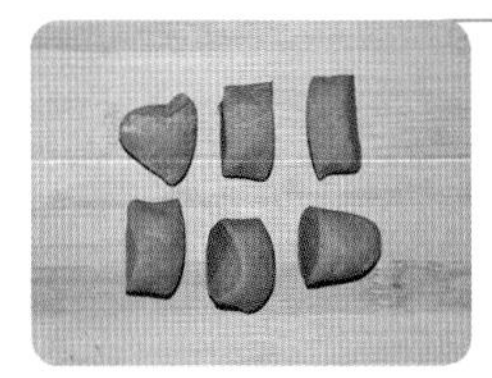

6. 把绿色面团揉匀分成6份。

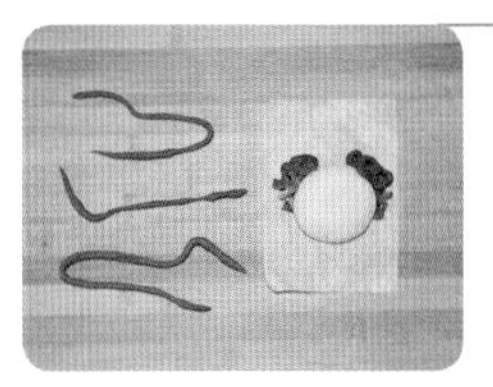

7. 取一份绿色面团，随意揪出小块，搓成细长条，用水粘在小丑脸的上方两侧做头发，并放在油纸上。

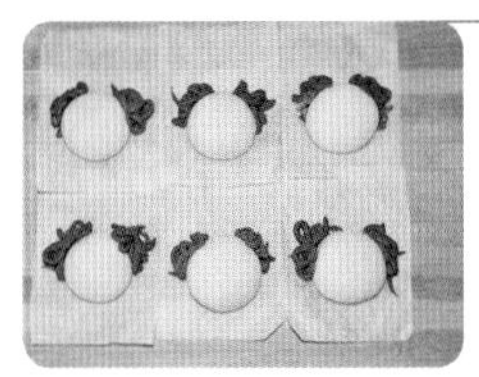

8. 依次做好6个。

9. 揪红色面团做出鼻子、嘴巴后，再将其余的红色面团分成6份。

10. 把红色面团搓成锥形，用水粘在小丑头顶做帽子。

11. 把黑色面团擀开，用裱花嘴扣出12个小黑圆片。

12. 先揪黑色面团搓成2条细长条，用水粘在小丑脸上，再把黑色面片粘在长条中间，再揪白色面团搓圆按扁粘在黑色面片中间，揪黑色面团做出眼珠，最后揪白色面团做出小丑帽子上的小球，用剪刀随意剪几刀。

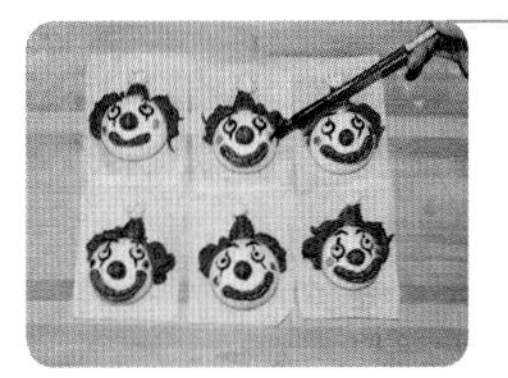

13. 依次做好6个后，用毛笔蘸红曲水画出红脸蛋。

14. 蒸锅放足冷水，把馒头放在蒸屉上，盖好锅盖，静置15~20分钟，大火烧开转中火，15分钟，关火后闷5分钟再出锅。

二狗妈妈碎碎念

1. 头发的颜色可以用黄色、蓝色、紫色，那就分别在最初的面团揉进去南瓜粉、蝶豆花粉和紫薯粉即可，用量要看面团的颜色进行适当调整哟！
2. 红脸蛋也可以不画，我觉得画上更可爱。
3. 嘴巴是把红色面团搓长对折就可以了，注意嘴角一定是上扬的。

小羊肖恩

原料

水 150 克
糖 30 克
酵母 3 克
中筋面粉 300 克
纯黑可可粉 2 克 + 少许
黑芝麻粉 20 克

大家为什么都看我呀？难道是我今天发型吹得太蓬松啦？

做法

1. 150 克水倒入盆中，加入 30 克糖、3 克酵母搅匀，加入 300 克中筋面粉。

2. 另取 2 个小碗，分别取出 20 克、20 克面絮放入碗中，在一个小碗中加入少许纯黑可可粉，在大盆中加入 20 克黑芝麻粉和 2 克纯黑可可粉。

3. 分别揉成面团，盖好发酵至 1.5 倍大备用。

4. 案板上撒面粉，把深灰色面团放在案板上揉匀搓长，分成 6 份。

5. 取一份深灰色面团，切下来 1/4，再把小面团一分为二，大面团搓成梯形，小面团搓成水滴形。

6. 把水滴形面团用水粘在大面团两侧，用牙签压一道印儿。

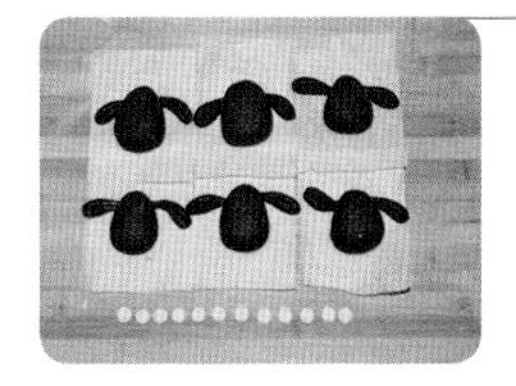

7. 依次做好 6 个，放在油纸上，取一部分白色面团擀开，用裱花嘴扣出 12 个小圆片。

8. 把小面片用水粘在合适位置后，揪黑色面团做出眼珠，再揪白色面团做出眼珠上的高光，然后用筷子戳出鼻孔。

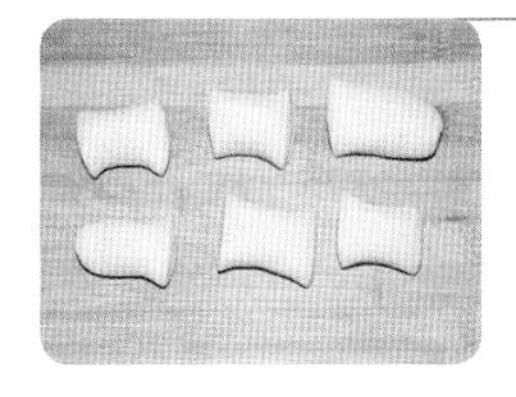

9. 把其余的白色面团揉匀搓长，分成 6 份。

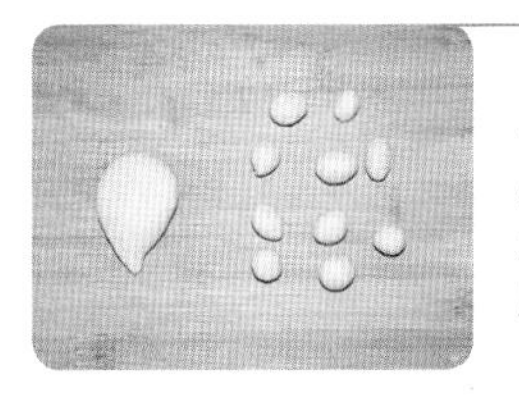

10. 取一份白色面团，一分为二，把其中一块搓成水滴形压扁，另一块再分成若干小块搓圆。

11. 先把水滴形面团放在脑袋后面，再把小圆面团粘在上面，依次做好 6 个。

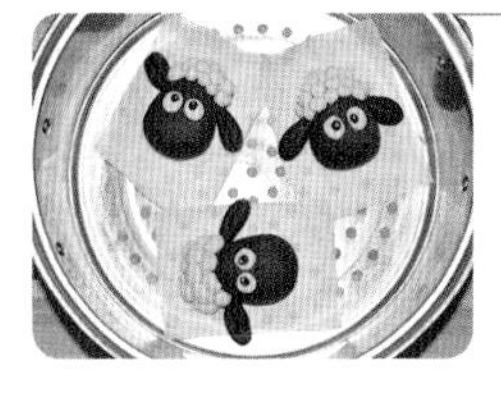

12. 蒸锅放足冷水，把馒头放在蒸屉上，盖好锅盖，静置 15~20 分钟，大火烧开转中火，15 分钟，关火后闷 5 分钟再出锅。

二狗妈妈碎碎念

1. 我为了调整口感，在主要面团里加入了黑芝麻粉，吃起来更香；如果您想要纯可可味的，那就放 5 克纯黑可可粉即可，也不用再做纯黑色小面团了。
2. 用筷子戳鼻孔时，筷子要蘸水后再进行操作。

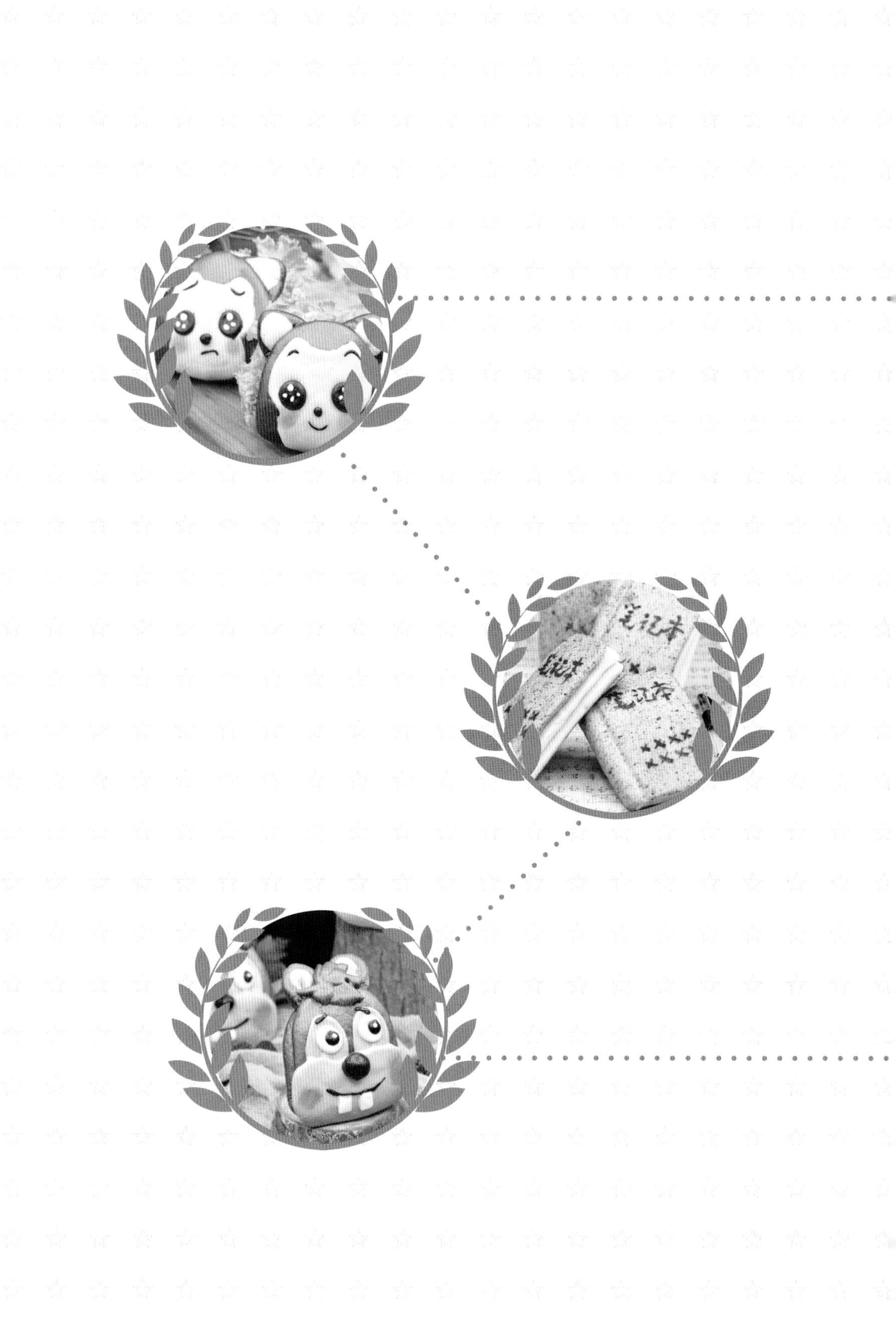
笔记本

看，我家的馒头可以做成中式汉堡包！

我平时在家特别爱吃汉堡包，主要是它夹着菜呀、蛋呀、肉呀，一口咬下去很过瘾！妈妈说，她会做中式汉堡包，而且是独一无二的，天哪，我的妈妈竟然用可爱的馒头做成饼夹来给我夹菜夹蛋夹肉肉！

妈妈做的这些馒头，我觉得应该叫“夹夹馒头”，不管是哪一款，都可以夹很多好吃的！我最喜欢的是葫芦娃和《西游记》里的师徒四人，因为他们太可爱太可爱啦！你们快让你们的妈妈也做起来吧！我相信你也会和我一样，爱上这些“夹夹馒头”的！

阿狸

我想夹好多肉肉，不想吃生菜……

后面那位，为啥不开心呀？

不可以哟，肉肉菜菜都要吃，才可以营养均衡哟……

二狗妈妈碎碎念

1. 阿狸的眼睛里面的亮光，有3~4个比较好看，其中一个应做得大一点，其他应做得小一点。
2. 阿狸的脸的形状是这款馒头的难点，剪的时候稍微注意一下哟！
3. 表情不一定和我做的一样，您可以按照您的想法来做。

原料

水 150 克
糖 30 克
酵母 3 克
中筋面粉 300 克
红曲粉 5 克 + 少许
纯黑可可粉少许

做法

1. 150 克水倒入盆中，加入 30 克糖、3 克酵母搅匀，加入 300 克中筋面粉。

2. 搅成絮状后，另取 3 个小碗，分别取出 10 克、20 克、50 克面絮放入碗中，在盛有 20 克面絮的碗中加入少许纯黑可可粉，在盛有 50 克面絮的碗中加入少许红曲粉，在大盆中加入 5 克红曲粉。

3. 分别揉成面团，盖好发酵至 1.5 倍大备用。

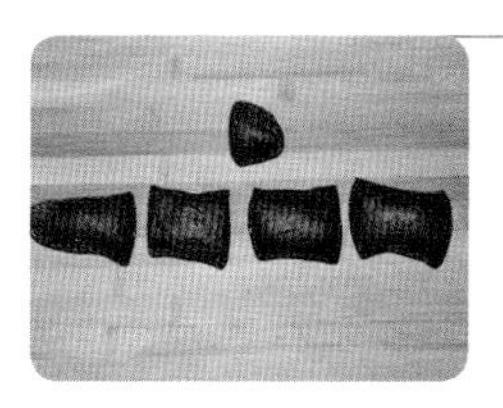

4. 案板上撒面粉，把红色面团放在案板上揉匀搓长，先切下来 35 克左右备用，再把其余面团分成 4 份。

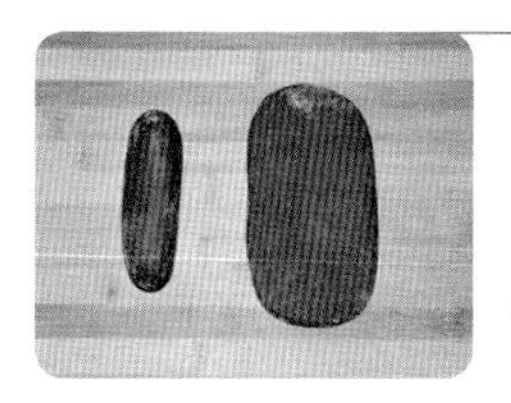

5. 取一份红色面团揉圆后搓长，再擀开成片，大约是 15 厘米长，宽约 8 厘米，依次做好 4 个。

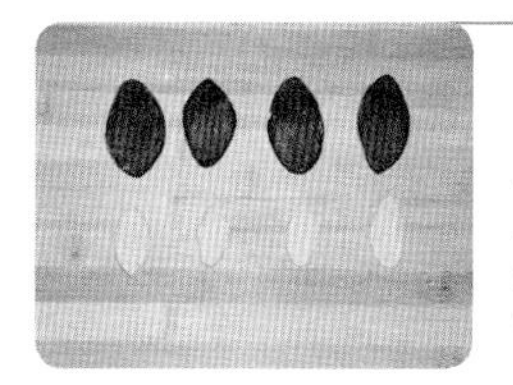

6. 把预留的红色小面团分成 4 份，搓成枣核形，按扁，再揪 4 块粉色小面团，搓成比红色枣核形面团小一些的枣核形面团，按扁。

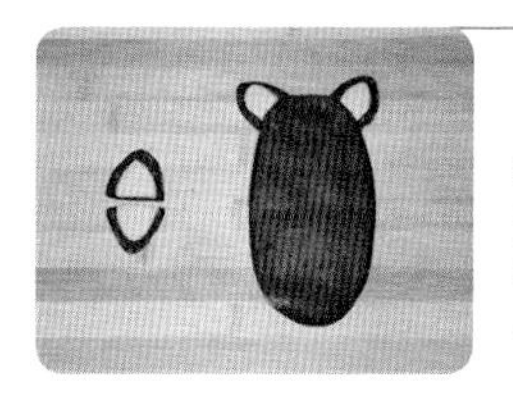

7. 把粉色小面团用水粘在红色小面团上，从中间切开做成耳朵，把耳朵用水粘在红色大面片上方两侧，依次做好 4 个。

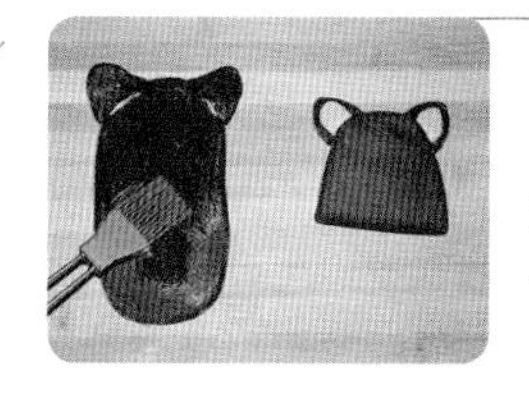

8. 把面片翻过来刷油后，对折，把有耳朵的这面朝上。

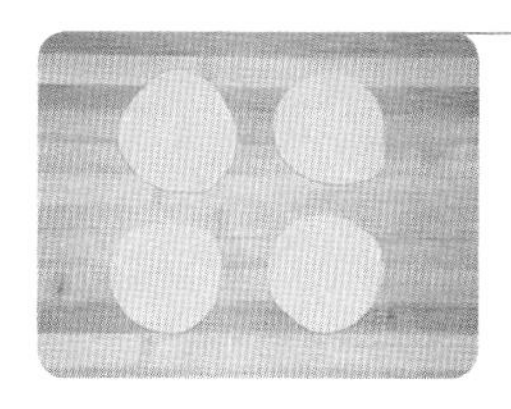

9. 把粉色面团分成 4 份，揉圆擀薄成片。

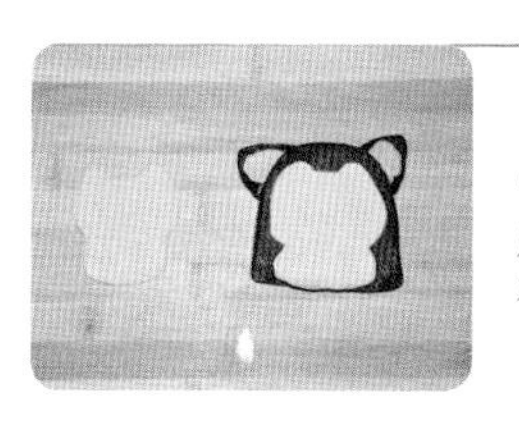

10. 把粉色面片用剪刀剪成图片上的形状，用水粘在红色面片上。

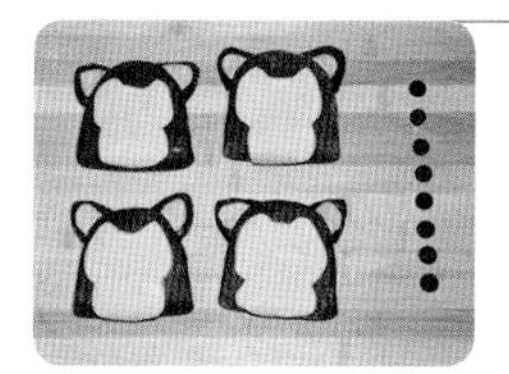

11. 依次做好 4 个后，把黑色面团擀薄，用裱花嘴扣出 8 个小圆片。

12. 把黑色小圆片用水粘在粉色面片上，再揪黑色面团做出眉毛、鼻子和嘴巴，最后揪白色面团做出亮光。

13. 依次做好 4 个，用毛笔蘸红曲水画出红脸蛋。

14. 蒸锅放足冷水，把馒头放在油纸上，再放在蒸屉上，盖好锅盖，静置 15~20 分钟，大火烧开转中火，13 分钟，关火后闷 5 分钟再出锅。

原料

水 150 克
糖 30 克
酵母 3 克
中筋面粉 300 克
红曲粉 2 克 + 少许
纯黑可可粉少许
南瓜粉 2 克

做法

1. 150克水倒入盆中，加入30克糖、3克酵母搅匀，加入300克中筋面粉。

2. 搅成絮状后，另取3个小碗，分别取出20克、20克、100克面絮放入碗中，在一个盛有20克面絮的碗中加入少许纯黑可可粉，在另一个盛有20克面絮的碗中加入2克南瓜粉，在盛有100克面絮的碗中加入2克红曲粉，在大盆中加入少许红曲粉。

3. 分别揉成面团，盖好发酵至1.5倍大备用。

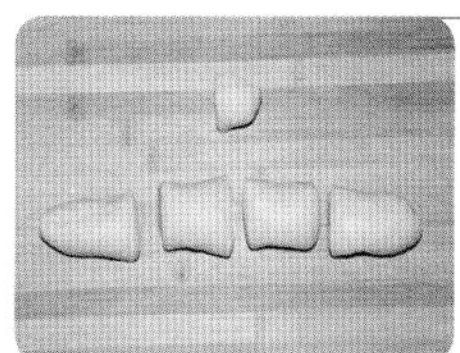

4. 案板上撒面粉，把粉色面团放案板上揉匀搓长，先切下来20克后，分成4份。

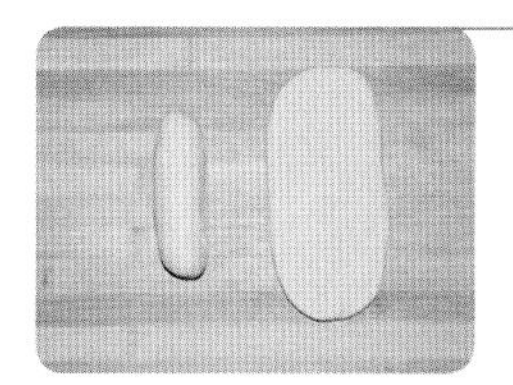

5. 取一份粉色面团揉圆后搓长，再擀开成片，大约是16厘米长，8厘米宽。

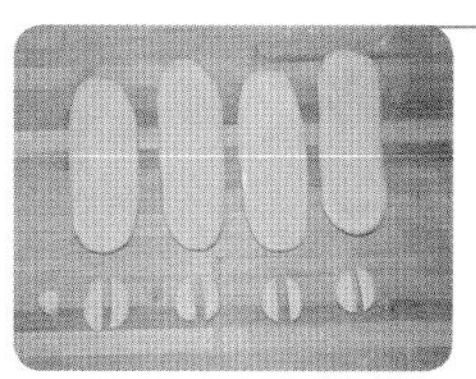

6. 依次做好4个后，把之前切下来的20克的小的粉色面团搓长，分成5份，其中一份备用，将其余4份擀成椭圆形面片后，从中间切开。

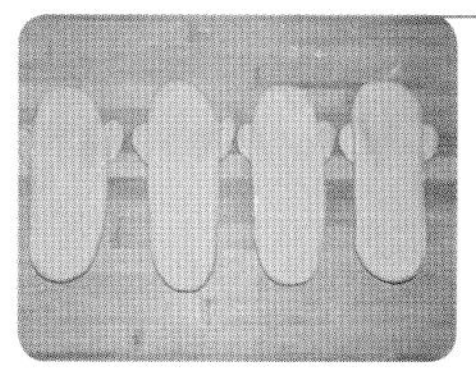

7. 把两个半椭圆形面片用水粘在粉色大面片上方两侧，这是耳朵。

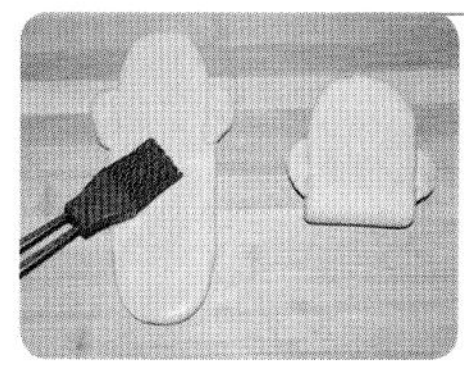

8. 把面片翻过来刷油后，对折，把有耳朵的这面朝上。

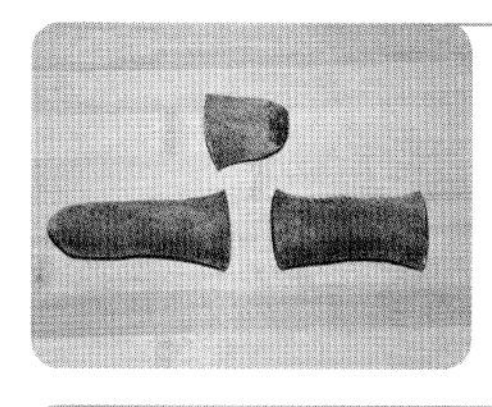

9. 把红色面团揉匀搓长，先切下来20克后，再把面团分成2份。

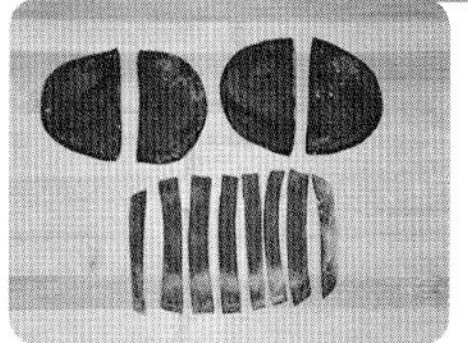

10. 把2份红色大面团揉圆擀开，从中间切开成半圆面片，把切下来的20克红色小面团擀开后，切成8个长条。

11. 取一个红色半圆面片，用刀背压出纹路后，用剪刀剪出僧帽顶部的锯齿形状，然后，先把两个长条用水粘在脸的两侧后，再把僧帽粘在上方。

12. 依次做好4个后，揪预留的粉色面团搓成水滴形，用水粘在脸的中间，再把黄色面团擀开，切成4个长条。

13. 把黄色长条用水粘在僧帽的底端，再揪黑色面团做出眉毛、眼睛和嘴巴。

14. 用毛笔蘸红曲水刷出红脸蛋。

15. 蒸锅放足冷水，把馒头放在油纸上，再放在蒸屉上，盖好锅盖，静置15~20分钟，大火烧开转中火，13分钟，关火后闷5分钟再出锅。

二狗妈妈碎碎念

1. 唐僧的帽子，是用刀背或者刮板压出6道印，并且是呈稍微放射状的哟！
2. 注意唐僧的眉毛和眼睛，一定要修长一些才好看。
3. 唐僧的脸蛋不可以刷得太红，淡淡的粉色就好。

原料

水 150 克
糖 30 克
酵母 3 克
中筋面粉 300 克
红曲粉少许
纯黑可可粉少许
南瓜粉 2 克
黑芝麻粉 10 克
可可粉 8 克

孙悟空

猴哥，你别疑神疑鬼的，这里是绿草地，一望无际的，咋可能有妖怪？

八戒，你别傻呵呵的，我觉得这里有妖气！

二狗妈妈**碎碎念**

1. 把粉色面团用剪刀剪成桃心形状后，拿到咖啡色面片上方比一下，觉得不合适可以修整。
2. 耳朵是把半圆的切口处两端捏合在一起就可以了。
3. 表情您可以随意发挥，一定要突出猴子的机灵哟！

做法

1. 150 克水倒入盆中，加入 30 克糖、3 克酵母搅匀，加入 300 克中筋面粉。

2. 搅成絮状后，另取 4 个小碗，分别取出 20 克、20 克、20 克、80 克面絮放入碗中，在一个盛有 20 克面絮的碗中加入少许纯黑可可粉，在另一个盛有 20 克面絮的碗中加入 2 克南瓜粉，在盛有 80 克面絮的碗中加入少许红曲粉，在大盆中加入 10 克黑芝麻粉、8 克可可粉。

3. 分别揉成面团，盖好发酵至 1.5 倍大备用。

4. 案板上撒面粉，把咖啡色面团放在案板上揉匀搓长，分成 4 份。

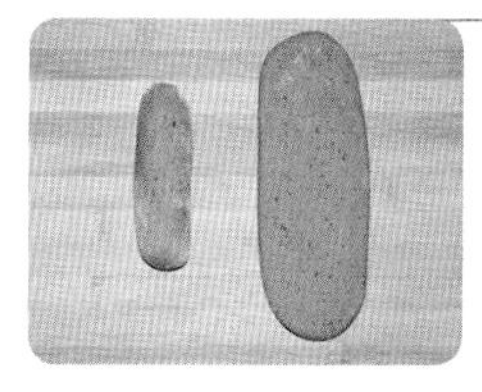

5. 取一份咖啡色面团揉圆后搓长，再擀开成片，大约是 18 厘米长，8 厘米宽。

6. 把粉色面团揉匀后分成 4 份，揉圆擀薄成片。

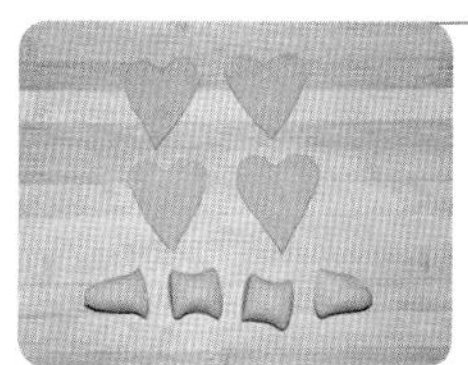

7. 把粉色圆片用剪刀剪成桃心形后，把剪下来的面团揉匀搓长，分成 4 份。

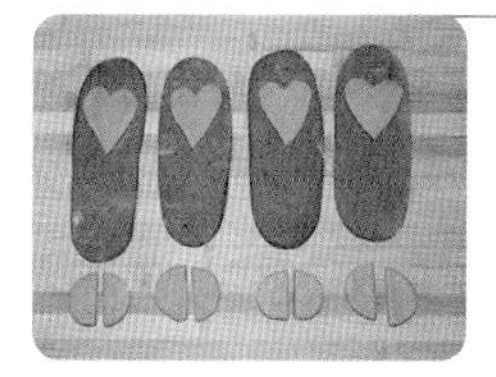

8. 把桃心形面片用水粘在咖啡色面片上方，把另外 4 个粉色面团擀成圆片后，从中间切开成半圆面片。

9. 把半圆粉色面片切口两端捏起来，用水粘在咖啡色面片上方两侧。

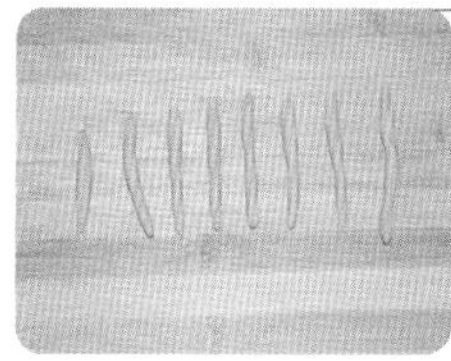

10. 把黄色面团分成 8 份，搓成长条。

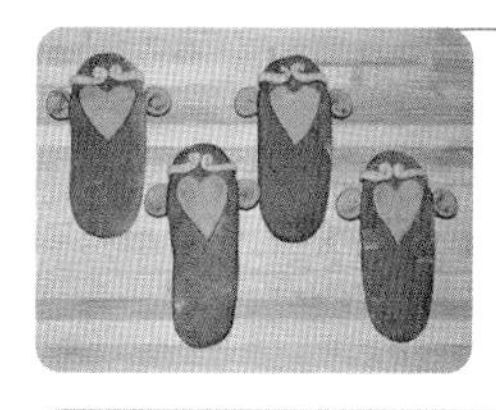

11. 两个一组，用水粘在咖啡色面片上方，注意造型。

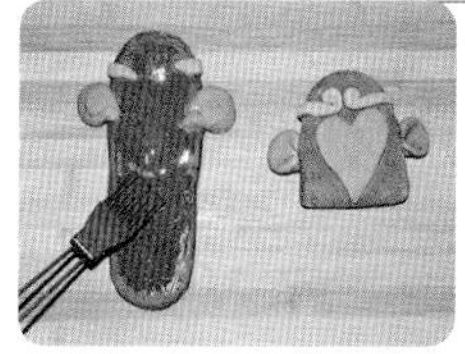

12. 把咖啡色面片翻过来，刷油后，对折，脸部这面向上。

13. 依次做好 4 个后，把白色面团擀开，用裱花嘴扣出 8 个小圆片。

14. 把白色小圆片用水粘在桃心形面片上，揪黑色面团做出眉毛、眼珠和嘴巴，用牙签蘸水，戳出鼻孔，再用剪刀剪出头顶上的毛发。

15. 蒸锅放足冷水，把馒头放在油纸上，再放在蒸屉上，盖好锅盖，静置 15~20 分钟，大火烧开转中火，13 分钟，关火后闷 5 分钟再出锅。

猪八戒

原料

水 150 克
糖 30 克
酵母 3 克
中筋面粉 300 克
红曲粉少许
纯黑可可粉 3 克
南瓜粉 2 克

二狗妈妈碎碎念

1. 帽子要包住粉色面片上方才好看，把多余的部分折在背后即可。
2. 猪八戒的红脸蛋可以刷得红一些、大一些，比较可爱。

做法

1. 150 克水倒入盆中，加入 30 克糖、3 克酵母搅匀，加入 300 克中筋面粉。

2. 搅成絮状后，另取 3 个小碗，分别取出 20 克、20 克、80 克面絮放入碗中，在一个盛有 20 克面絮的碗中加入 2 克南瓜粉，在盛有 80 克面絮的碗中加入 3 克纯黑可可粉，在大盆中加入少许红曲粉。

3. 分别揉成面团，盖好发酵至 1.5 倍大备用。

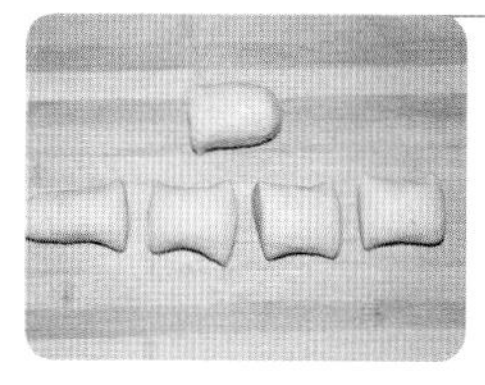

4. 案板上撒面粉，把粉色面团放在案板上揉匀搓长，分成 5 份，其中一份备用。

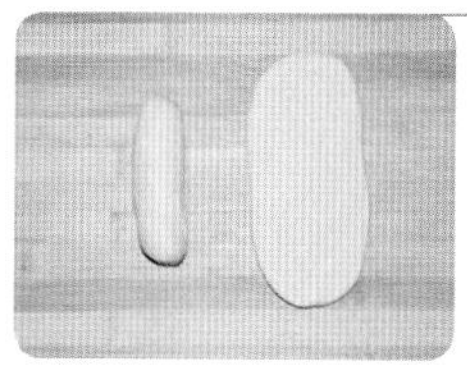

5. 取一份粉色面团揉圆后搓长，再擀开成片，大约是 18 厘米长，8 厘米宽，依次做好 4 个。

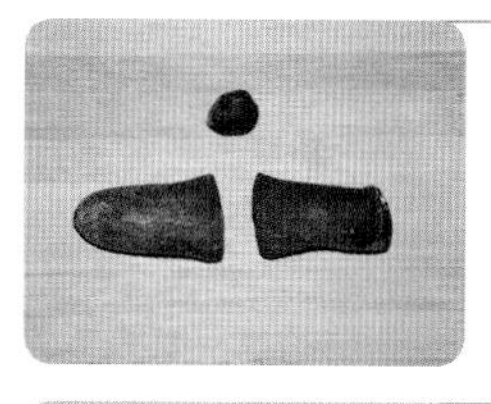

6. 把黑色面团揉匀搓长，先切下来约 4 克后，把其余面团分成 2 份。

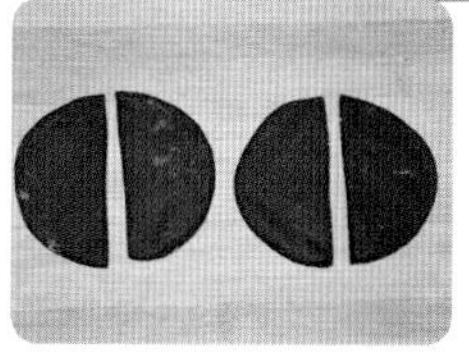

7. 把 2 份大的黑色面团揉圆擀薄，从中间切开成半圆面片。

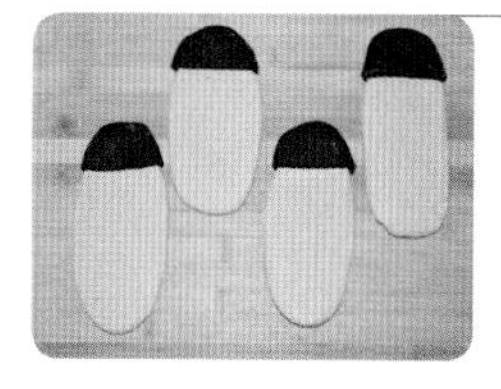

8. 把黑色半圆面片用水粘在粉色面片上方，包住粉色面片上方。

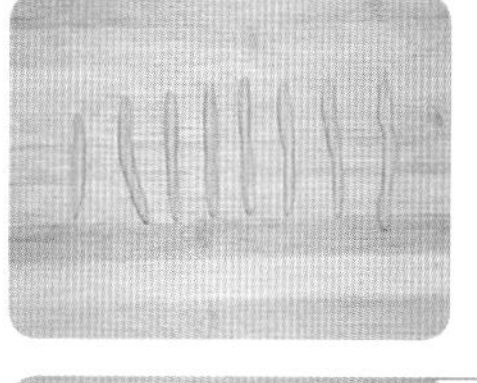

9. 把黄色面团分成 8 份，搓成长条。

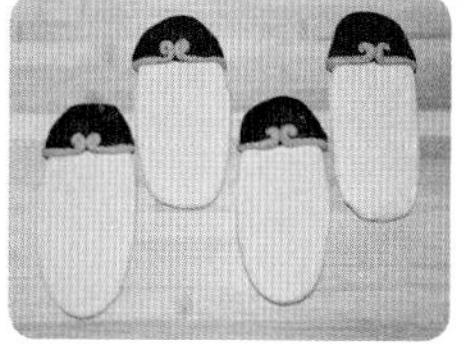

10. 两个一组，用水粘在粉色面团上方，注意造型，帽子做成。

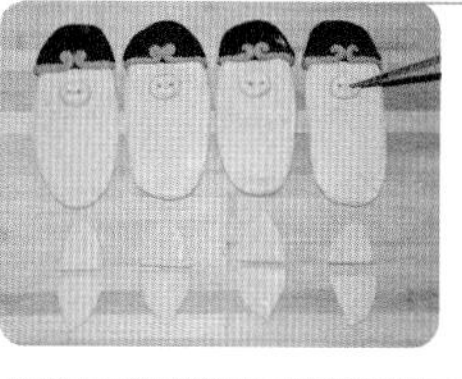

11. 把预留的粉色面团稍擀，用裱花嘴扣出 4 个圆片后，将其余粉色面团分成 4 份，搓成枣核形擀薄，从中间切开成半圆面片备用，把扣下来的圆片用水粘在粉色面片上方，用筷子蘸水戳出鼻孔。

12. 把粉色半圆面片切口两端捏紧后，用水粘在帽子下方两侧，这是耳朵。

13. 把粉色面片翻过来刷油后，对折，把有耳朵的这面朝上。

14. 依次做好 4 个后，把白色面团擀开，用裱花嘴扣出 8 个小圆片。

15. 把白色小圆片用水粘在合适位置，揪黑色面团做出眉毛、眼珠和嘴巴，用毛笔蘸红曲水画出红脸蛋。

16. 蒸锅放足冷水，把馒头放在油纸上，再放在蒸屉上，盖好锅盖，静置 15~20 分钟，大火烧开转中火，13 分钟，关火后闷 5 分钟再出锅。

沙悟净

为啥不可以吃鲜果……

老沙最近进步好快呀！

悟净，为师不往前走，也不会吃这些鲜果的……

师傅，您先别往前走了，这荒山野岭的，怎么突然出现这些鲜果子？一定有妖精！

水 150 克
糖 30 克
酵母 3 克
中筋面粉 300 克
红曲粉少许
纯黑可可粉 3 克
南瓜粉 2 克

做法

1. 150 克水倒入盆中，加入 30 克糖、3 克酵母搅匀，加入 300 克中筋面粉。

2. 搅成絮状后，另取 3 个小碗，分别取出 20 克、20 克、100 克面絮放入碗中，在一个盛有 20 克面絮的碗中加入少许 2 克南瓜粉，在盛有 100 克面絮的碗中加入 3 克纯黑可可粉，在大盆中加入少许红曲粉。

3. 分别揉成面团，盖好发酵至 1.5 倍大备用。

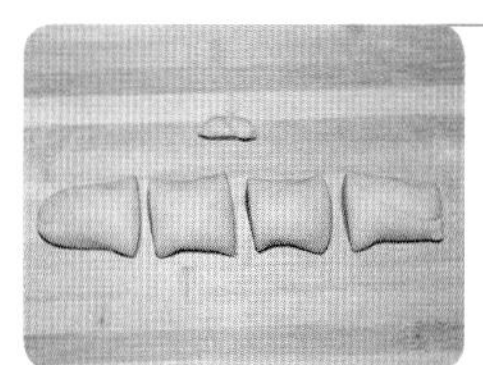

4. 案板上撒面粉，把粉色面团放在案板上揉匀搓长，先切下来 4 克后，分成 4 份。

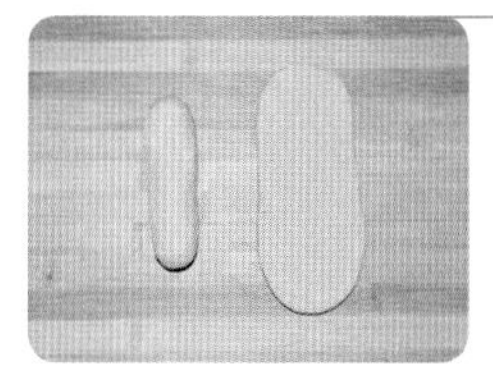

5. 取一份粉色面团揉圆后搓长，再擀开成片，大约是 18 厘米长，8 厘米宽。依次做好 4 个。

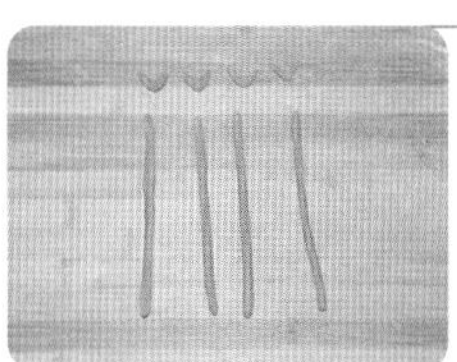

6. 把黄色面团分成 5 份，其中 4 份搓成长条，1 份擀开成片，用剪刀剪出 4 个月牙形。

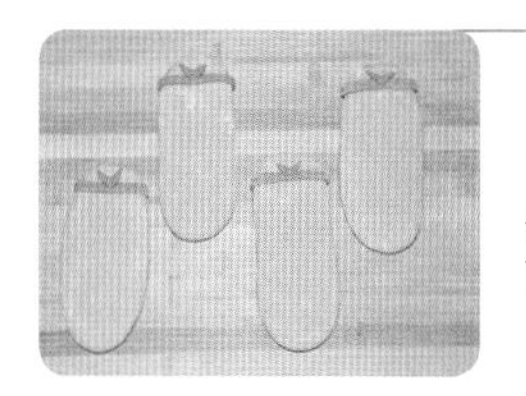

7. 把黄色长条用水粘在粉色面片上方，再把月牙形面片用水粘在中间。

8. 把粉色面片翻过来，刷油后，对折，有黄色面团的一面向上。

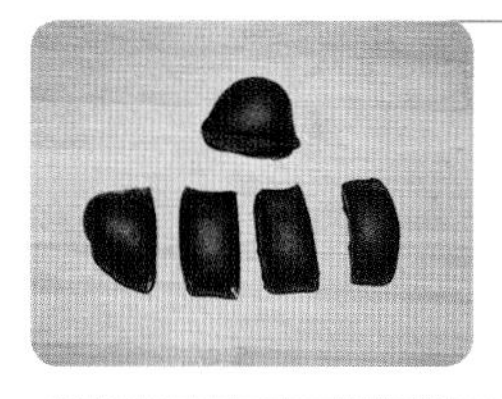

9. 把黑色面团揉匀搓长，分成 5 份，其中一份先备用。

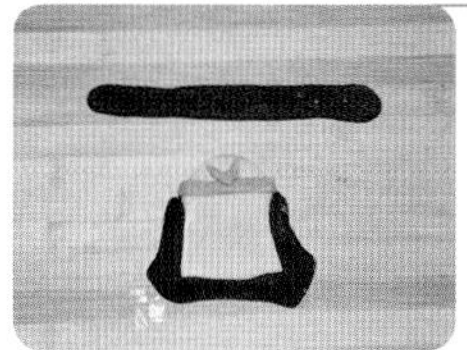

10. 取一份黑色面团，搓长，稍擀，长度约 15 厘米，用水粘在粉色面片左、下、右方。

11. 依次做好 4 个后，用剪刀剪出胡须。

12. 揪预留的粉色面团，搓圆后，用水粘在粉色面片中间，然后把白色面团擀开，用裱花嘴扣出 8 个小圆片。

13. 把白色圆片粘在合适位置后，揪黑色面团做出眉毛、眼珠、胡子、嘴巴。

14. 蒸锅放足冷水，把馒头放在油纸上，再放在蒸屉上，盖好锅盖，静置 15~20 分钟，大火烧开转中火，13 分钟，关火后闷 5 分钟再出锅。

二狗妈妈碎碎念

1. 做胡子的时候，面片到了转折处，直接翻折就可以了。剪出胡须的时候，可以密一些，也可以疏松一些。
2. 鼻子下方的胡子，揪黑色面团搓成小长条，摆成八字形即可。注意一定要用牙签把胡子塞到鼻子下方一些，否则不好看。

笔记本

我们这些笔记本不是用来写字的，我们是用来吃的！

原料

水 150 克
糖 30 克
酵母 3 克
中筋面粉 300 克
紫薯泥 30 克
黑芝麻粉 8 克

纯黑可可水：
纯黑可可粉少许
水少许

做法

1. 150 克水倒入盆中，加入 30 克糖、3 克酵母搅匀，加入 300 克中筋面粉。

2. 搅成絮状后，另取一个大碗，取出 150 克面絮放入碗中，在碗中加入 8 克黑芝麻粉、30 克压碎的紫薯泥。

3. 分别揉成面团，盖好发酵至 1.5 倍大备用。

4. 案板上撒面粉，把两块面团分别揉匀后，擀成 25 厘米 ×30 厘米的长方形面片。

5. 把两块面片都分成 4 块。

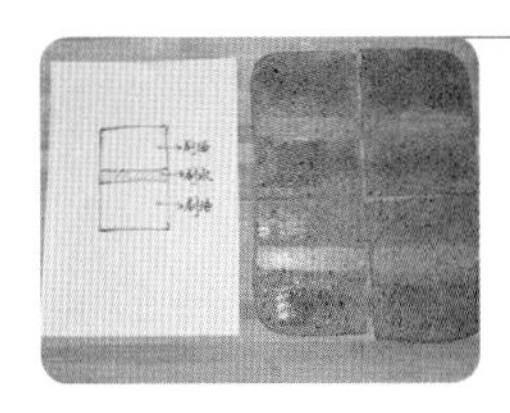

6. 在紫灰色面片上中间刷水，两边刷油（注意图纸上所示）。

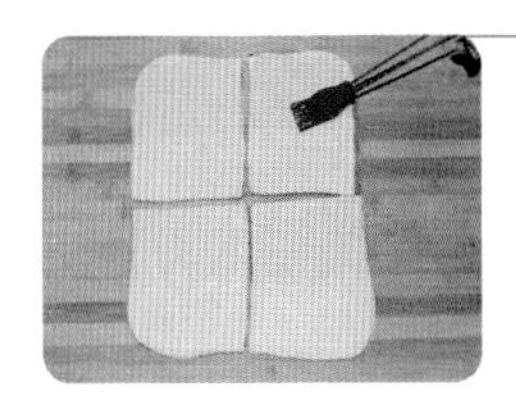

7. 把白色面片分别压在紫灰色面片上，在白色面片上刷油。

8. 将组合面片对折，切去不规整的边角。

9. 在左边用刀背压一下，再用毛笔蘸纯黑可可水写出字。

10. 依次做完 4 个，放在油纸上。

11. 蒸锅放足冷水，把馒头放在蒸屉上，盖好锅盖，静置 15~20 分钟，大火烧开转中火，15 分钟，关火后闷 5 分钟再出锅。

二狗妈妈碎碎念

1. 注意在紫灰色面片上刷水刷油的位置，我们是想让中间部分和白色面片黏合起来，但其他部分不粘在一起，这样做出来的笔记本封皮和内页是可以分开的。如果您不想要这种效果，那就可以都刷水，全部黏合在一起就可以啦！
2. 本子的封面写什么字都可以，好好学习、天天向上，武林秘籍什么的，都可以写哈！
3. 因为分层多，那夹的东西就可以分开来，比如一层抹酱，一层夹蛋，另外一层夹菜，都可以哈！

愤怒的小鸟

嗨！一起去吃饭吧，我们捉了很多虫子给你吃！

你们去吃吧！

我要守护我们的蛋~~~

原料

水 150 克
糖 30 克
酵母 3 克
中筋面粉 300 克
红曲粉 4 克
纯黑可可粉少许
南瓜粉 1 克

做法

1. 150 克水倒入盆中，加入 30 克糖、3 克酵母搅匀，加入 300 克中筋面粉。

2. 搅成絮状后，另取 3 个小碗，分别取出 20 克、20 克、20 克面絮放入碗中，在其中一个小碗中加入 1 克南瓜粉，在另外一个小碗中加入少许纯黑可可粉，在大盆中加入 4 克红曲粉。

3. 分别揉成面团，盖好发酵至 1.5 倍大备用。

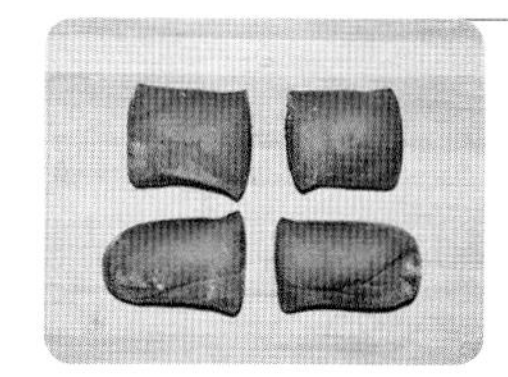

4. 案板上撒面粉，把红色面团放在案板上揉匀搓长，分成 4 份。

5. 取一份粉红色面团，切下来 1/6，把大面团揉成椭圆形，小面团搓成水滴状，从中间切开，整理成一个心形。

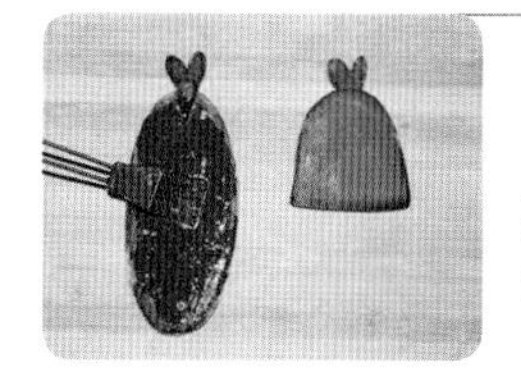

6. 把椭圆形大面团擀成长片，把心形小面团用水粘在大面片上方后，刷油，对折。

7. 依次做好 4 个后，把白色面团擀开，用裱花嘴扣出 8 个圆片。

8. 把白色面片用水粘在合适位置后，揪黑色面团做出眼睛，再把黑色面团擀开，切成 8 条（这是眉毛）。

9. 把眉毛贴在小鸟眼睛上方，依次做好 4 只，把黄色面团揉匀，分成 4 份，揉圆。

10. 把黄色面团用水粘在眼睛下方，用剪刀横着剪出嘴巴。

11. 蒸锅放足冷水，把馒头放在油纸上，再放在蒸屉上，盖好锅盖，静置 15~20 分钟，大火烧开转中火，13 分钟，关火后闷 5 分钟再出锅。

二狗妈妈碎碎念

1. 眉毛要做得粗一点才好看。
2. 因为黄色面团非常少，所以我选择用南瓜粉来调色，也可以用姜黄粉。
3. 如果想要白色肚皮，那就把白色面团擀成圆片粘在合适位置，再做嘴巴，那白色面团就要预留多一些。

机器猫

原料

水 150 克
糖 30 克
酵母 3 克
中筋面粉 300 克
红曲粉少许
纯黑可可粉少许
蝶豆花粉 15 克

做法

1. 150 克水倒入盆中，加入 30 克糖、3 克酵母搅匀，加入 300 克中筋面粉。

2. 搅成絮状后，另取 3 个小碗，分别取出 20 克、20 克、60 克面絮放入碗中，在一个盛有 20 克面絮的碗中加入少许红曲粉，在另一个盛有 20 克面絮的碗中加入少许纯黑可可粉，在大盆中加入 15 克蝶豆花粉。

3. 分别揉成面团，盖好发酵至 1.5 倍大备用。

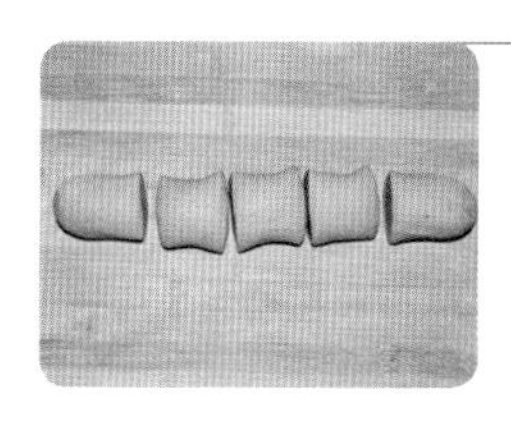

4. 案板上撒面粉，把蓝色面团放在案板上揉匀搓长，分成 5 份。

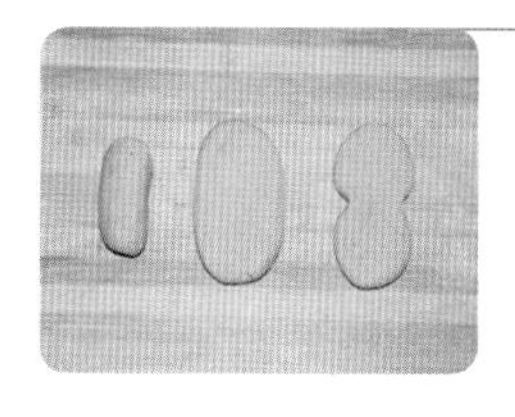

5. 把 5 份蓝色面团均揉成椭圆形，擀开成片，将面片中间用手指往里收一收。

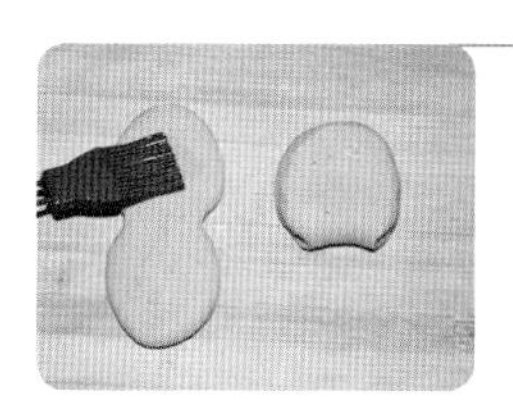

6. 在面片上刷油，对折。

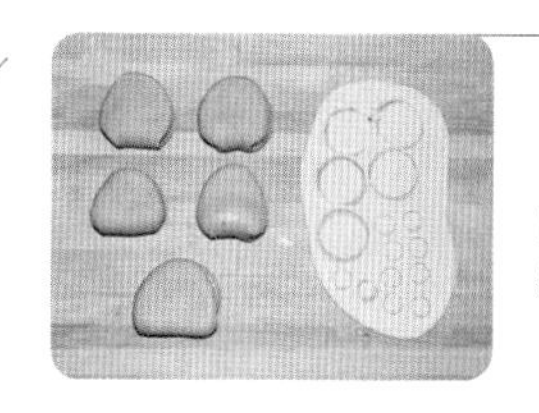

7. 全部做完后，把白色面团擀开，用裱花嘴扣出了 5 个大面片和 10 个小面片。

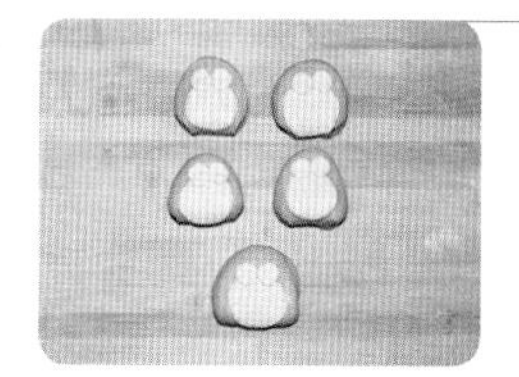

8. 先把一个白色大面片贴在对折后的蓝色面片下方，再把两个白色小面片贴在对折后的蓝色面片的上方。

9. 揪黑色面团做出眼珠、嘴巴和胡子。

10. 揪红色面团做出鼻子和舌头。

11. 蒸锅放足冷水，把馒头放在油纸上，再放在蒸屉上，盖好锅盖，静置 15~20 分钟，大火烧开转中火，13 分钟，关火后闷 5 分钟再出锅。

二狗妈妈碎碎念

1. 蝶豆花粉网购即可，如果您不想用蝶豆花粉，那就用紫薯粉、可可粉，做出一个属于你们自己的机器猫。
2. 我想让脸形更圆一些，所以在最开始擀开蓝色面团后，我用手在面片中间捏了两下，如果您觉得无所谓的话，那就直接刷油对折。

绿豆蛙

原料

水 150 克
糖 30 克
酵母 3 克
中筋面粉 300 克
纯黑可可粉少许
抹茶粉 3 克

做法

1. 150 克水倒入盆中，加入 30 克糖、3 克酵母搅匀，加入 300 克中筋面粉。

2. 搅成絮状后，取 2 个小碗，分别取出 10 克、80 克面絮放入碗中，在盛有 10 克面絮的碗中加入少许纯黑可可粉，在大盆中加入 3 克抹茶粉。

3. 分别揉成面团后，盖好发酵至 1.5 倍大备用。

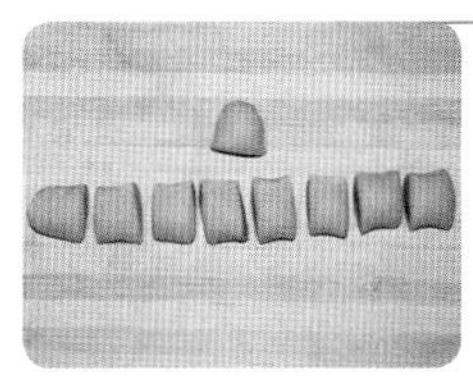

4. 案板上撒面粉，先把抹茶面团揉匀搓长，分成 9 份，其中一份盖好备用。

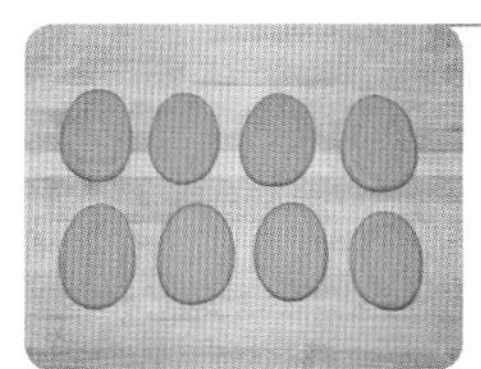

5. 把 8 份抹茶面团均揉成椭圆形并擀薄成片。

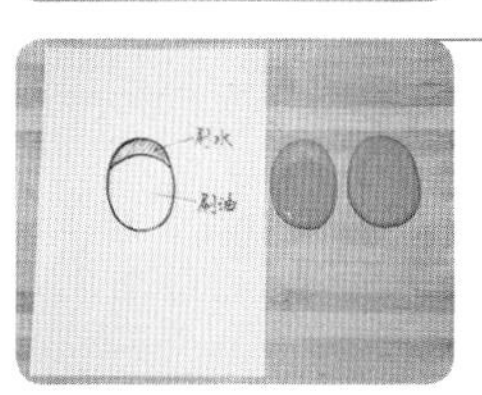

6. 2 个椭圆面片为一组，其中一个圆片按照图纸所示，上方刷水，下方刷油。

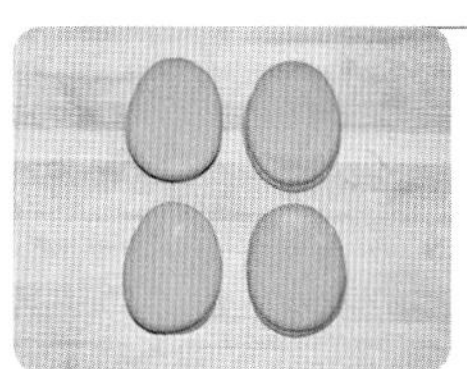

7. 把另外一片圆片盖在刷水刷油的这一片上，完成 4 组。

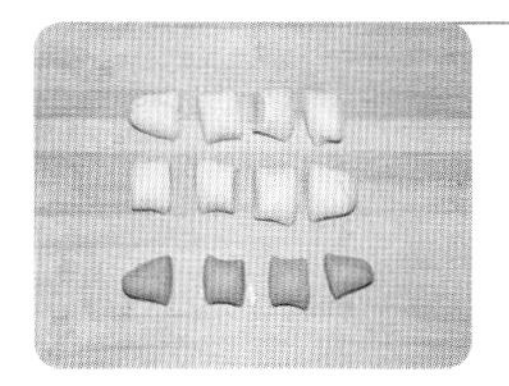

8. 把白色面团揉匀搓长分成 8 份，把预留的抹茶面团分成 4 份。

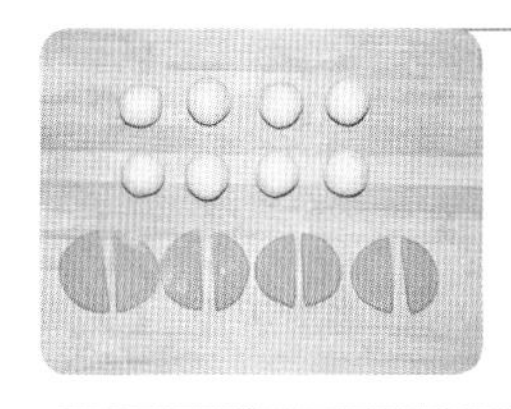

9. 把白色面团揉圆，抹茶面团揉圆按扁擀开成片，从中间切开。

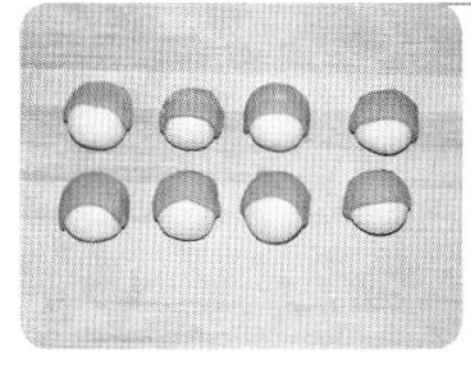

10. 用半圆的抹茶面片抹水后粘在白色圆球上。

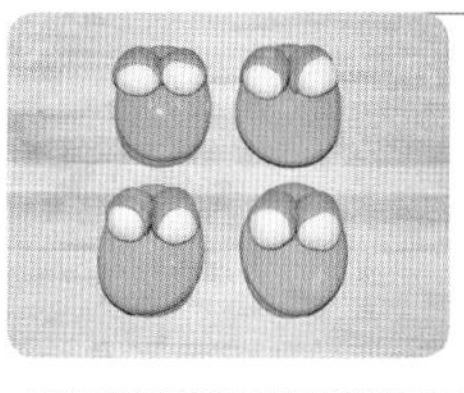

11. 2 个一组，用水粘在抹茶面片上，这是眼睛。

12. 揪黑色面团做出眼睛和鼻孔。

13. 蒸锅放足冷水，把馒头放在油纸上，再放在蒸屉上，盖好锅盖，静置 15~20 分钟，大火烧开转中火，13 分钟，关火后闷 5 分钟再出锅。

二狗妈妈碎碎念

1. 用抹茶面片包白色眼球的时候，面片应擀得大一些，最好能有一部分面片可以围住底部一点，这样蒸出来不露眼白，更好看。
2. 注意刷水刷油的面积，刷油的面积大一些，嘴巴才可以张得更大哟！
3. 可以夹各种您想吃的，不一定要和我图片中的一样哟！

葫芦娃
爷爷怎么不在家呀？不会又被蛇精抓走了吧！我们得想办法去救爷爷！！

原料

水 150 克
糖 30 克
酵母 3 克
中筋面粉 300 克
红曲粉 1 克 + 少许
纯黑可可粉 2 克
抹茶粉 1 克

红曲水：
红曲粉少许
水少许

做法

1. 150 克水倒入盆中，加入 30 克糖、3 克酵母搅匀，加入 300 克中筋面粉。

2. 搅成絮状后，另取 4 个小碗，其中 3 个小碗各取出 20 克面絮，在其中一个小碗中加入 1 克抹茶粉，在另外一个小碗中加入 1 克红曲粉，再取出 80 克面絮放入第 4 个小碗，并在该小碗中加入 2 克纯黑可可粉，在大盆中加入少许红曲粉。

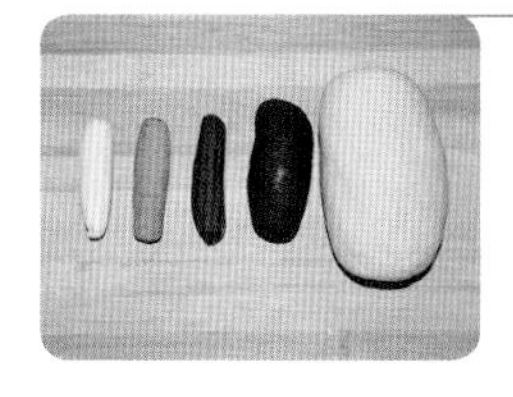

3. 分别揉成面团，盖好发酵至 1.5 倍大备用。

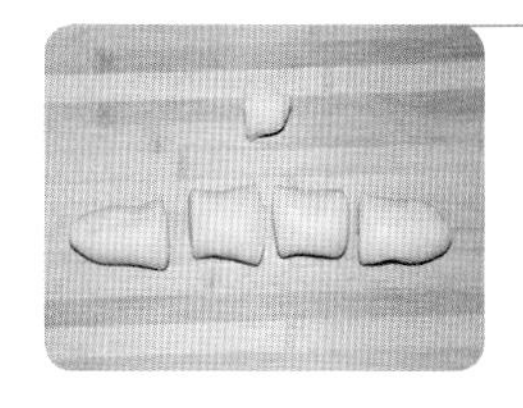

4. 案板上撒面粉，把粉色面团放案板上揉匀搓长，先切下来 20 克后，分成 4 份。

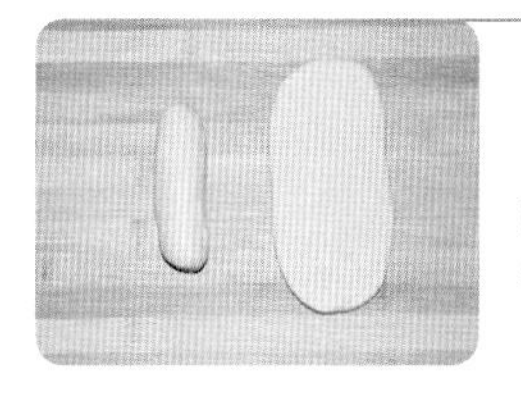

5. 取一份粉色面团揉圆后搓长，再擀开成片，大约是 18 厘米长，8 厘米宽。

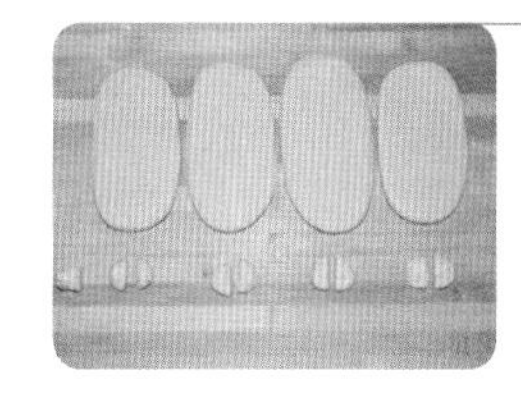

6. 依次做好 4 个后，把之前切下来的小的粉色面团搓长，分成 5 份，其中一份备用，其余 4 份擀成圆形面片后，从中间切开。

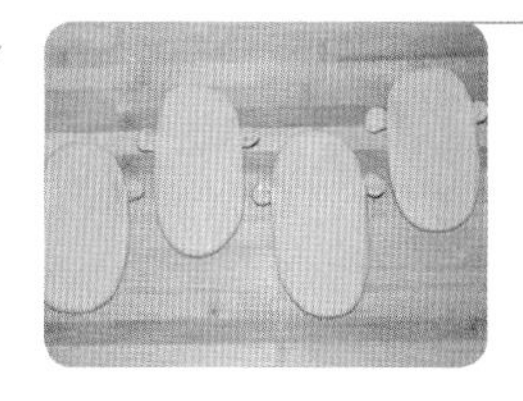

7. 把两个半圆粉色面片切口处捏合后，用水粘在粉色大面片上方两侧，做成耳朵。

8. 把面片翻过来刷油后，对折，把有耳朵的这面朝上。

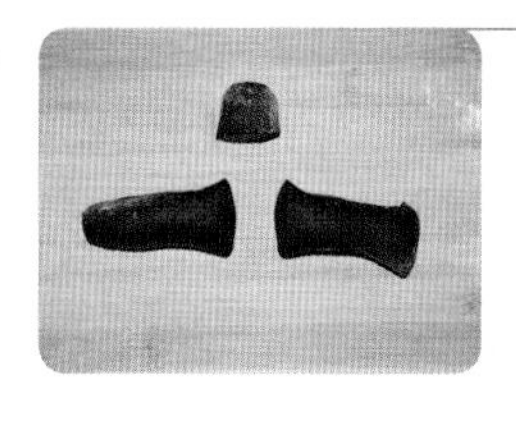

9. 把黑色面团揉匀搓长，先切下来约 10 克后，把其余面团分成 2 份。

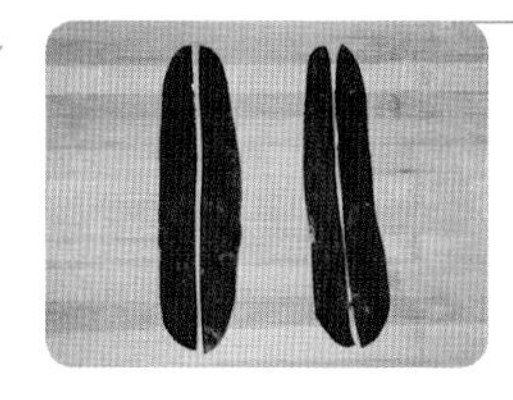

10. 把 2 份大的黑色面团揉长擀薄成长面片，从中间切开。

11. 把黑色长面片用水粘在粉色大面片左上右方，把两端的黑色面片向外捏捏。

12. 揪预留的粉色面团做出鼻子，然后把白色面团擀开，用裱花嘴扣出 4 个小圆片，从中间切开。

13. 把白色半圆面片再稍擀开，用剪刀修出眼睛形状后，用水粘在合适位置，再揪黑色面团做出眉毛、上眼线和嘴巴。

14. 依次做好 4 个后，把红色面团分成 4 份，绿色面团分成 8 份。

15. 红色面团先搓成水滴形，再拿刮板在中间转着按压一圈，做成葫芦形状，绿色面团搓成枣核形擀薄成片，用刮板压出树叶纹路。

16. 把葫芦形的红色面团用水粘在葫芦娃头顶上，把枣核形绿色面片用水粘在葫芦娃头顶的后面。

17. 依次做好 4 个后，放在油纸上，用毛笔蘸红曲水刷出红脸蛋。

18. 蒸锅放足冷水，把馒头放蒸屉上，盖好锅盖，静置 15~20 分钟，大火烧开转中火，13 分钟，关火后闷 5 分钟再出锅。

二狗妈妈碎碎念

1. 葫芦娃的头发制作要点：把黑色面片先贴在粉色大面片的中间部分，再把两端的面片向下方折过来，把多余的面片粘在粉色大面片侧面。

2. 葫芦娃的头发做法（第 10 步）：可以把面团分成 4 份，分别搓长后擀开，也可以像我一样分成 2 份，擀开后从中间切开，只要做出 4 个长面片就可以了。

3. 葫芦娃的眉毛是个倒八字形，搓成 2 个水滴形就可以了。

4. 注意眼睛的上眼线一定要长于眼睛，眼角向上挑，这样才显得很精神。

5. 葫芦娃头顶上葫芦的颜色您可以按自己喜欢的做，也可以一个葫芦娃一个颜色，不过那样会更麻烦一些哟！

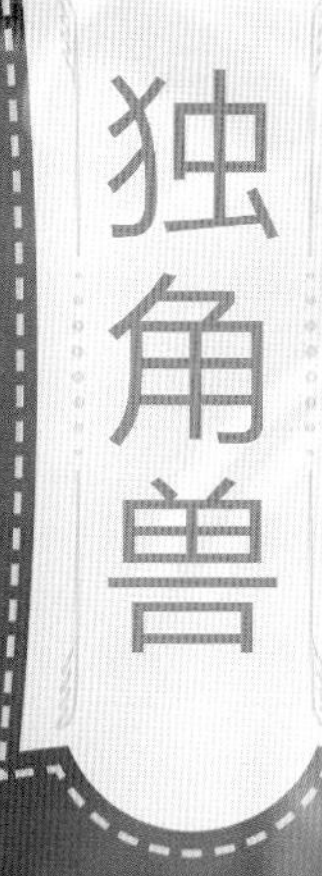

我们好美……真的好美……你不觉得吗?

我在自我陶醉，哪有时间听你说话……

原料

水 150 克
糖 30 克
酵母 3 克
中筋面粉 300 克
红曲粉少许
纯黑可可粉少许
蝶豆花粉 6 克
南瓜粉 3 克

红曲水：
红曲粉少许
水少许

做法

1. 150 克水倒入盆中，加入 30 克糖、3 克酵母搅匀，加入 300 克中筋面粉。

2. 搅成絮状后，另取 4 个小碗，分别取出 20 克、40 克、40 克、60 克面絮放入碗中，在盛有 20 克面絮的碗中加入少许纯黑可可粉，在一个盛有 40 克面絮的碗中加入少许红曲粉，在另一个盛有 40 克面絮的碗中加入 6 克蝶豆花粉，在盛有 60 克面絮的碗中加入 3 克南瓜粉。

3. 分别揉成面团，盖好发酵至 1.5 倍大备用。

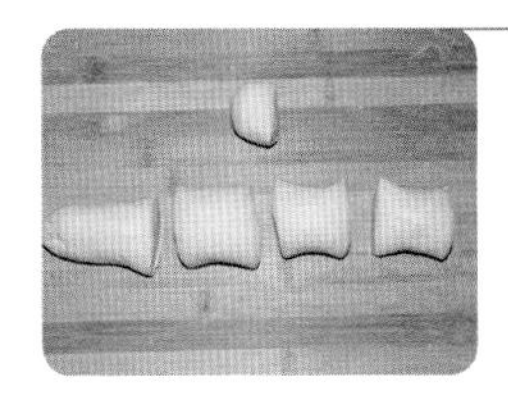

4. 案板上撒面粉，把白色面团放在案板上揉匀搓长，先切下来 40 克，再把面团分成 4 份。

5. 取一份白色面团揉圆后搓长，再擀开成片，大约是 18 厘米长，5 厘米宽。

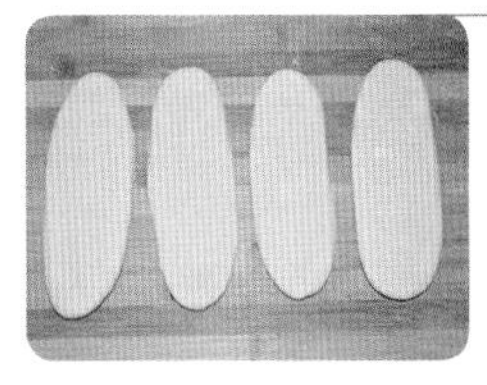

6. 依次擀好 4 个白色面片。

7. 把白色面片刷油后对折。

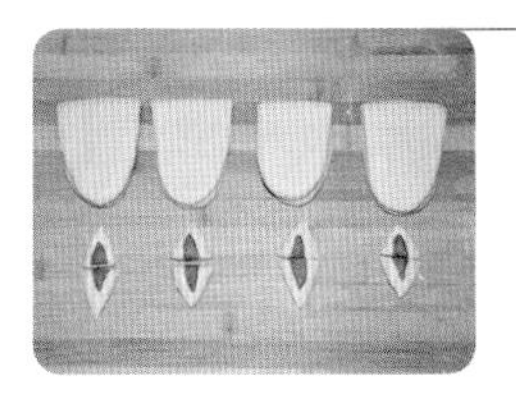

8. 依次折好 4 个后，把预留的白色面团分成 4 份，搓成枣核形按扁，揪粉色面团并搓成枣核形，用水粘在白色枣核形面团上，再从中间切开。

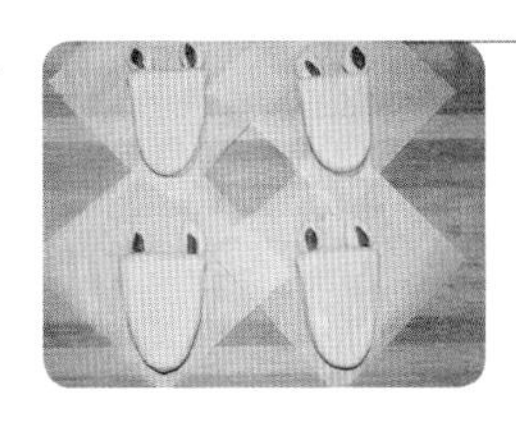

9. 把切口处捏在一起后，用水粘在对折面片的上方。

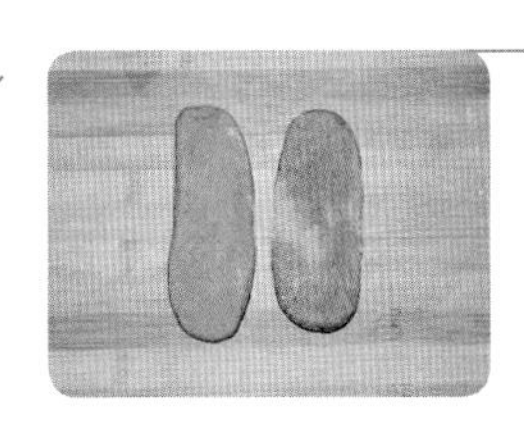

10. 把粉色、蓝色面团擀成一样大小。

11. 在粉色面片上刷水后，把蓝色面片盖在粉色面片上，切成 3 份。

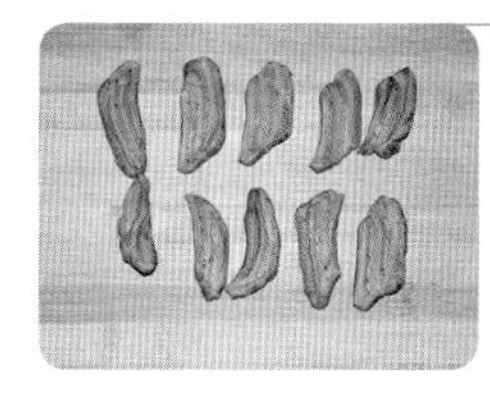

12. 把这 3 份面片再用水粘在一起，稍擀，切 8~10 片，切口朝上。

13. 把切后的面片一端捏尖后，2 片一组或 3 片一组，用水粘在独角兽额头上。

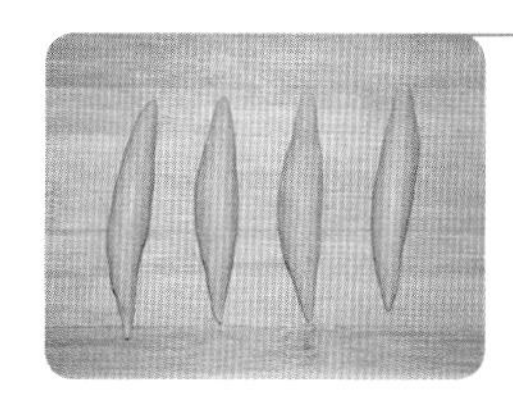

14. 把黄色面团分成 4 份，搓长。

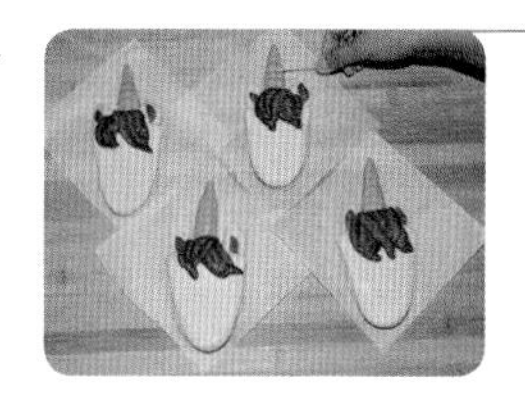

15. 把搓长的黄色面团用水粘在独角兽头顶上，其中有一部分是压在馒头下方的，用牙签压出一些印痕。

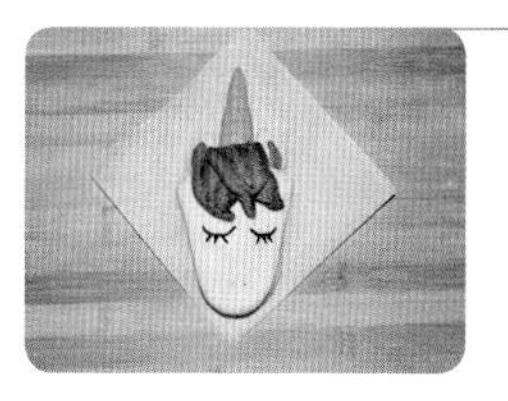

16. 揪黑色面团做出眼睛和睫毛，用牙签戳出鼻孔。

17. 用毛笔蘸红曲水刷出红脸蛋。

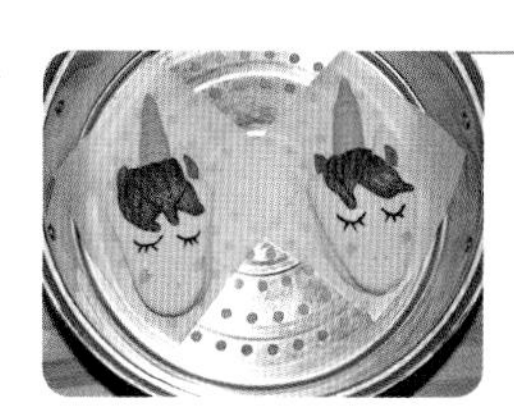

18. 蒸锅放足冷水，把馒头放在油纸上，再放在蒸屉上，盖好锅盖，静置 15~20 分钟，大火烧开转中火，13 分钟，关火后闷 5 分钟再出锅。

二狗妈妈碎碎念

1. 额头上的毛，我选用了粉色和蓝色搭配，如果您喜欢别的颜色，可以自由组合。
2. 做睫毛的时候一定要耐心，如果您喜欢，可以增加睫毛的数量。

米老鼠

原料

水 150 克
糖 30 克
酵母 3 克
中筋面粉 300 克
红曲粉少许
可可粉少许
纯黑可可粉 5 克

做法

1. 150 克水倒入盆中，加入 30 克糖、3 克酵母搅匀，加入 300 克中筋面粉。

2. 搅成絮状后，取 3 个小碗，分别取出 20 克、40 克、80 克面絮放入碗中，在盛有 40 克面絮的碗中加入少许红曲粉，在盛有 80 克面絮的碗中加入少许可可粉，在大盆中加入 5 克纯黑可可粉。

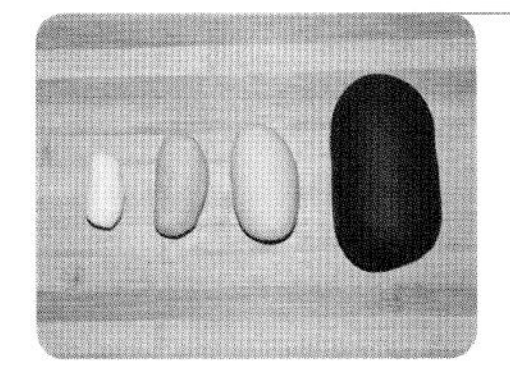

3. 分别揉成面团，盖好发酵至 1.5 倍大备用。

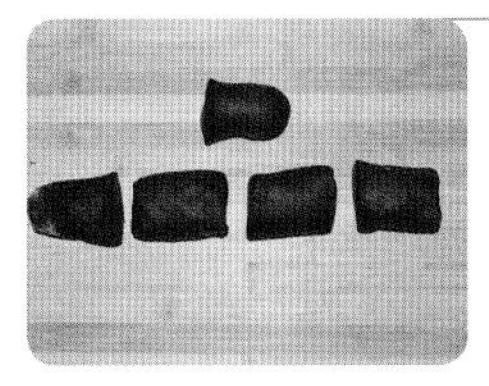

4. 案板上撒面粉，把黑色面团放在案板上揉匀搓长，分成 5 份，其中有一份备用。

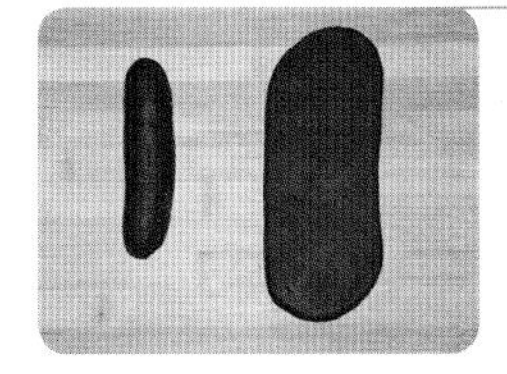

5. 取一份黑色面团揉圆后搓长，再擀开成片，大约是 18 厘米长，8 厘米宽。

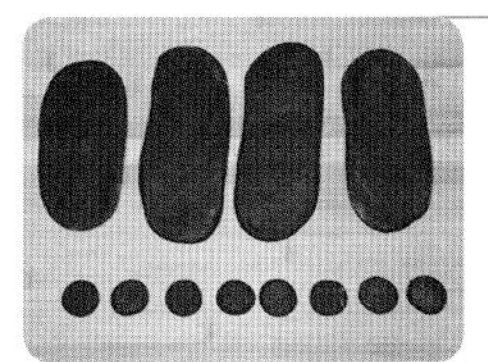

6. 依次做好 4 个后，把预留的黑色小面团擀开，用裱花嘴扣出 8 个厚一些的圆片。

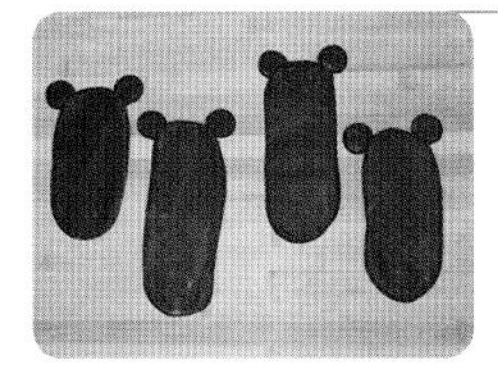

7. 把圆片 2 个一组贴在黑色面片上方两侧。

8. 把黑色面片翻过来，刷油后，对折，有耳朵的一面向上。

9. 依次做好 4 个后，把米色面团分成 4 份擀开成片。

10. 把米色面片用剪刀修成图片所示的形状后，用水粘在黑色面片上。

11. 依次做好 4 个后，把白色面团擀开，用裱花嘴扣出 8 个小圆片。

12. 把白色圆片用水粘在合适位置后，揪黑色面团做出眼珠、鼻子和嘴巴，雌性米老鼠要做出上眼线和长睫毛，再揪白色面团做出眼珠里的亮光。

13. 揪粉色面团做出雄性米老鼠的舌头，再把其余的粉色面团擀开，做成 2 个蝴蝶结，用水粘在雌性米老鼠的额头上。

14. 蒸锅放足冷水，把馒头放在油纸上，再放在蒸屉上，盖好锅盖，静置 15~20 分钟，大火烧开转中火，13 分钟，关火后闷 5 分钟再出锅。

二狗妈妈碎碎念

1. 米老鼠的耳朵在往面片上粘的时候，可以把耳朵的圆片稍拉长一些，把拉长的部分粘在面片后方即可。
2. 雄性米老鼠的鼻子上方可以选择性地用黑色面团做一道线，显得更俏皮一些。
3. 如果喜欢，可以给米老鼠用毛笔蘸红曲水刷个红脸蛋，应该更可爱。

小松鼠

原料

水 150 克
糖 30 克
酵母 3 克
中筋面粉 300 克
纯黑可可粉少许
可可粉 10 克 + 少许

红曲水：
红曲粉少许
水少许

做法

1. 150克水倒入盆中，加入30克糖、3克酵母搅匀，加入300克中筋面粉。

2. 搅成絮状后，取3个小碗，分别取出20克、20克、80克面絮放入碗中，在一个盛有20克面絮的碗中加入少许纯黑可可粉，在盛有80克面絮的碗中加入少许可可粉，在大盆中加入10克可可粉。

3. 分别揉成面团，盖好发酵至1.5倍大备用。

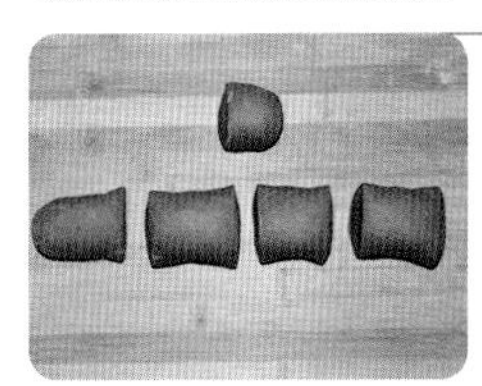

4. 案板上撒面粉，把咖啡色面团放在案板上揉匀搓长，先切下来40克后，分成4份。

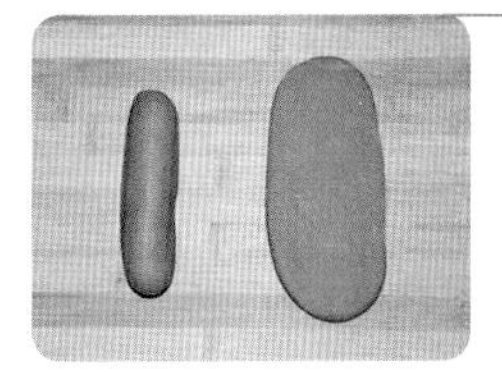

5. 取一份咖啡色面团揉圆后搓长，再擀开成片，大约是18厘米长，8厘米宽。

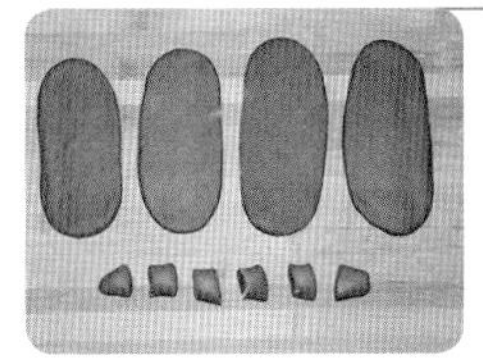

6. 依次做好4个后，把预留的咖啡色面团分成6份。

7. 将6个小面团全部揉圆稍擀成片，揪米色面团擀薄成片并用水粘在4个咖啡色面片中间，把6个面片全都从中间切开，没有放米色面团的面片应用剪刀剪几刀。

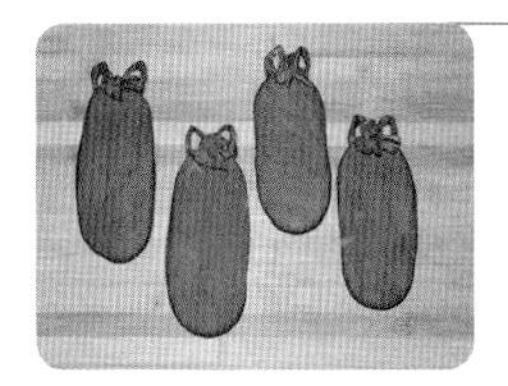

8. 把有米色面团的面片以两个半圆为一组，把切口捏在一起后，用水粘在咖啡色大面片上方做耳朵，再把剪碎的那4个半圆面片，随意地捏在一起，粘在耳朵中间。

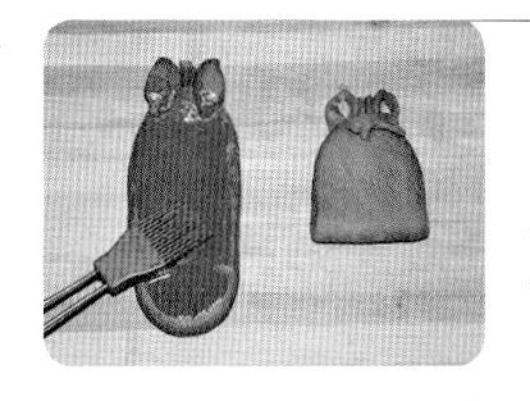

9. 把咖啡色大面片翻过来，刷油后，对折，有耳朵的一面向上。

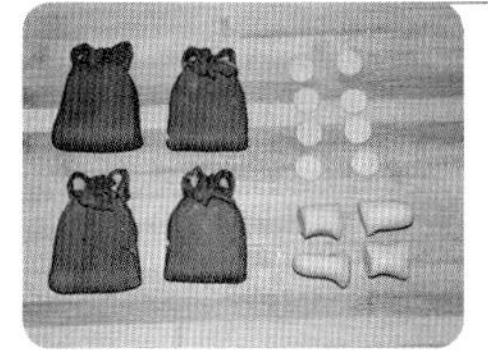

10. 依次做好4个后，把米色的面团擀开，用裱花嘴扣出8个小圆面片，再把其余米色面团分成4份。

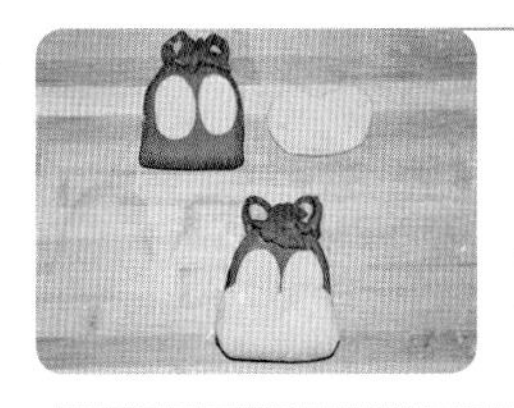

11. 把米色小圆面片擀长一些，用水粘在咖啡色大面片上，再把米色大面团擀开，用剪刀剪成图中形状，用水粘在咖啡色大面片下方。

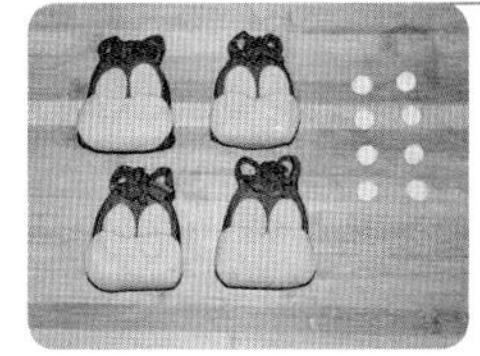

12. 依次做好4个后，把白色面团擀开，用裱花嘴扣出8个小圆面片。

13. 把小白面片用水粘在合适位置后，揪黑色面团做出眉毛、眼睛、眼珠、鼻子和嘴巴，再揪白色面团做出眼珠里的亮光，用剪刀剪出白色门牙，用水粘在嘴巴下方，用毛笔蘸红曲水刷出红脸蛋。

14. 蒸锅放足冷水，把馒头放在油纸上，再放在蒸屉上，盖好锅盖，静置15~20分钟，大火烧开转中火，13分钟，关火后闷5分钟再出锅。

二狗妈妈碎碎念

1. 小松鼠的眉毛可做可不做，看您喜欢。
2. 门牙可大可小，随您发挥。
3. 小松鼠额头上的毛，如果嫌麻烦，可以不做。

猫爪饼夹

我们一起学猫叫，
一起喵喵喵喵喵……

水 100 克
糖 20 克
酵母 2 克
中筋面粉 200 克
红曲粉少许

做法

1. 100 克水倒入盆中，加入 20 克糖、2 克酵母搅匀，加入 200 克中筋面粉。

2. 搅成絮状后，另取一个小碗，取出 60 克面絮放入碗中，在小碗中加入少许红曲粉。

3. 分别揉成面团，盖好发酵至 1.5 倍大备用。

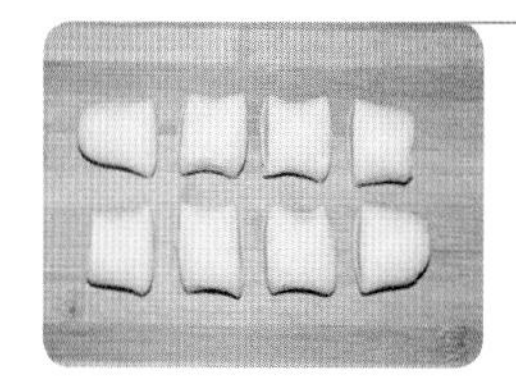

4. 案板上撒面粉，把白色面团揉匀搓长，分成 8 份。

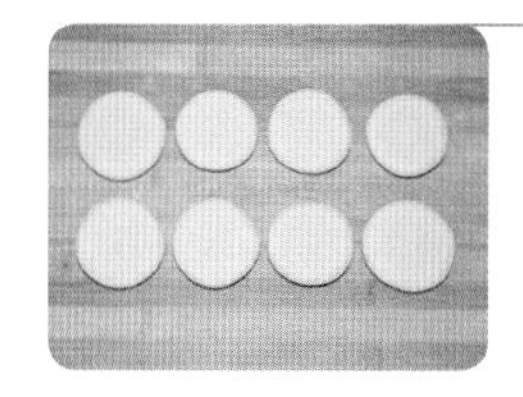

5. 分别揉圆擀薄成饼。

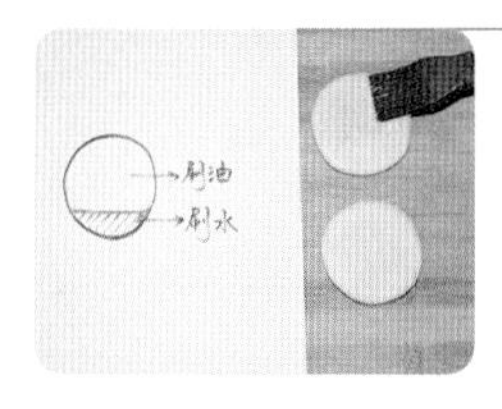

6. 两个面饼一组，在其中一个面饼上面刷油刷水。

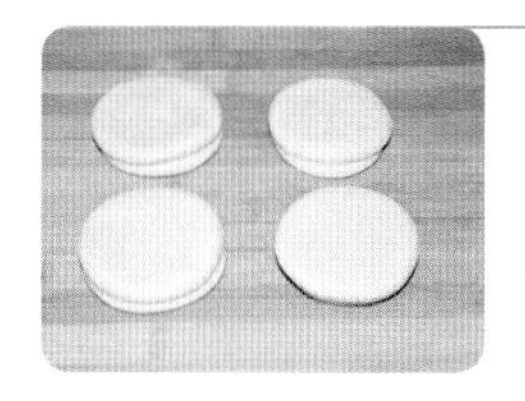

7. 把另外一个没刷油刷水的面饼盖在刷油刷水的面饼上，依次做好 4 组。

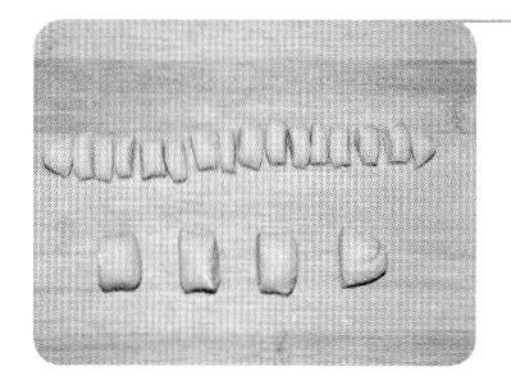

8. 把粉色面团揉匀搓长，先分成 2 份，再把其中一份分成 16 份，另外一份分成 4 份。

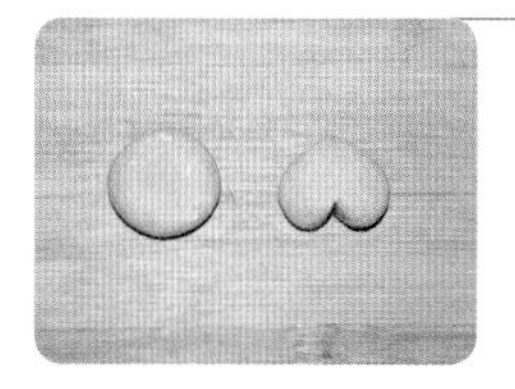

9. 把大一些的粉色面团揉圆按扁，用刮板和手整理成桃心形。

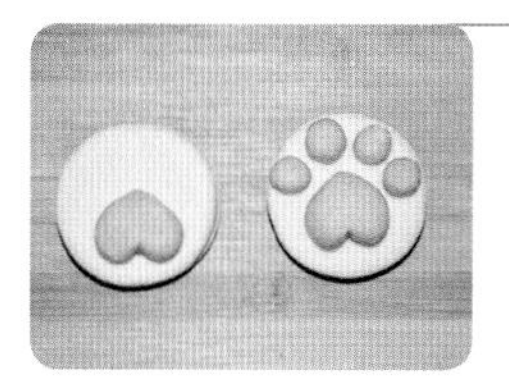

10. 把桃心形面团用水粘在白色面饼下方，再把粉色小面团揉圆，4 个一组粘在白色面饼上方。

11. 依次做好 4 个，放在油纸上。

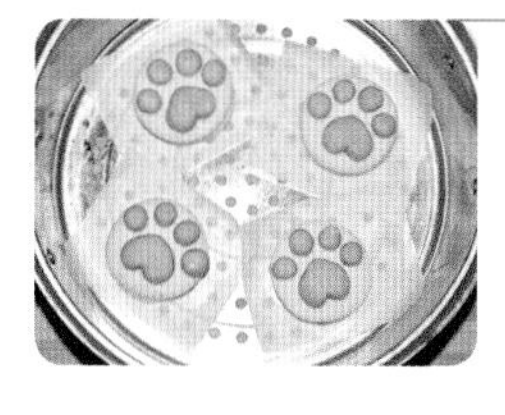

12. 蒸锅放足冷水，把饼夹放在蒸屉上，盖好锅盖，静置 10~15 分钟，大火烧开转中火，13 分钟，关火后闷 5 分钟再出锅。

二狗妈妈碎碎念

1. 猫爪上的粉色肉垫，不要做得太薄，一定要有一些厚度才好看。
2. 注意刷油刷水的部位，刷水的部位不要过多。

西瓜饼夹

原料

水150克
糖30克
酵母3克
中筋面粉300克
抹茶粉2克
红曲粉2克

纯黑可可粉糊：
纯黑可可粉少许
水少许

做法

1. 150 克水倒入盆中，加入 30 克糖、3 克酵母搅匀，加入 300 克中筋面粉。

2. 另取 2 个小碗，分别取出 60 克、140 克面絮放入碗中，在盛有 140 克面絮的碗中加入 2 克抹茶粉，在大盆中加入 2 克红曲粉。

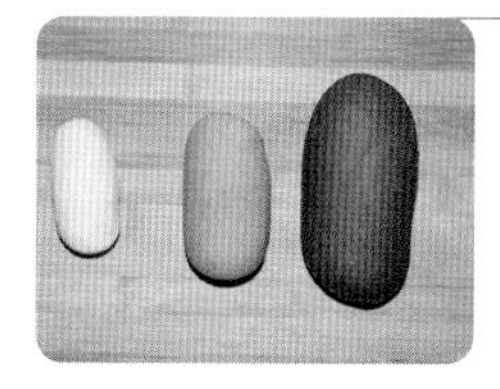

3. 分别揉成面团，盖好发酵至 1.5 倍大备用。

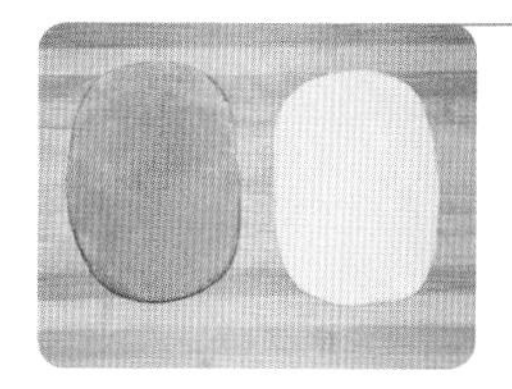

4. 案板上撒面粉，把绿色面团和白色面团分别揉匀，擀成宽约 14 厘米，长约 20 厘米的长方形面片。

5. 案板上撒面粉，把红色面团放在案板上揉匀，整理成宽约 14 厘米的圆柱。

6. 在白色面片上刷水，把红色面团放在中间，用白色面团把红色面团包住。

7. 在绿色面片上刷水，把刚才做好的白红面团放在绿色面片中间。

8. 用绿色面片包住白红面团，捏紧收口。

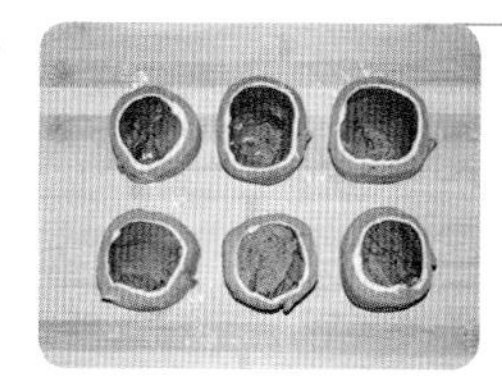

9. 将混合面团用刀分成 6 份，切口朝上。

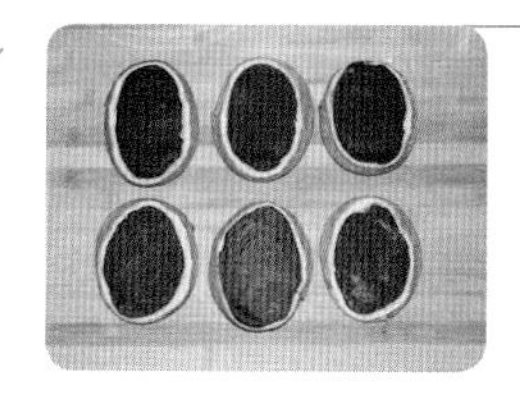

10. 分别擀长成片。

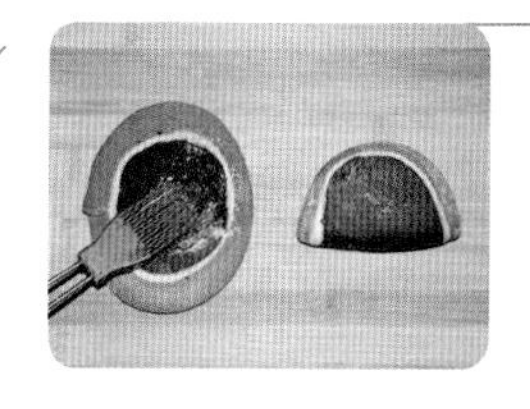

11. 把混合面片翻过来刷油，对折。

12. 依次做好 6 个，放在油纸上，用毛笔蘸纯黑可可粉糊在饼夹上画西瓜籽。

13. 蒸锅放足冷水，把饼夹放油纸上，再放在蒸屉上，盖好锅盖，静置 10~15 分钟，大火烧开转中火，13 分钟，关火后闷 5 分钟再出锅。

二狗妈妈碎碎念

1. 3 种面片的宽度一定是一样的。
2. 分切面团的时候要用刀转着切，这样才能保证出来的花纹更好看。
3. 如果嫌画西瓜籽麻烦，那就不画啦！

熊掌饼夹

原料

水 150 克
糖 30 克
酵母 3 克
中筋面粉 300 克
可可粉 10 克

做法

1. 150 克水倒入盆中，加入 30 克糖、3 克酵母搅匀，加入 300 克中筋面粉。

2. 搅成絮状后，另取一个小碗，取出 80 克面絮放入碗中，在小碗、大盆中分别加入 5 克可可粉。

3. 分别揉成面团，盖好发酵至 1.5 倍大备用。

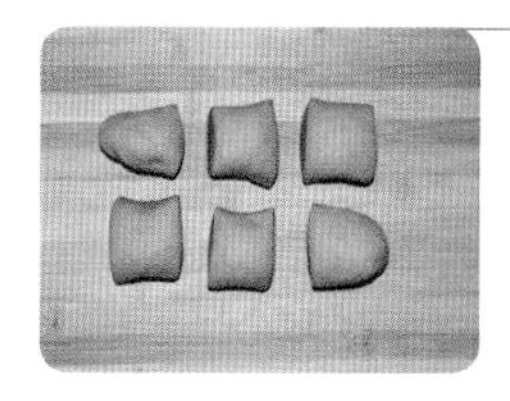

4. 案板上撒面粉，把浅咖啡色面团放在案板上揉匀搓长，分成 6 份。

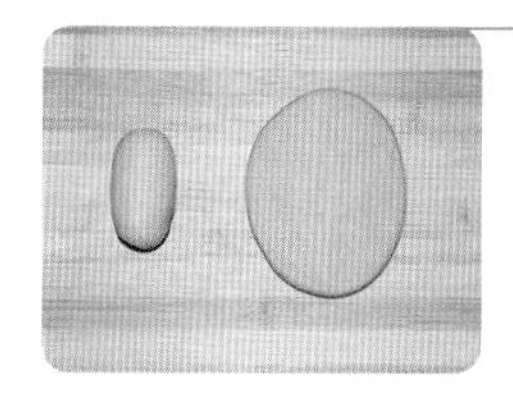

5. 取一份浅咖啡色面团揉圆后搓长，再擀开成片，大约是 15 厘米长，10 厘米宽。

6. 在浅咖啡色面片上刷油，把面片对折。

7. 依次做好 6 个，这是饼夹。

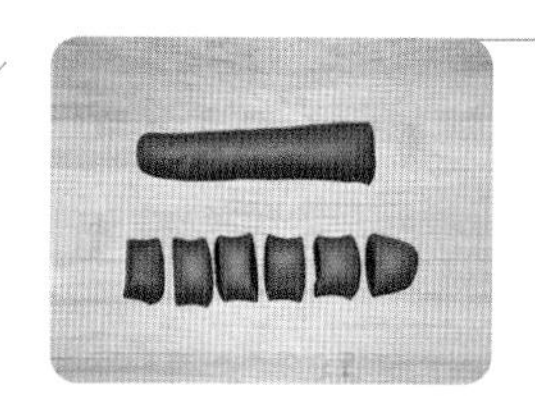

8. 把深咖啡色面团揉匀搓长，一分为二，先把其中一份分成 6 块。

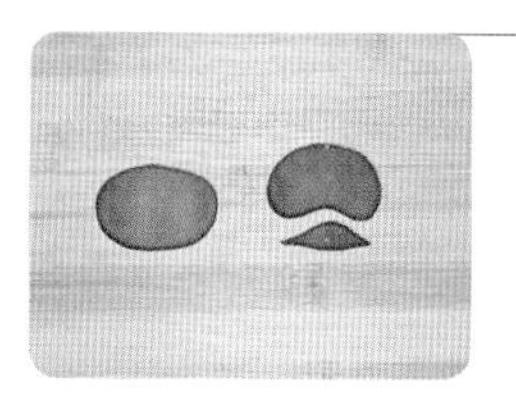

9. 取一块深咖啡色的面团揉圆擀开成片，用剪刀修出图中的形状。

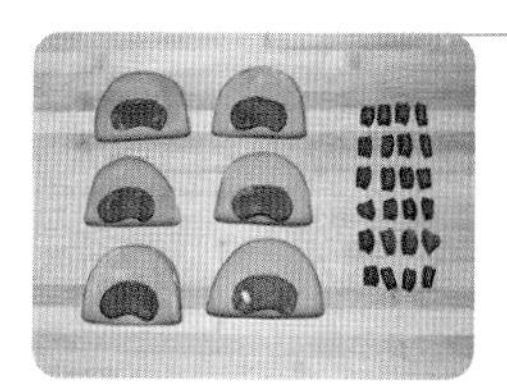

10. 把修好的深咖啡色面片用水粘在饼夹下方，再把之前修剪下来的深咖啡色小面团揉进刚才预留的深咖啡色面团中，把此深咖啡色面团分成 24 份。

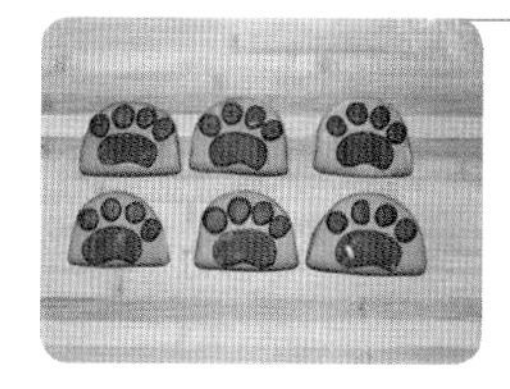

11. 把 24 份深咖啡色小面团分别揉圆，用水粘在饼夹上方。

12. 用刮板在每个脚趾中间往里推一下，依次做好 6 个。

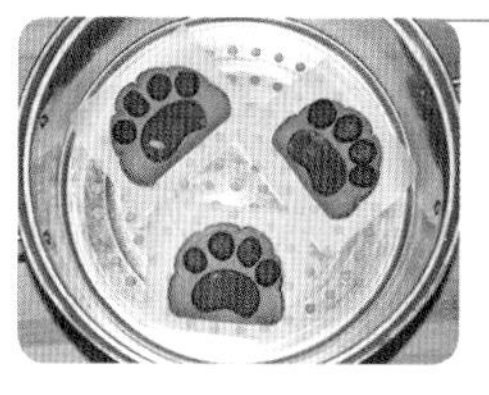

13. 蒸锅放足冷水，把饼夹放油纸上，再放在蒸屉上，盖好锅盖，静置 10~15 分钟，大火烧开转中火，12 分钟，关火后闷 5 分钟再出锅。

二狗妈妈碎碎念

1. 掌心的那个肉垫形状要注意哟，用剪刀按图片修剪一下即可。
2. 如果嫌麻烦，最后用刮板整理形状的那个步骤可以省略。

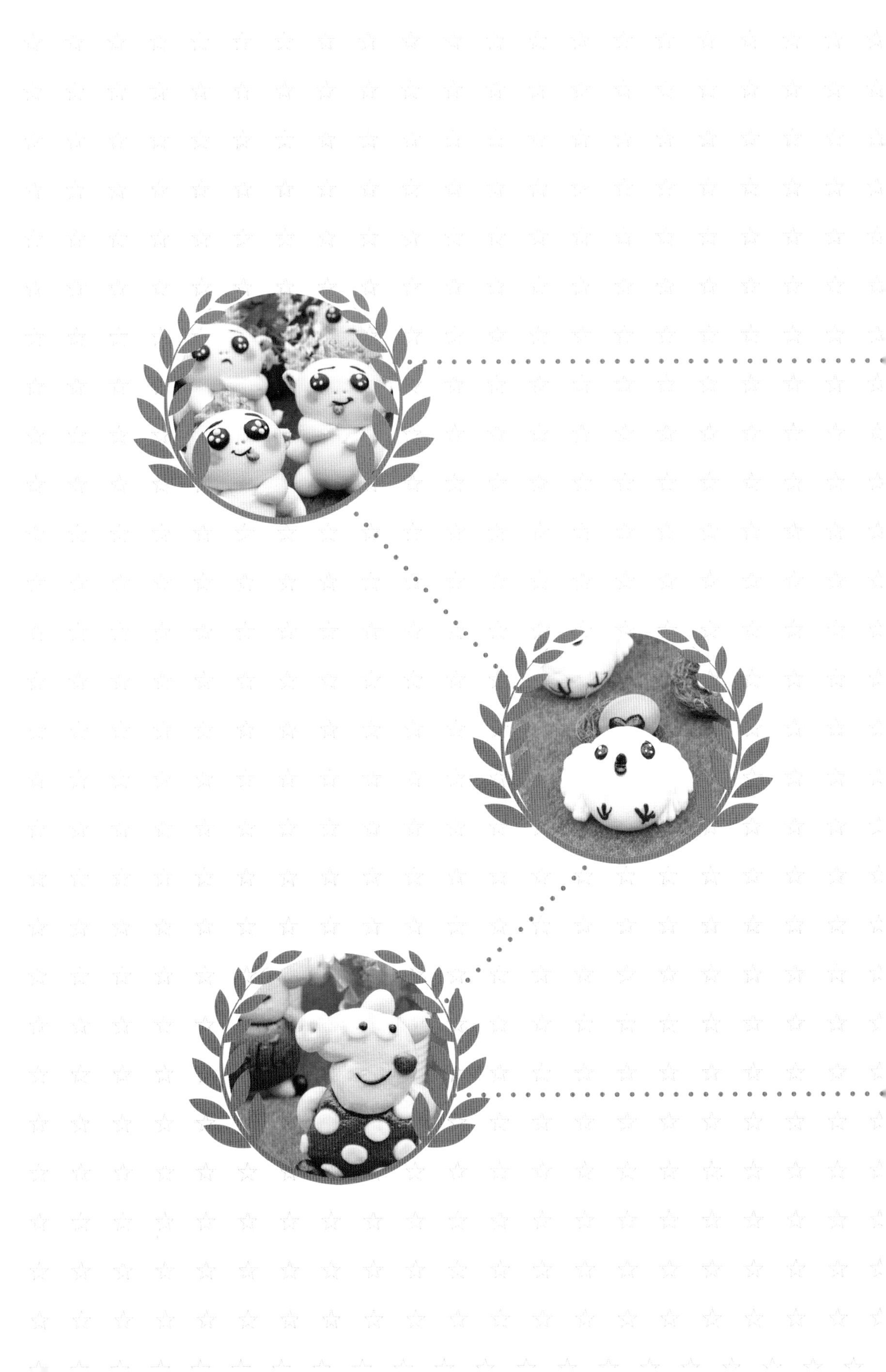

爱我，请您抱抱我！

我特别喜欢那首歌：爱我，你就抱抱我，爱我，你就亲亲我！我觉得我们都不要隐藏自己的情感，爱爸爸妈妈，爱我们的老师和同学，那就过去给他们一个拥抱吧！让对方知道我们是爱他们的！

妈妈说，这一章节里的小可爱们都张开手臂，像要拥抱我一样，让我会忍不住地想抱抱它们！亲亲它们！

您要来我们这边做客吗？那您自带饮料吧！我们有冰块给您加到饮料里……

大白熊

原料

水 130 克
糖 25 克
酵母 2.5 克
中筋面粉 250 克
纯黑可可粉 1 克

红曲水：
红曲粉少许
水少许

做法

1. 130 克水倒入盆中，加入 25 克糖、2.5 克酵母搅匀，加入 250 克中筋面粉。

2. 搅成絮状后，取出 40 克面絮放入一个小碗中，在小碗中再加入 1 克纯黑可可粉。

3. 分别揉成面团，盖好发酵至 1.5 倍大备用。

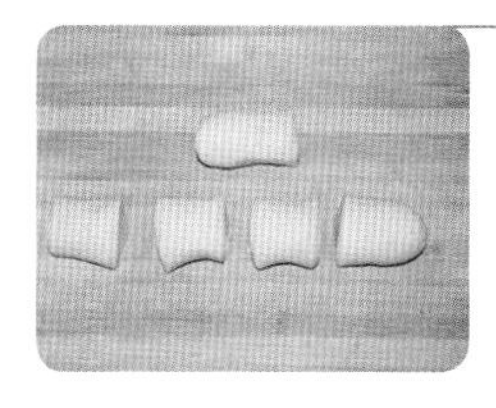

4. 案板上撒面粉，把白色面团放在案板上揉匀搓长，先切下来 130 克面团，再把其余面团分成 4 份。

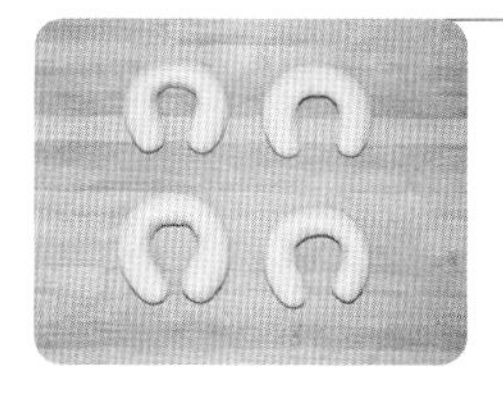

5. 把 4 份白色面团分别搓长，整理成倒 U 形。

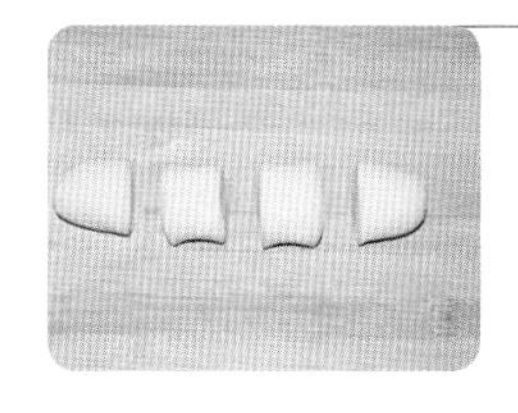

6. 把预留的那块白色面团搓长，分成 4 份。

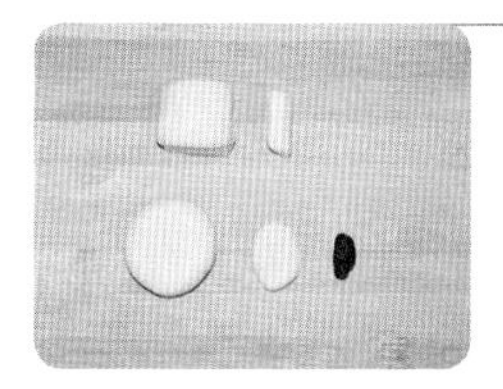

7. 取一份白色面团，切下来 1/5，把大面团揉圆稍按扁，小面团揉成椭圆形，揪黑色面团搓成比白色椭圆形面片稍小一点的椭圆形面片。

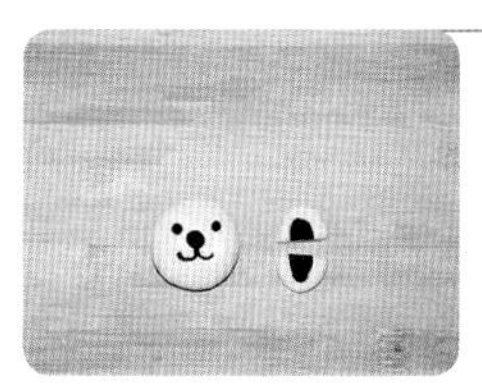

8. 揪黑色面团做出白熊的眼睛、鼻子和嘴巴，把黑色椭圆形面片压在白色椭圆形面片上，从中间切开。

9. 把两个黑白小面片粘在熊脸上方，再把熊脸粘在倒 U 形白色面团中间，稍压紧实。

10. 依次做好 4 个后，把黑色面团擀开，用裱花嘴扣出 8 个圆形面片。

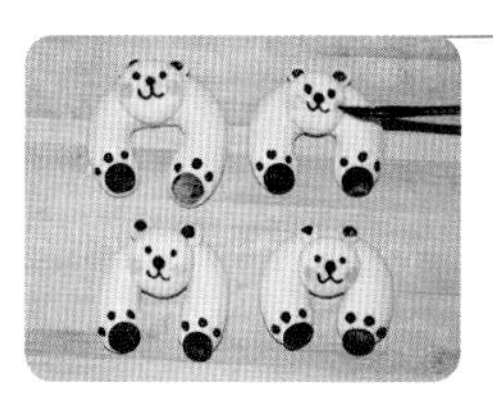

11. 把黑色圆形面片粘在合适位置，再揪黑色面团做出手指，最后用毛笔蘸红曲粉水画出红脸蛋。

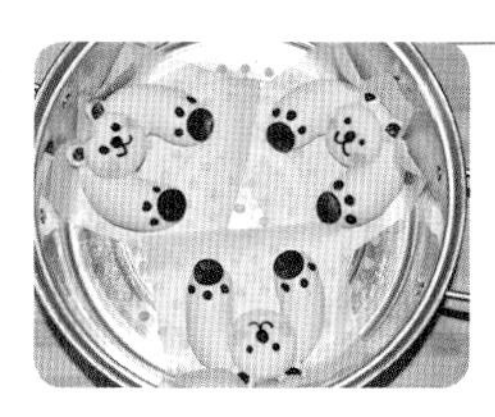

12. 蒸锅放足冷水，把馒头放在油纸上，再靠边倚在蒸屉上，盖好锅盖，静置 15~20 分钟，大火烧开转中火，15 分钟，关火后闷 5 分钟再出锅。

二狗妈妈碎碎念

1. 在做倒 U 形面团时，可以把 U 的中间稍搓细一些，这样做出来的白熊不会太胖。
2. 做熊掌时，如果没有裱花嘴，可以揪适量黑色面团搓圆按扁即可。

胡巴
胡巴胡巴……我们是不是爸爸生下来的?

原料

水 150 克
糖 30 克
酵母 3 克
中筋面粉 300 克
纯黑可可粉少许
抹茶粉少许
红曲粉少许

红曲水：
红曲粉少许
水少许

做法

1. 150 克水倒入盆中，加入 30 克糖、3 克酵母搅匀，加入 300 克中筋面粉。

2. 搅成絮状后，另取 3 个碗，分别取出 20 克、20 克、50 克面絮放入碗中，在盛有 20 克面絮的碗中分别加入少许红曲粉和少许纯黑可可粉，在盛有 50 克面絮的碗中加入少许抹茶粉。

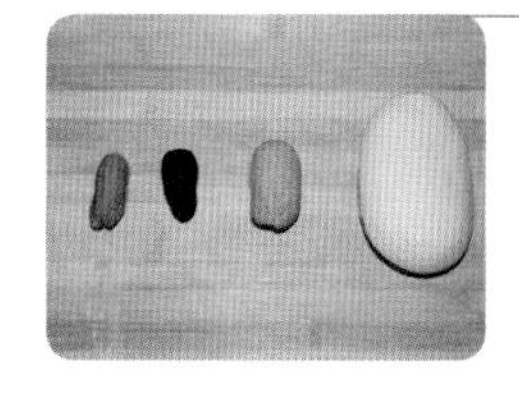

3. 分别揉成面团，盖好发酵至 1.5 倍大备用。

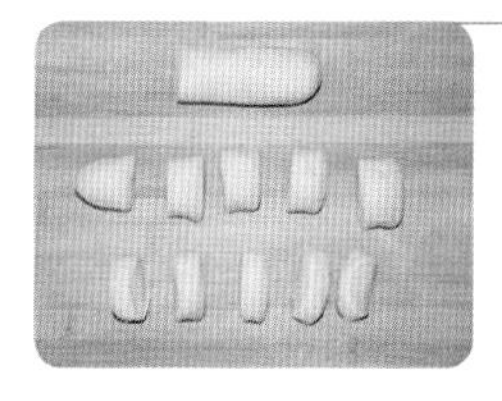

4. 案板上撒面粉，把白色面团放在案板上揉匀搓长，先切下来 130 克，再把其他面团分成 5 大、5 小共 10 个面团。

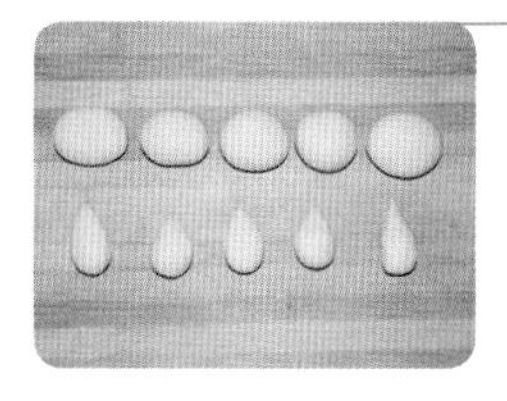

5. 把 5 个大面团揉成圆形按扁，5 个小面团搓成水滴形。

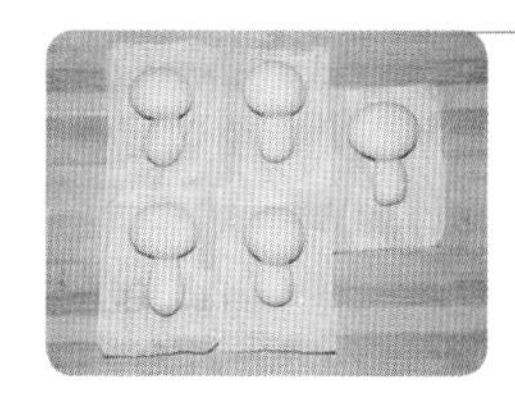

6. 把圆形面团用水粘在水滴形面团上，并放在油纸上。

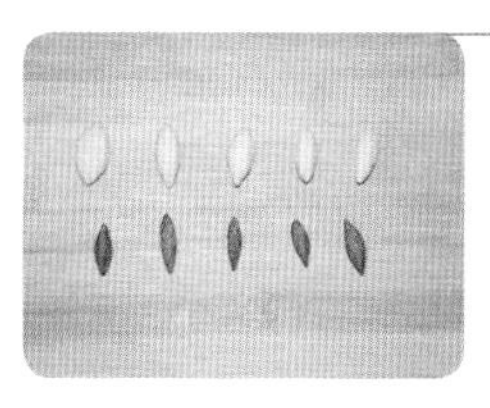

7. 从预留的白色面团上揪下来 5 个 3 克左右的小面团，搓成枣核形，再揪 5 个粉色面团，要比白色面团小一些，也搓成枣核形。

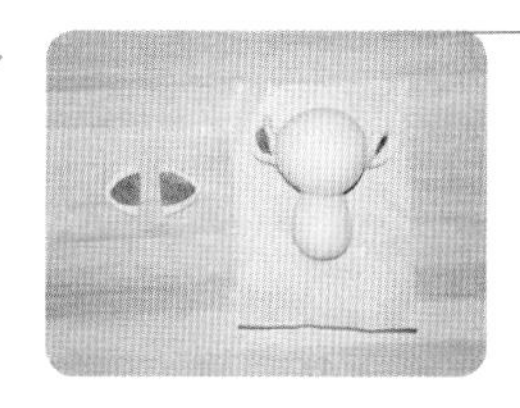

8. 把粉色面团用水粘在白色面团上，按扁，从中间切开，把切口处捏在一起，用水粘在胡巴脸的两侧做耳朵。

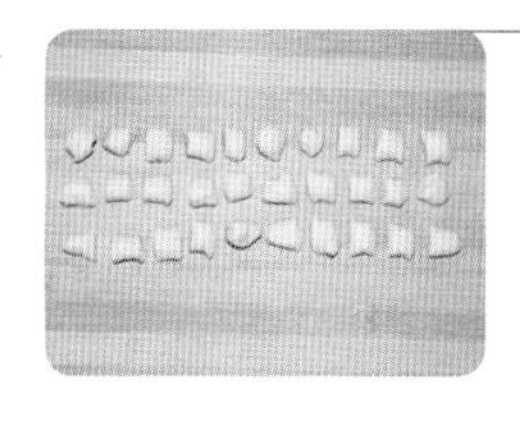

9. 把预留的白色面团搓长，分成 30 份。

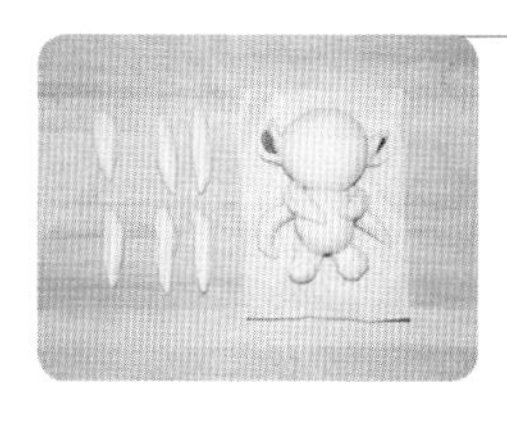

10. 每 6 个小面团为一组，搓长，按图片所示摆放，做胡巴的手脚。

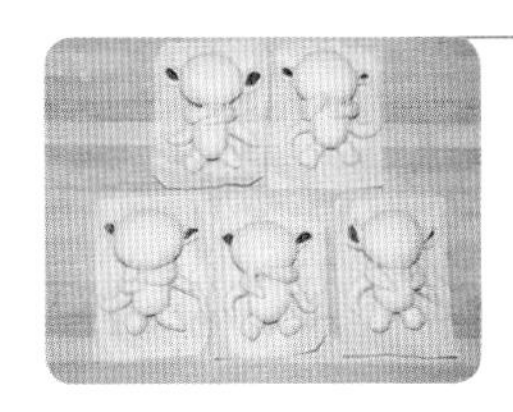

11. 依次做好 5 个。

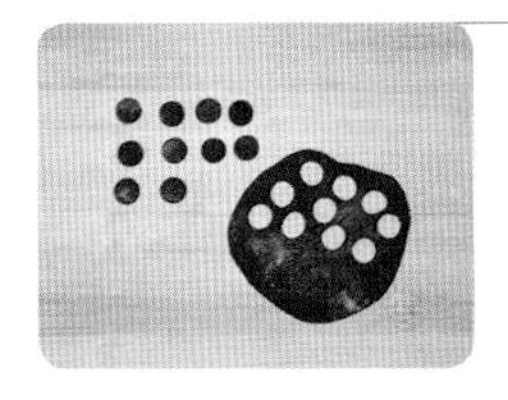

12. 把黑色面团擀开，用裱花嘴扣出 10 个小圆片。

13. 将两个一组的黑色小圆片用水粘在胡巴脸上，并揪胡巴任何一个胳膊面团做出眼睛里的亮光，再揪黑色面团做出眉毛、嘴巴，如果喜欢，可以揪粉色面团做出舌头。

14. 依次做好 5 个后，把绿色面团揉匀分成 5 份。

15. 把绿色面团搓成水滴形，用水粘在胡巴头顶，用剪刀随意剪出头发的样子。

16. 依次做好 5 个后，用毛笔蘸红曲水画出红脸蛋。

17. 蒸锅放足冷水，把馒头放在蒸屉上，盖好锅盖，静置 15~20 分钟，大火烧开转中火，15 分钟，关火后闷 5 分钟再出锅。

二狗妈妈碎碎念

1. 胡巴眼睛里的亮光的面团用量非常少，所以没有预留，直接从任何一个胳膊的尖上揪一点就够用啦。
2. 胡巴的胳膊和腿，要是有一头压在肚子下面会比较牢固，也好看。

小蜜蜂

我们每天都好勤
劳~~~今天采蜜
采到手抽筋~~~~

原料

南瓜面团:
南瓜泥 80 克
水 40 克
糖 20 克
酵母 2 克
中筋面粉 200 克

其他面团:
水 75 克
糖 15 克
酵母 1.5 克
中筋面粉 150 克
纯黑可可粉 1 克

做法

1. 80 克蒸熟凉透的南瓜泥放入盆中，加入 40 克水、20 克糖、2 克酵母搅匀。

2. 加入 200 克中筋面粉，揉成面团，盖好发酵至 1.5 倍大备用。

3. 另取一个大碗，75 克水倒入碗中，加入 15 克糖、1.5 克酵母搅匀，加入 150 克中筋面粉。

4. 另取一个小碗，取出 70 克面絮放入小碗中，在小碗中加入 1 克纯黑可可粉。

5. 将碗中的面絮分别揉成面团，盖好发酵至 1.5 倍大备用。

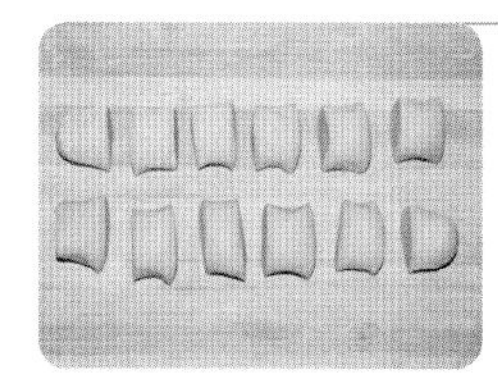

6. 案板上撒面粉，把南瓜面团放在案板上揉匀搓长，分成 12 份。

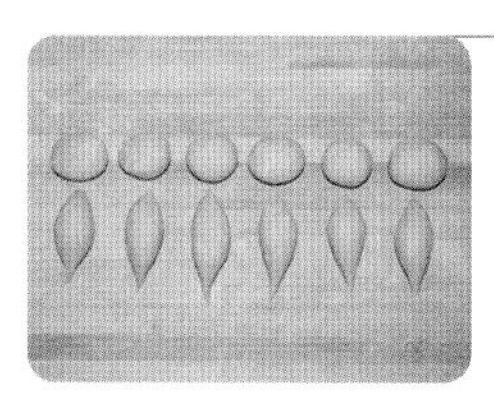

7. 将 6 份南瓜面团揉圆，另外 6 份南瓜面团搓成胖枣核形状。

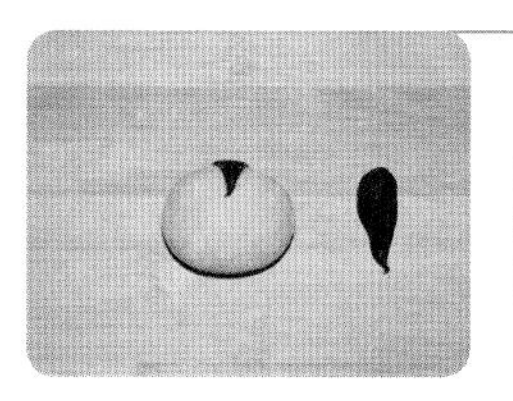

8. 揪一点黑色面团搓成水滴状，擀薄，用水粘在南瓜圆面团上方中间位置。

9. 做好 6 个后，再揪白色面团做眼睛，揪黑色面团做出眉毛、眼珠、鼻子和嘴巴，这是蜜蜂头部。

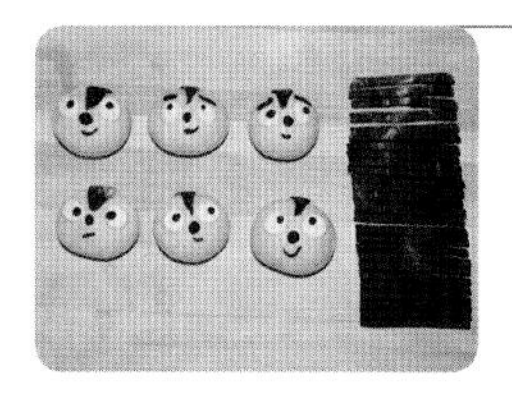

10. 做好 6 个后，把黑色面团擀开，切成若干细条。

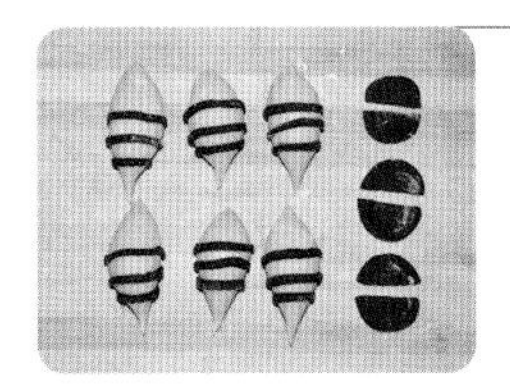

11. 把黑色细条用水粘在枣核形南瓜面团上，再揪3块黑色面团揉圆擀薄成片，从中间切开。

12. 将半圆的黑色面片分别围在枣核形面团最下方，搓尖。

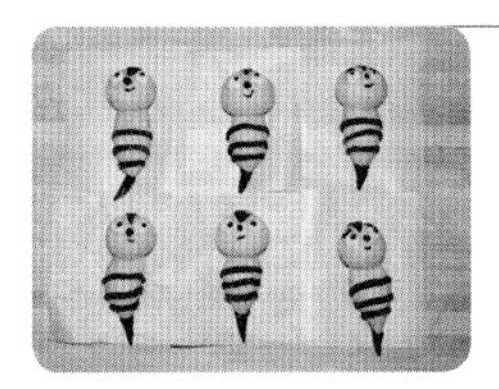

13. 把枣核形面团放在油纸下方，把枣核形面团的上方压扁，把蜜蜂的头用水粘在上方。

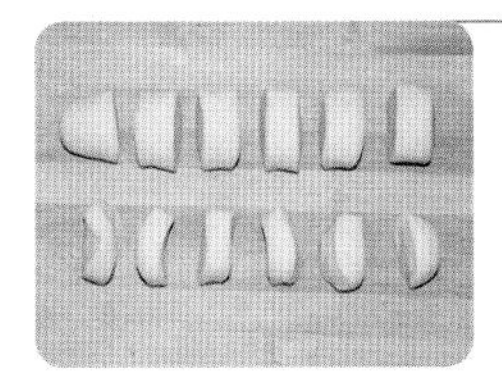

14. 案板上撒面粉，把白色面团放在案板上揉匀，搓长，分成12份，注意有6份大、6份小。

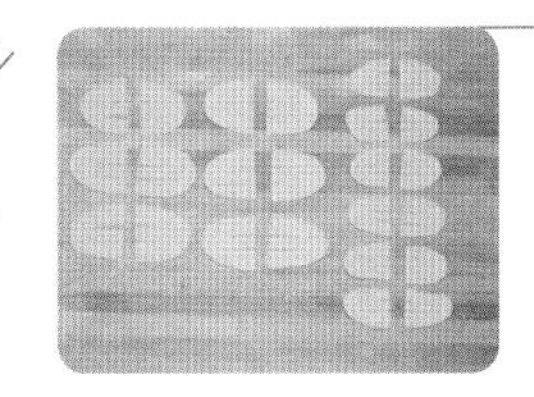

15. 将12份白色面团分别擀成椭圆形面片，每一个面片中间都切开，用刮板在每个面片中间压出两个印痕。

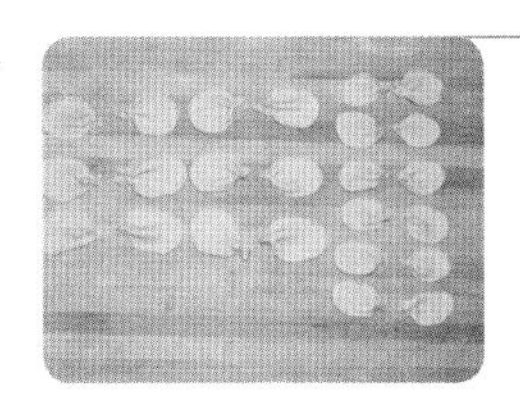

16. 将白色面片全部从中间捏紧，做成大翅膀和小翅膀。

17. 把大翅膀放在蜜蜂身后上方，小翅膀放在蜜蜂身后下方，揪黑色面团做出触角，压在蜜蜂头后面。

18. 蒸锅放足冷水，把馒头放在蒸屉上，盖好锅盖，静置15~20分钟，大火烧开转中火，15分钟，关火后闷5分钟再出锅。

二狗妈妈碎碎念

1. 我做的量稍有点大，如果您整形速度慢，那就用料减半制作。
2. 小蜜蜂的眉毛可要可不要，带眉毛比较呆萌一些。

猫头鹰

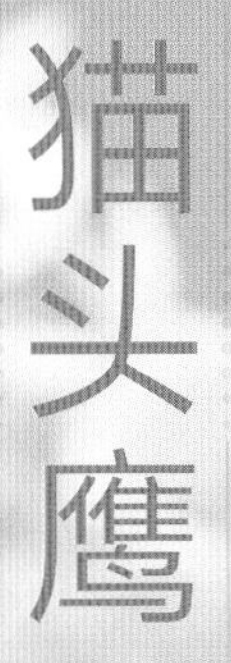

亲爱的，困了就睡吧！我就在一边守护着你……

原料

紫色面团:
紫薯泥 70 克
水 100 克
糖 20 克
酵母 2 克
中筋面粉 200 克

其他面团:
水 75 克
糖 15 克
酵母 1.5 克
中筋面粉 150 克
纯黑可可粉少许
黑芝麻粉 10 克
南瓜粉少许

二狗妈妈碎碎念

1. 猫头鹰的眼睛一定要大才好看，我用的是大号裱花嘴，如果您没有，那就用瓶盖吧！
2. 把眼睛往面团上放的时候，稍压一下面团，这样整形后眼睛不会走形。
3. 猫头鹰的颜色不一定和我的一样，按您的想法更改就好。
4. 紫薯泥一定要碾碎再用，才没有颗粒状。

做法

1. 70 克紫薯泥放入盆中，加入 100 克水、20 克糖、2 克酵母搅匀。

2. 加入 200 克中筋面粉搅匀后揉成面团，盖好发酵至 1.5 倍大备用。

3. 另取一个大碗，75 克水倒入碗中，加入 15 克糖、1.5 克酵母搅匀，加入 150 克中筋面粉。

4. 搅成絮状后，另取 3 个小碗，分别取出 20 克、20 克、50 克面絮放入碗中，在一个盛有 20 克面絮的碗中加少许纯黑可可粉，在盛有 50 克面絮的碗中加入少许南瓜粉，在大碗中加入 10 克黑芝麻粉。

5. 分别揉成面团，盖好发酵至 1.5 倍大备用。

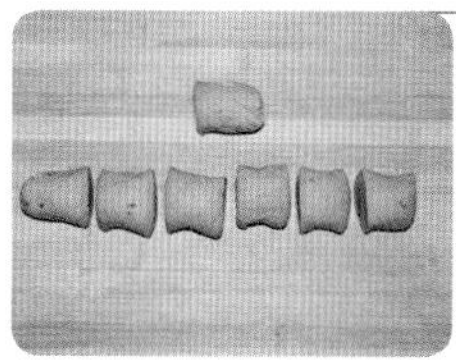

6. 案板上撒面粉，把紫色面团放在案板上揉匀搓长，分成 7 份，其中留一份备用。

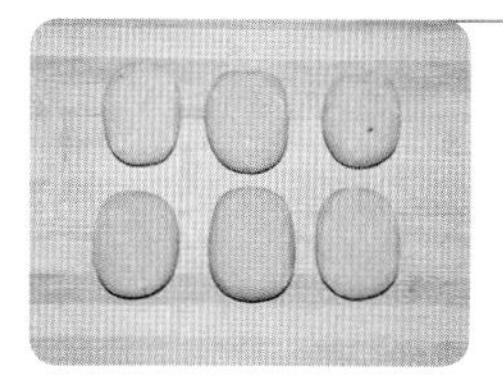

7. 把 6 份紫色面团揉圆，整理成长方形，稍擀。

8. 把黑芝麻面团揉匀搓长，分成 12 份。

9. 取 2 份黑芝麻面团，都一分为二，其中 2 个整理成树叶状，2 个半圆分别切 2~3 刀，按照图片码放好，并放在油纸上。

10. 依次做好 6 个。

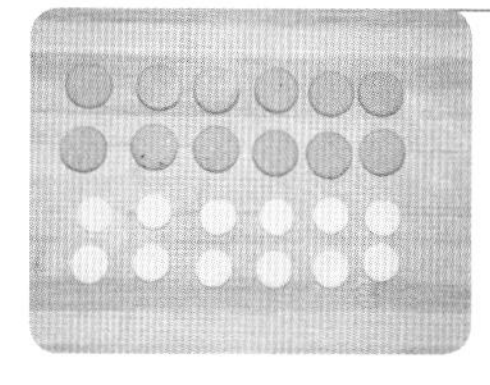

11. 把预留的紫色面团擀开，用裱花嘴扣出 12 个圆形面片，再把白色面团擀开，用稍小一点的裱花嘴扣出 12 个圆片。

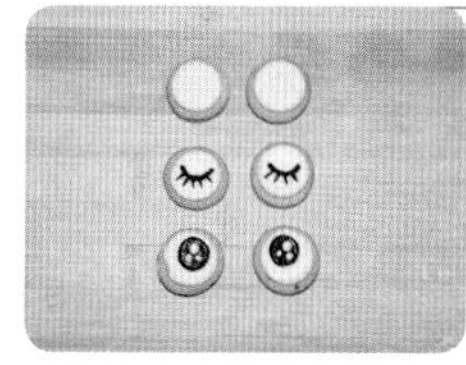

12. 把白色面片用水粘在紫色面片上，揪黑色面团做出眼睛，如果是大眼睛，那就再揪一点白色面团，做黑眼珠中间的亮光。

13. 依次做好 6 组，把眼睛用水粘在合适位置。

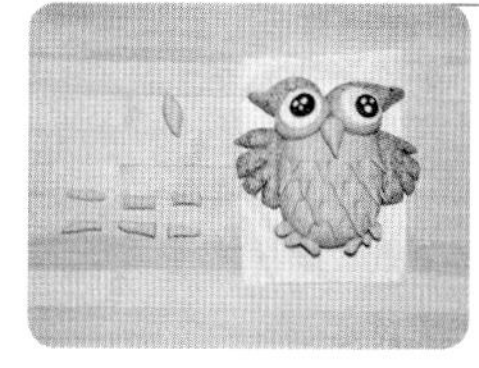

14. 揪黄色面团做出 1 个枣核形面团和 6 个小棍棍，按照图片粘在合适位置（嘴巴和脚丫），并用剪刀在胸前剪出羽毛。

15. 依次做好 6 个。

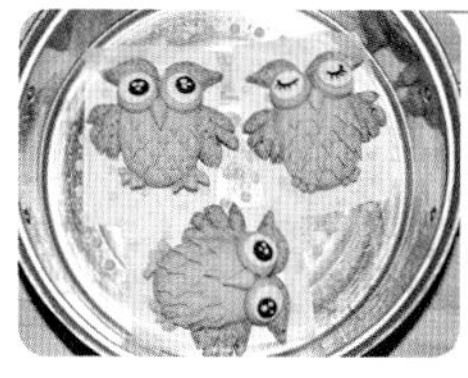

16. 蒸锅放足冷水，把馒头放在蒸屉上，盖好锅盖，静置 15~20 分钟，大火烧开转中火，15 分钟，关火后闷 5 分钟再出锅。

企鹅

原料

水 150 克
糖 30 克
酵母 3 克
中筋面粉 300 克
纯黑可可粉 5 克
红曲粉 1 克

二狗妈妈碎碎念

1. 纯黑可可粉可以用竹炭粉替换。
2. 翅膀不要做得太大，否则不太好看。

做法

1. 150 克水倒入盆中，加入 30 克糖、3 克酵母搅匀，加入 300 克中筋面粉。

2. 搅成絮状后，另取 2 个碗，分别取出 30 克、60 克面絮放入碗中，在盛有 30 克面絮的碗中加入 1 克红曲粉，在大盆中加入 5 克纯黑可可粉。

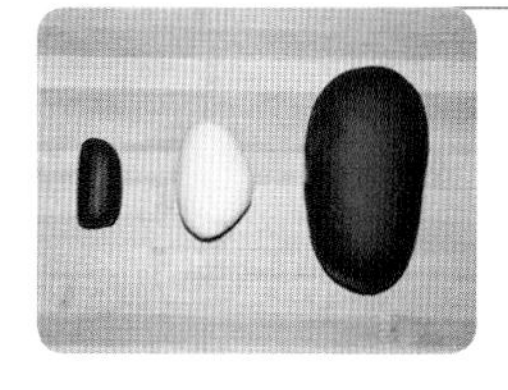

3. 分别揉成面团，盖好发酵至 1.5 倍大备用。

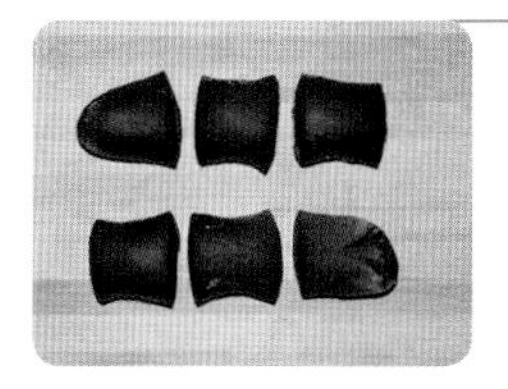

4. 案板上撒面粉，把黑色面团放在案板上揉匀搓长，分成 6 份。

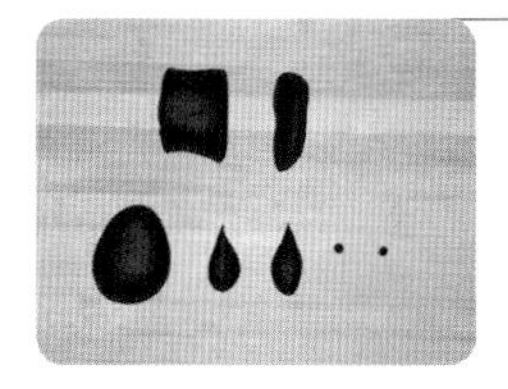

5. 取一份黑色面团，切下来 1/4，把大面团揉成椭圆形，从小面团上先揪下来 2 个小黑球（做眼珠），再把剩余的小面团一分为二，分别搓成水滴形。

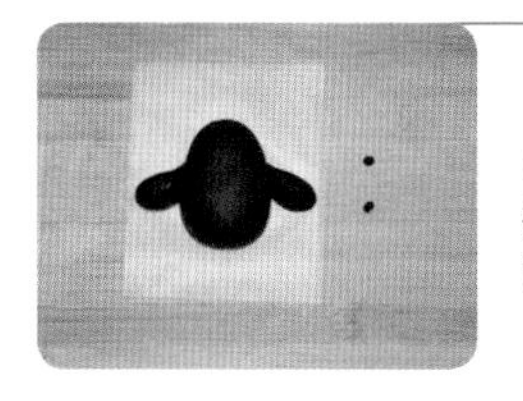

6. 把大面团放在油纸上，把水滴形面团用水粘在大面团两侧。

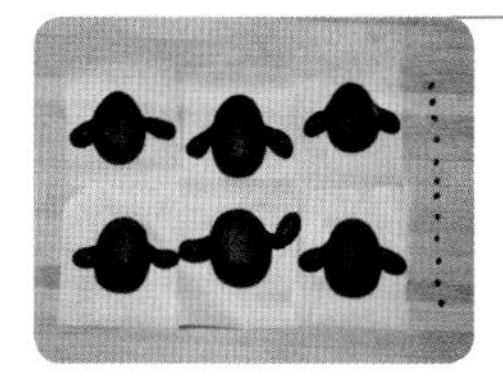

7. 依次做好 6 个。

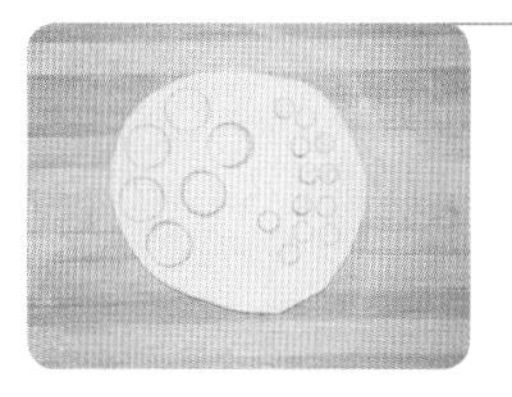

8. 把白色面团擀开，用合适的瓶盖或者裱花嘴扣出 12 个小圆片、6 个大圆片。

9. 把小圆片用水粘在黑色面团上方，把预留的小眼珠粘在白色面片上面，把大的圆片用水粘在黑色面团下方。

10. 依次做好 6 个。

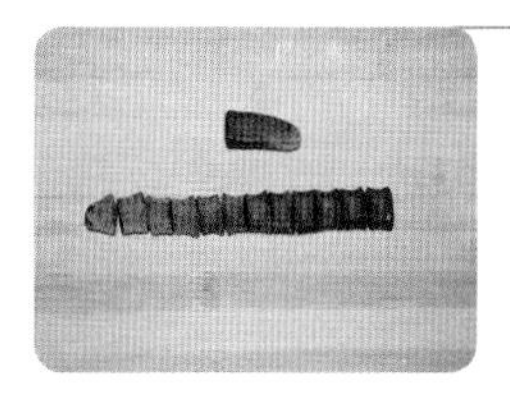

11. 把红色面团揉匀搓长，先切下来一块（约 20 克），再把其他面团分成 12 份。

12. 把 12 份红色面团全部搓成水滴形，稍压扁，切 2 刀（这是脚丫），再揪预留的红色面团做出嘴色，用水粘在眼睛下方。

13. 把脚丫用水粘在大面团下方，依次做好 6 个，如果有剩余的红色面团，可以做个蝴蝶结。

14. 蒸锅放足冷水，把馒头放在蒸屉上，盖好锅盖，静置 15~20 分钟，大火烧开转中火，15 分钟，关火后闷 5 分钟再出锅。

小公鸡

你个二货，有一窝不是咱们的孩子，你都没有发现吗？

亲爱的，快去吃饭，我来守护咱们的鸡蛋……

水 150 克
糖 30 克
酵母 3 克
中筋面粉 300 克
纯黑可可粉少许
红曲粉 1 克

做法

1. 150克水倒入盆中，加入30克糖、3克酵母搅匀，加入300克中筋面粉。

2. 搅成絮状后，拿2个小碗，分别取出30克、30克面絮放入碗中，在小碗中分别加入少许纯黑可可粉和1克红曲粉。

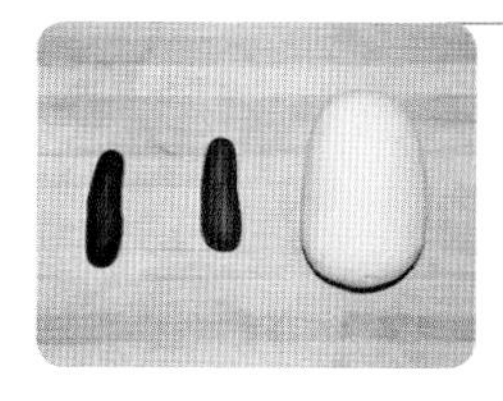

3. 分别揉成面团，盖好发酵至1.5倍大备用。

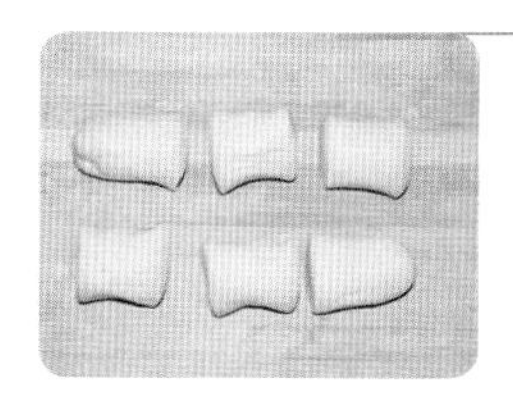

4. 案板上撒面粉，把白色面团放在案板上揉匀搓长，分成6份。

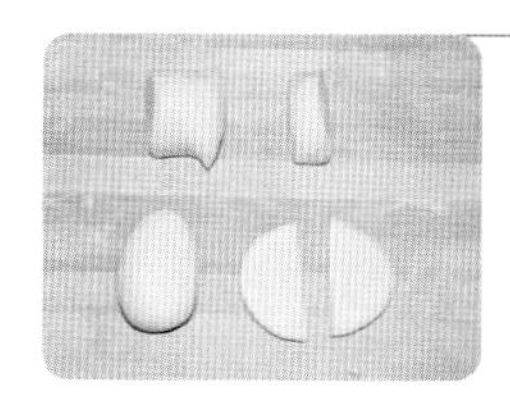

5. 取一份白色面团，切下来1/4，把大面团揉成上窄下宽的长圆形，小面团揉圆稍擀成片，从中间切开。

6. 把小面片按图中所示用刀切成翅膀的形状。

7. 把翅膀用水粘在大面团两侧，也可以把一个翅膀翻折过来。

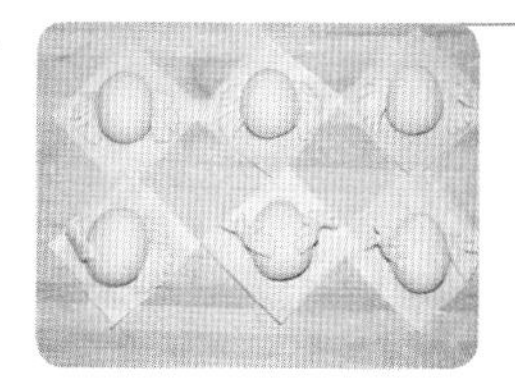

8. 依次做好6个，都放在油纸上。

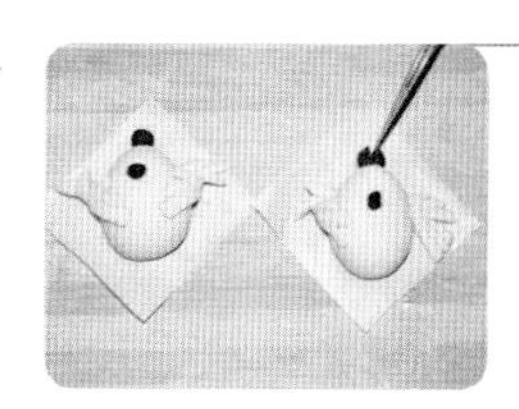

9. 揪12个红色面团搓圆，用水粘在嘴巴位置和头顶上，用剪刀在头顶红面团上竖剪一刀，在嘴巴的面团上横剪一刀。

10. 揪黑色面团做出眼睛和脚丫。

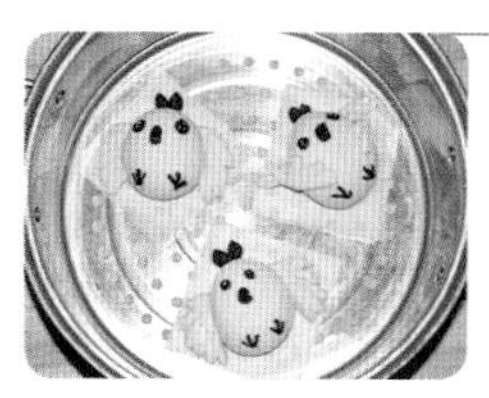

11. 蒸锅放足冷水，把馒头放在蒸屉上，盖好锅盖，静置15~20分钟，大火烧开转中火，15分钟，关火后闷5分钟再出锅。

二狗妈妈碎碎念

1. 鸡翅膀不要做得太大，否则比例不对，不好看哟。
2. 如果做大眼睛，那就从翅膀尖上揪一点点白色面团做眼睛里面的亮光。
3. 嘴巴一定要横着剪，鸡冠一定要竖着剪。

小熊

原料

南瓜面团:
南瓜泥 80 克
水 40 克
糖 20 克
酵母 2 克
中筋面粉 200 克

其他面团:
水 50 克
糖 10 克
酵母 1 克
中筋面粉 100 克
纯黑可可粉少许
红曲粉少许

冬天来了，我们要躲在暖暖的毛毯里，外面太冷啦~~~

二狗妈妈碎碎念

1. 小熊的围巾您可以选自己喜欢的颜色，不一定是红色，如果嫌麻烦，也可以不做围巾。
2. 注意小熊的眼睛和鼻子基本是在一个水平线上，并且离得远一些会更好看。

做法

1. 80 克蒸熟凉透的南瓜泥放入盆中，加入 40 克水、20 克糖、2 克酵母搅匀。

2. 加入 200 克中筋面粉，揉成面团，盖好发酵至 1.5 倍大备用。

3. 另取一个大碗，50 克水倒入碗中，加入 10 克糖、1 克酵母搅匀，加入 100 克中筋面粉。

4. 搅成絮状后，另取 2 个小碗，分别取出 20 克、20 克面絮，在小碗中分别加入少许纯黑可可粉、红曲粉。

5. 将碗中的面絮分别揉成面团，盖好发酵至 1.5 倍大备用。

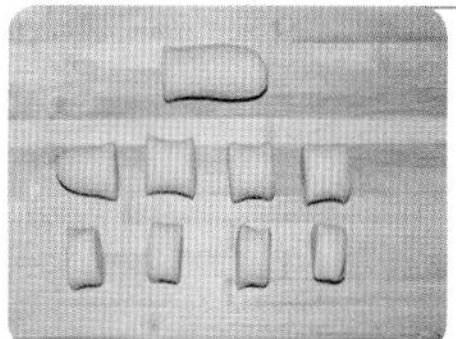

6. 案板上撒面粉，把南瓜面团放在案板上揉匀搓长，切下来 80 克备用，再把面团分成 4 大 4 小 8 个面团，大面团约 35 克，小面团约 20 克。

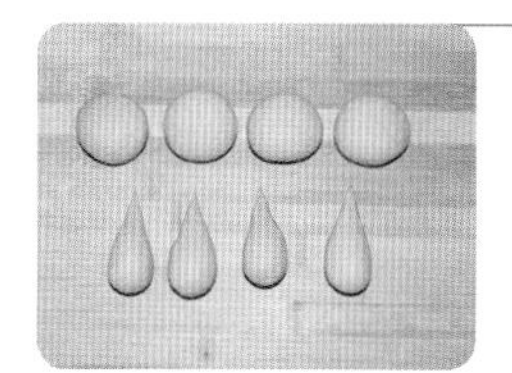

7. 把大面团揉圆稍按扁，小面团搓成水滴形。

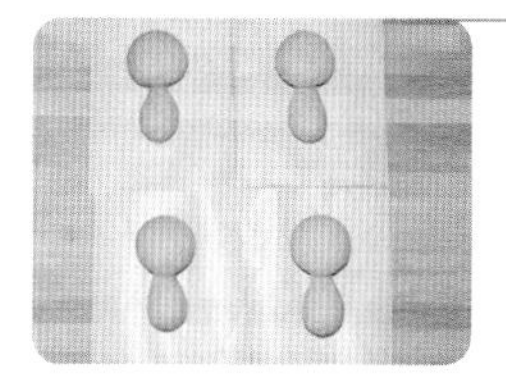

8. 把圆面团用水粘在水滴形面团上，并放在油纸上。

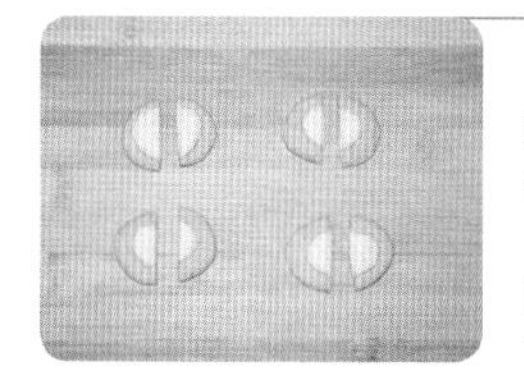

9. 从预留的南瓜面团揪下来 4 块面团，每个约 5 克，将其揉圆按扁成片，再揪白色面团放在南瓜面片中间，擀薄一点后，从中间切开。

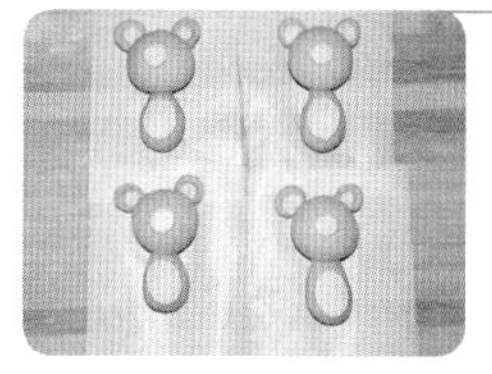

10. 把切口捏合在一起后，两个一组用水粘在小熊头的上方两侧，再揪白色面团做出鼻子和肚皮。

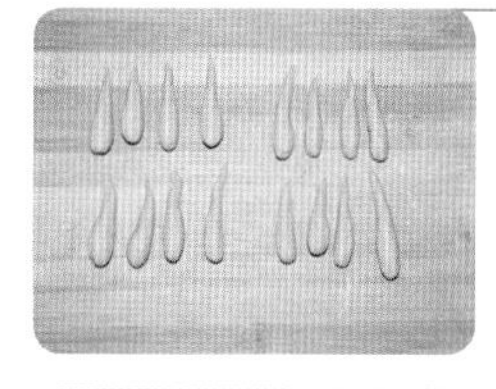

11. 把其余的南瓜面团分成 16 份，搓长。

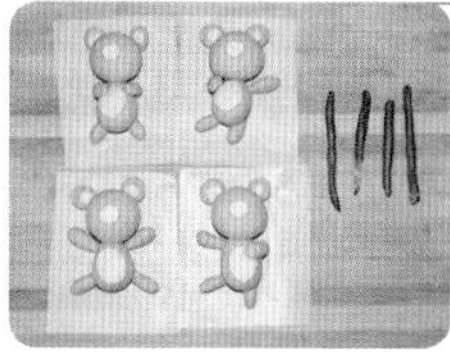

12. 以 4 个为一组，分别压在小熊身体后面，做出四肢，并把红色面团分成 4 份，搓长。

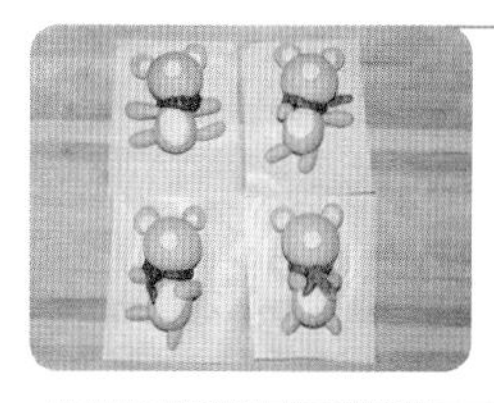

13. 把红色长面团围在小熊脖子上做围巾。

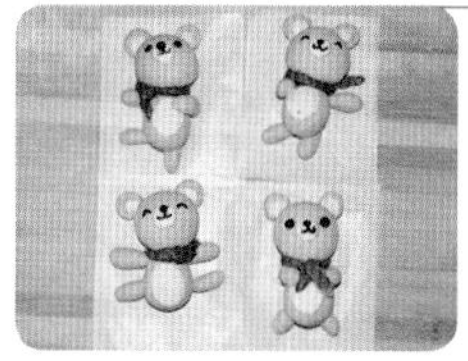

14. 最后揪黑色面团做出表情。

15. 蒸锅放足冷水，把馒头放在蒸屉上，盖好锅盖，静置 15~20 分钟，大火烧开转中火，15 分钟，关火后闷 5 分钟再出锅。

小猪佩奇

大家都叫我们"社会人"，这是为什么呢？

水 150 克
糖 30 克
酵母 3 克
中筋面粉 300 克
纯黑可可粉少许
红曲粉 1 克 + 少许

做法

1. 150 克水倒入盆中，加入 30 克糖、3 克酵母搅匀，加入 300 克中筋面粉。

2. 搅成面絮后，另取 3 个小碗，分别取出 20 克、20 克、150 克面絮放入碗中，在其中一个盛有 20 克面絮的碗中加入少许纯黑可可粉，在盛有 150 克面絮的碗中加入 1 克红曲粉，在大盆中加入少许红曲粉。

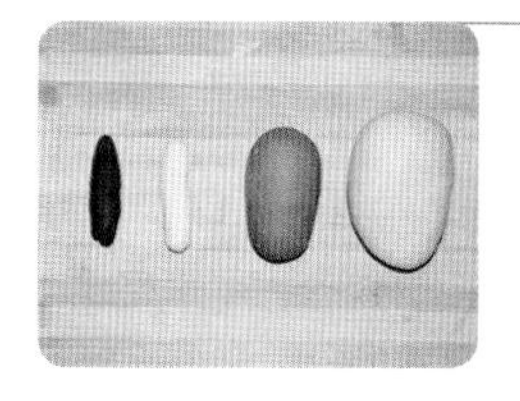

3. 分别揉成面团，盖好发酵至 1.5 倍大备用。

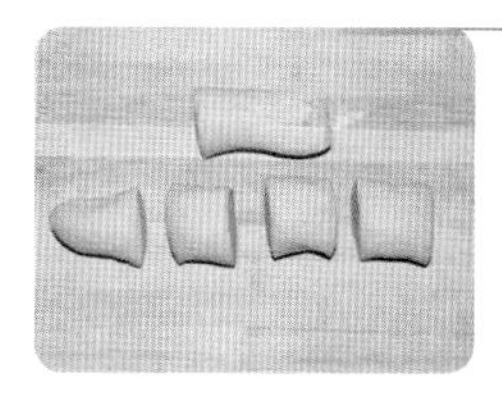

4. 案板上撒面粉，先把粉色面团放在案板上揉匀，切下 80 克面团备用，其他的分成 4 份。

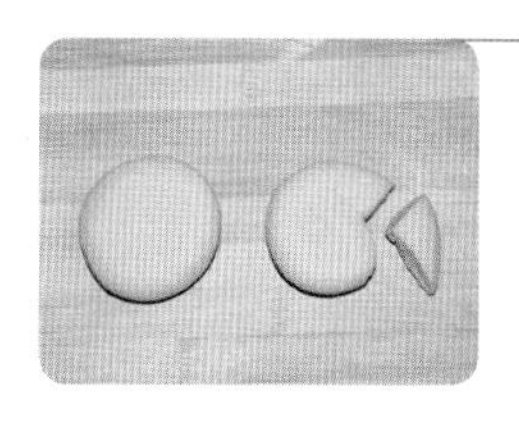

5. 取一份粉色面团揉圆稍擀，按图片中的样子切下来一小块。

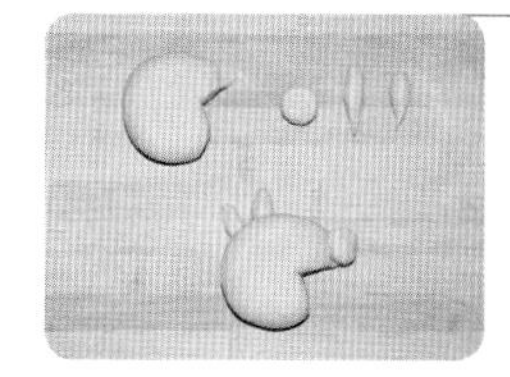

6. 把粉色大面团上方尖头的位置按扁，把切下来的小面团分成 3 份，1 份揉圆，2 份搓成水滴形，分别用水粘在图片中的位置。

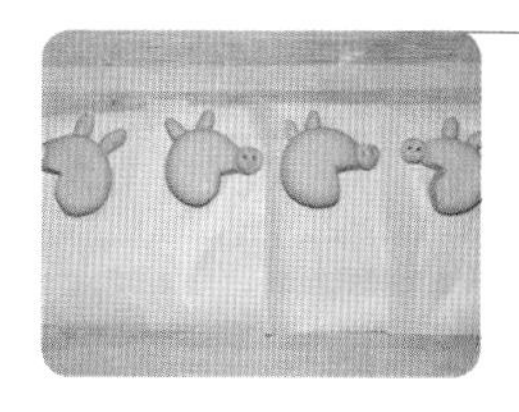

7. 依次做好 4 个，并码放在油纸上方，用筷子蘸水戳出鼻孔。

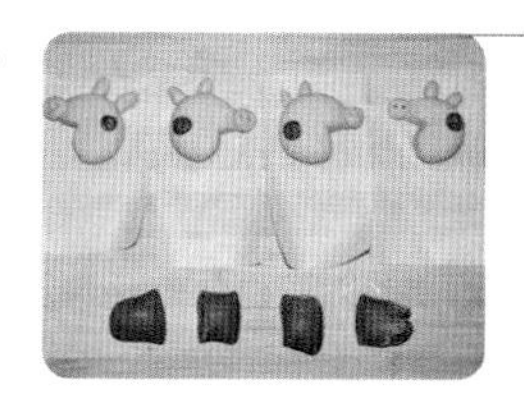

8. 揪红色面团做出脸蛋后，把红色面团揉匀，分成 4 份。

9. 把每份红色面团稍擀，整理成梯形，把梯形上方按扁，把头放在按扁的位置上。

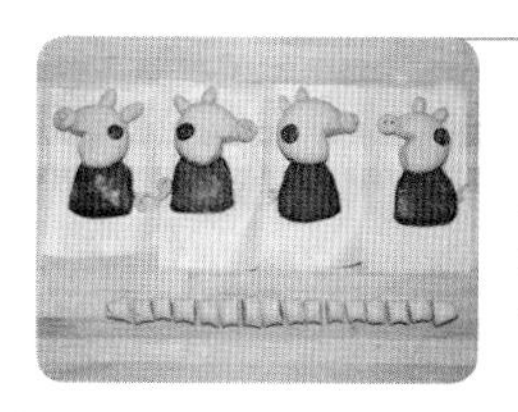

10. 揪预留的粉色面团，做出尾巴，放在合适的位置后，把粉色面团揉匀搓长，分成 16 份。

11. 分别搓长，做出四肢。

12. 先揪白色面团做出眼睛，再揪黑色面团做出眼珠和衣服上的字，最后把黑色面团分成 8 份，做出脚丫，也可以用剩余的白色面团做出裙子上的波点。

13. 蒸锅放足冷水，把馒头放在蒸屉上，盖好锅盖，静置 15~20 分钟，大火烧开转中火，15 分钟，关火后闷 5 分钟再出锅。

二狗妈妈碎碎念

1. 注意小猪佩奇的脸，切的时候注意方向和切下去后的形状。
2. 如果不喜欢红裙子，可以加其他颜色的果蔬粉调整。

熊猫

原料

水 150 克
糖 30 克
酵母 3 克
中筋面粉 300 克
纯黑可可粉 2 克

做法

1. 150 克水倒入盆中，加入 30 克糖、3 克酵母搅匀，加入 300 克中筋面粉。

2. 另取一个小碗，取出 140 克面絮放入碗中，加入 2 克纯黑可可粉。

3. 分别揉成面团，盖好发酵至 1.5 倍大备用。

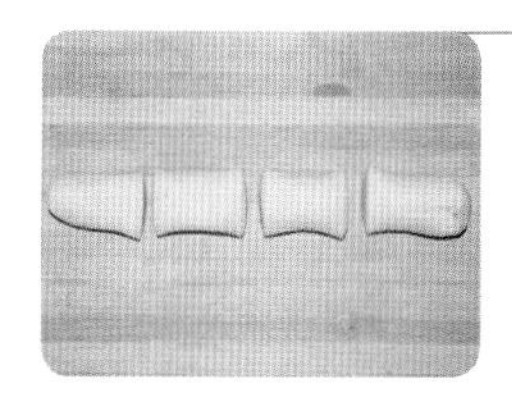

4. 案板上撒面粉，把白色面团放在案板上揉匀搓长，分成 4 份。

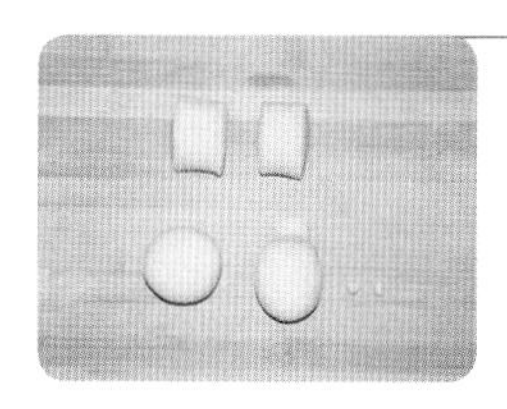

5. 取一份白色面团，一分为二，从其中一份上先揪下两个小的面团放一边，再把两个大面团分别揉成圆形、椭圆形，将其中椭圆形面团的一头捏扁。

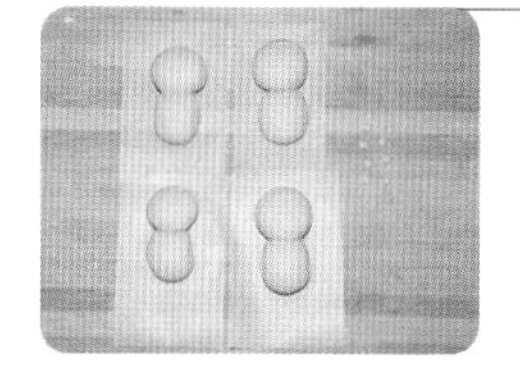

6. 把圆形面团用水粘在椭圆形面团上，依次做好 4 组，放在油纸上。

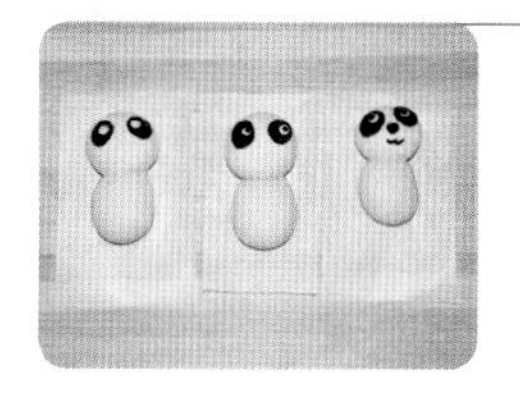

7. 先揪黑色面团做出黑眼圈，然后用预留的白色面团做眼白，再揪黑色面团做眼珠、鼻子、嘴巴。

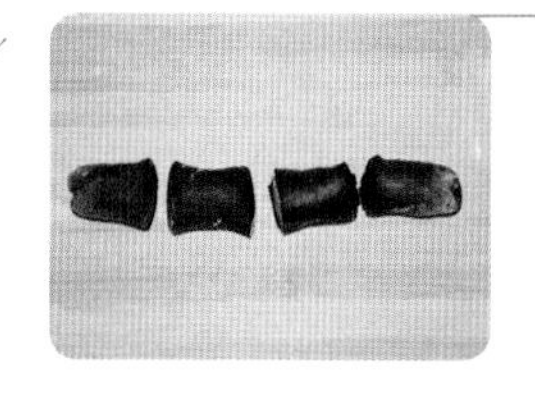

8. 把黑色面团揉匀搓长，分成 4 份。

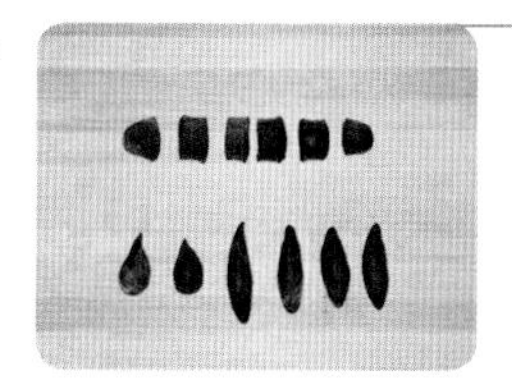

9. 取一份黑色面团，再搓长，分成 6 份，将其中 2 份搓成小水滴形，4 份面团搓长。

10. 把两个小水滴形面团用水粘在熊猫脸的上方做耳朵，4 个黑色长面团粘在合适位置做四肢。

11. 依次做好 4 个。

12. 蒸锅放足冷水，把馒头放在蒸屉上，盖好锅盖，静置 15~20 分钟，大火烧开转中火，15 分钟，关火后闷 5 分钟再出锅。

二狗妈妈碎碎念

1. 注意熊猫的眼白部分不要太大，也不要太厚，否则不好看。
2. 四肢的动作不一定和我的一样，您可以按自己的喜好设计。
3. 如果想拍照好看，就把芦笋焯水凉透，用厨房纸巾吸干水分再用。

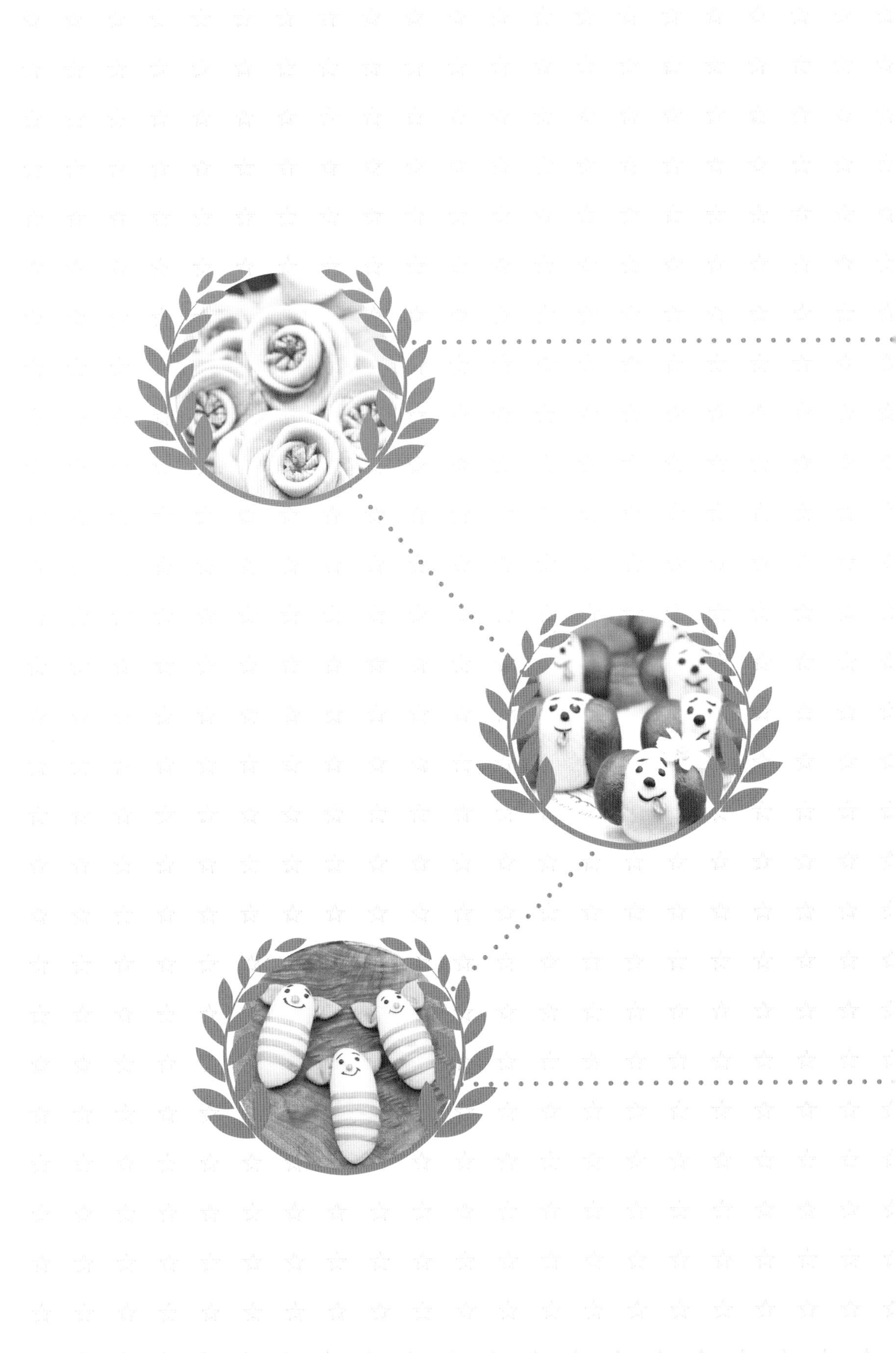

第六章 香肠卷

如果我不说，您能看出这些是香肠卷吗？

印象中的香肠卷，大多都是用面团搓长，把香肠卷起来的。我妈妈可厉害啦！如果她不说，我真的不知道这些造型可爱的馒头里面还有一根香肠呢！还有还有，妈妈是怎么想出来的呀，把香肠做成玫瑰花的花蕊，做成章鱼的触角，简直是太可爱啦！

妈妈说，香肠最好自己做。脆皮肠的做法，二狗妈妈在微博上早就发布过的，您可以去看看哟！如果不愿意做，那买一些有品质保障的香肠也可以。

大骨头香肠卷

这么多大骨头呀!
够我吃好多天呢!

二狗妈妈碎碎念

1. 包香肠的面片不要擀得太薄。
2. 刷可可粉水时，蘸取的可可粉水不要过多。

原料

水 120 克
糖 20 克
酵母 2.4 克
中筋面粉 240 克

可可粉水：
可可粉少许
水少许

香肠 6 根

做法

1. 120 克水倒入盆中，加入 20 克糖、2.4 克酵母搅拌均匀。

2. 加入 240 克中筋面粉。

3. 搅匀后，揉成面团，盖好发酵至 1.5 倍大备用。

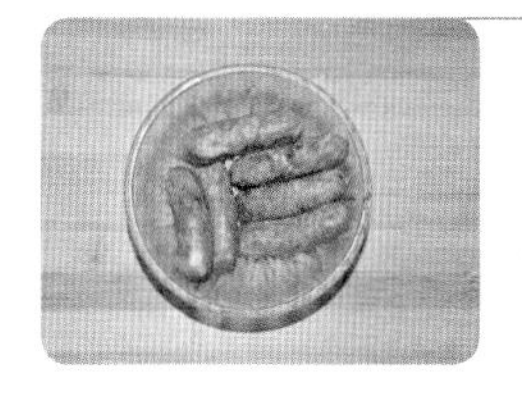

4. 准备好 6 根长度约 6 厘米的香肠。

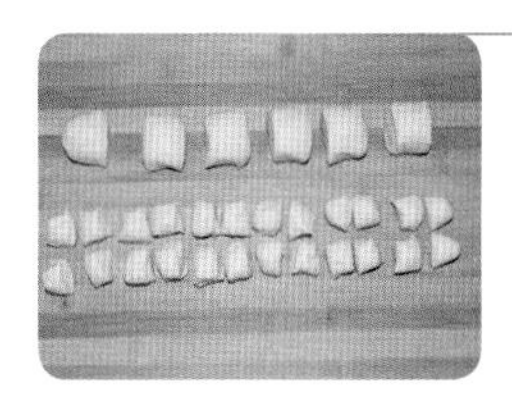

5. 案板上撒面粉，把面团放案板上揉匀后搓长，分成 2 份，将其中一份分成 6 份大面团，将另一份分成 24 份小面团。

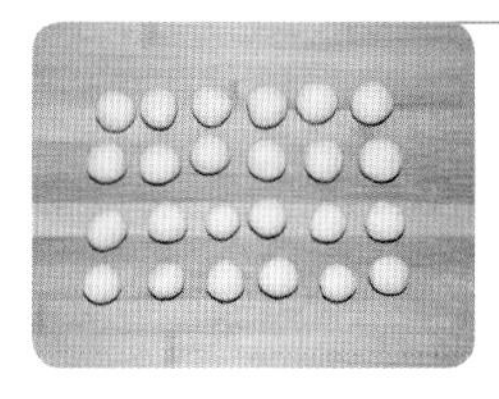

6. 把 24 个小面团揉圆备用。

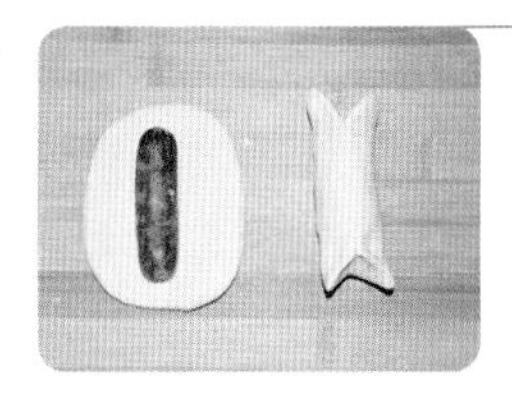

7. 把 6 个大面团擀开，中间放香肠后，包起来，捏紧收口。

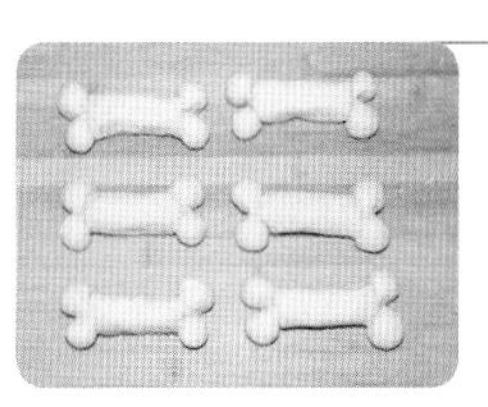

8. 收口朝下，把圆形面团 2 个一组，用水粘在香肠卷的两端 。

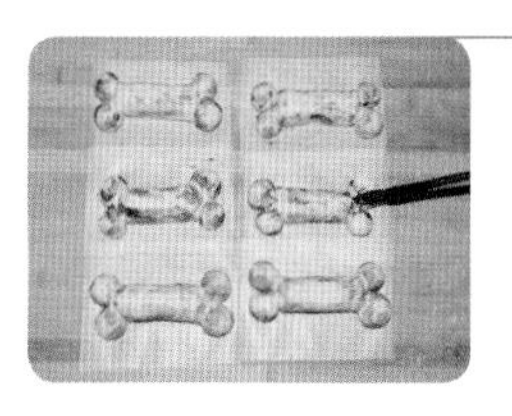

9. 用毛笔蘸可可粉水刷在骨头上。

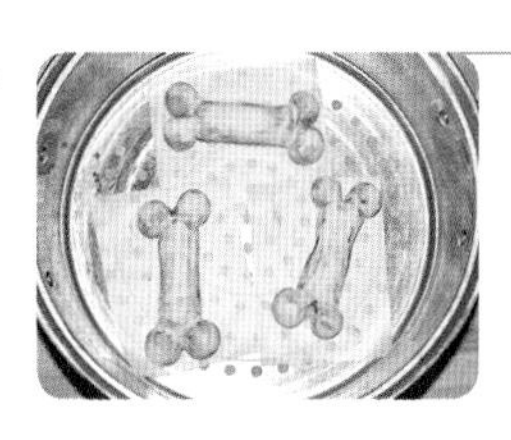

10. 蒸锅放足冷水，把馒头放在蒸屉上，盖好锅盖，静置 15~20 分钟，大火烧开转中火，12 分钟，关火后闷 5 分钟再出锅。

玫瑰花香肠卷

把香肠卷在玫瑰花里当花蕊，是我晚上做梦梦出来的。真的，做书稿的这段日子里，我的梦里全是书的事儿。拍这款馒头的效果图时，正是我家二妞妞淘气的时候，先生一时没看管住，它就冲进摄影棚，以闪电般的速度吃了一个馒头，这是它狗生以来第一次吃人饭……好吧，写在书里记录一下吧……但愿它的狗生也如玫瑰花儿一般美好……

原料

紫色面团：
紫薯泥 70 克
水 100 克
糖 20 克
酵母 2 克
中筋面粉 200 克

香肠 6 根

做法

1. 70 克紫薯泥放入盆中，加入 100 克水、20 克糖、2 克酵母，搅匀。

2. 加入 200 克中筋面粉搅匀后揉成面团，盖好发酵至 1.5 倍大备用。

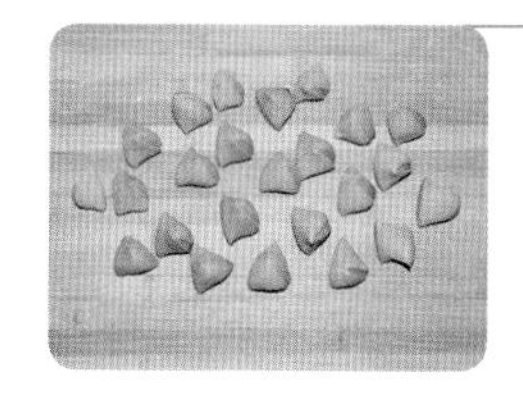

3. 案板上撒面粉，把面团放在案板上揉匀搓长，分成 24 份小面团。

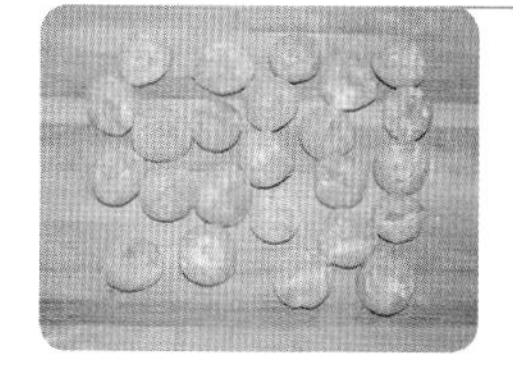

4. 在小面团上撒面粉，把切口朝上按扁。

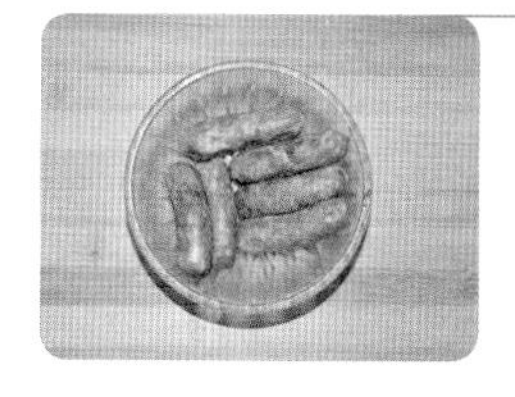

5. 准备好 6 根长度约 6 厘米的香肠。

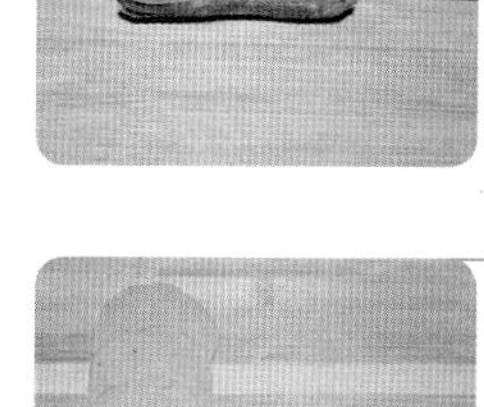

6. 用剪刀在香肠两端剪 8~10 刀。

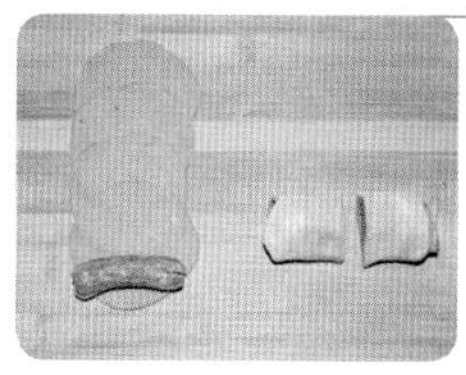

7. 把所有小面团都擀开成片，以 4 个面片为一组叠放在一起，取一根香肠放在下方，卷起来，从中间切断。

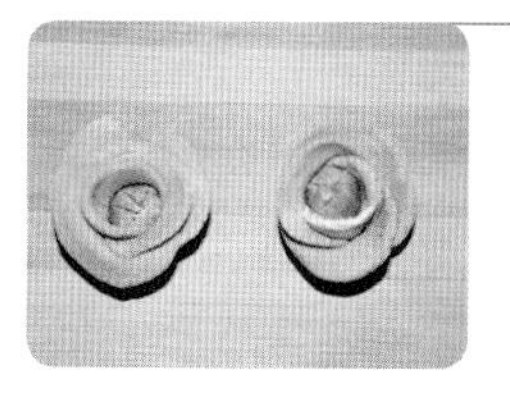

8. 把切口朝下，竖起来，把花瓣整理成开放的样子。

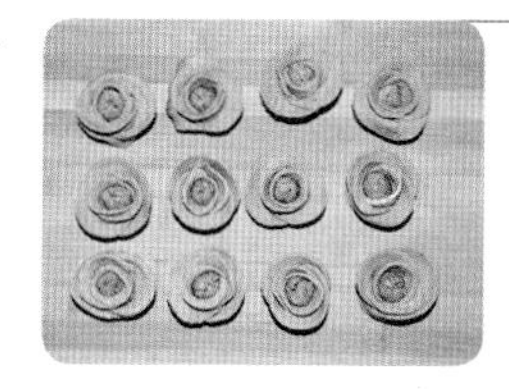

9. 依次做完所有面团。

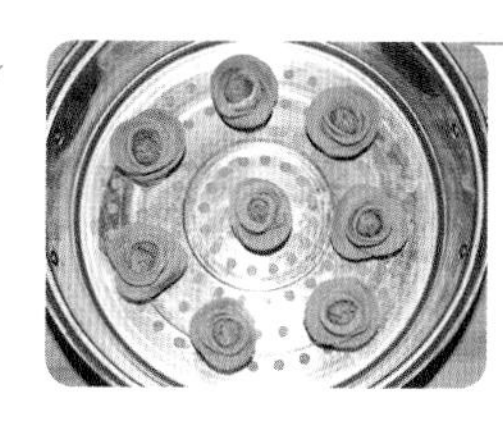

10. 蒸锅放足冷水，把馒头放在刷好油的蒸屉上，盖好锅盖，静置 15~20 分钟，大火烧开转中火，12 分钟，关火后闷 5 分钟再出锅。

二狗妈妈碎碎念

1. 香肠一定要选细一些的，最好是用自制的脆皮肠，一个是长短合适，另外一个是没有添加剂，并且味道好。当然，如果没有，那就用火腿肠吧。
2. 这里只是给大家提供了一个玫瑰花香肠卷的方法，大家可以把紫薯面团换成您喜欢的任何一种面团，会得到不一样的效果哟！

小黄人香肠卷

原料

南瓜面团：
南瓜泥 80 克
水 40 克
糖 20 克
酵母 2 克
中筋面粉 200 克

其他面团：
水 30 克
糖 6 克
酵母 1 克
中筋面粉 60 克
纯黑可可粉 2 克

香肠 6 根

二狗妈妈碎碎念

1. 做双眼小黄人还是单眼小黄人，这都随您喜欢，注意单眼小黄人的眼睛要大一些哟！
2. 如果选用火腿肠，那需要剪切一下火腿肠的长度哟！
3. 发型和衣服都可以按您喜欢的来，不一定和我的一样哟！

做法

1. 80克蒸熟凉透的南瓜泥放入盆中，加入40克水、20克糖、2克酵母搅匀。

2. 加入200克中筋面粉，揉成面团，盖好发酵至1.5倍大备用。

3. 30克水倒入一个大碗中，加入6克糖、1克酵母搅匀，加入60克中筋面粉。

4. 搅成絮状后，取出30克面絮放入一个小碗中，在大碗中加入2克纯黑可可粉。

5. 分别揉成面团，盖好发酵至1.5倍大备用。

6. 准备好6根长度约6厘米的香肠。

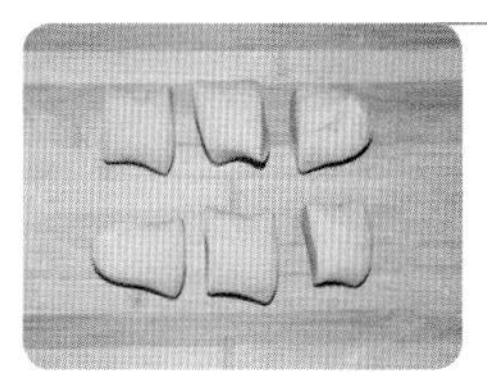

7. 案板上撒面粉，把南瓜面团放在案板上揉匀搓长，分成6份。

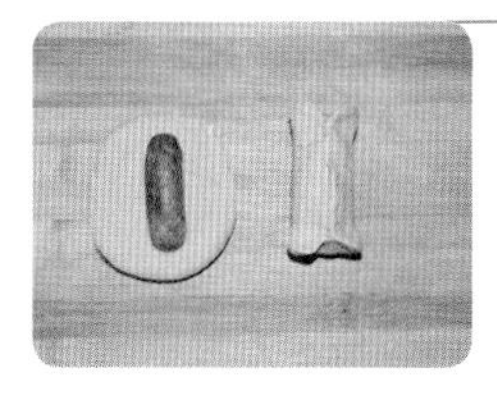

8. 取一块面团，擀开，中间放一根香肠，用面片把香肠包起来，捏紧收口。

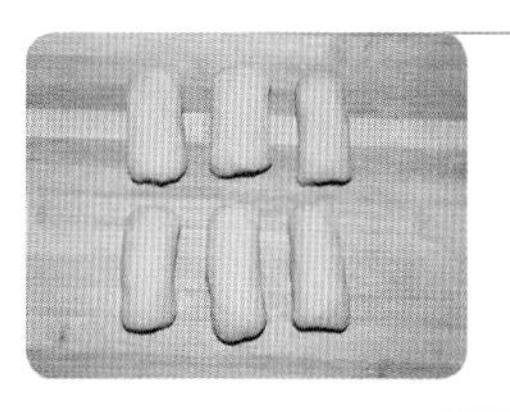

9. 依次做好6个，收口朝下放好。

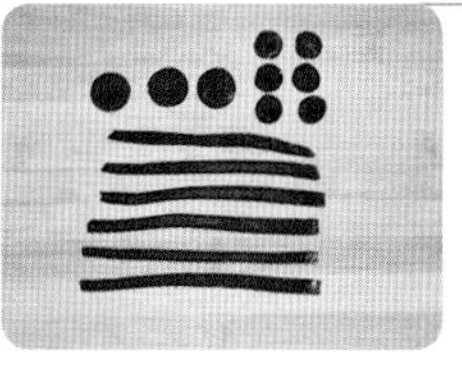

10. 把黑色面团擀开，切下来6根长条，再用裱花嘴扣出3个大一些的圆片和6个小一些的圆片。

11. 先用黑色长条在香肠卷的上方围一圈，再把黑色圆片用水粘上去。

12. 把白色面团擀开，用裱花嘴扣出比黑色圆片小一圈的面片，用水粘在黑色圆片上，再揪黑色面团做出眼珠，揪白色面团做出眼睛里的亮光。

13. 再揪黑色面团做出嘴巴，再随意揪一块黑色面团擀圆，随意切几刀，用水粘在头顶做头发。

14. 依次做好6个，如果有剩余的黑色面团，可以给小黄人做裙子。

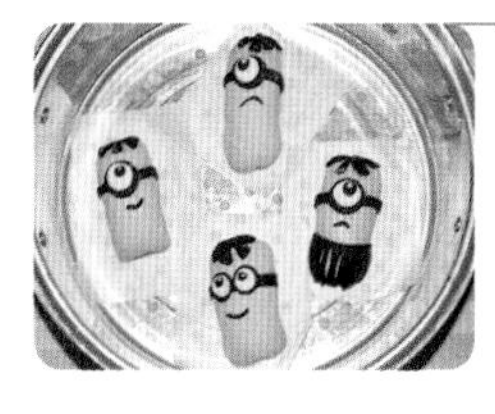

15. 蒸锅放足冷水，把馒头放在蒸屉上，盖好锅盖，静置15~20分钟，大火烧开转中火，12分钟，关火后闷5分钟再出锅。

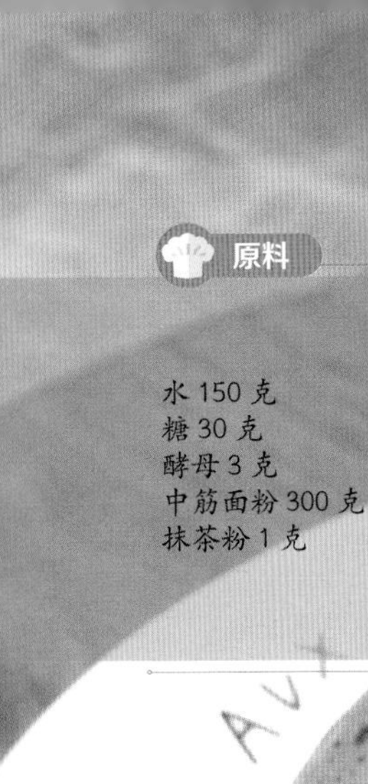

热狗包

原料

水 150 克
糖 30 克
酵母 3 克
中筋面粉 300 克
抹茶粉 1 克
黑芝麻粉 10 克
可可粉 5 克
香肠 6 根

我可不是你们常见的热狗哟~~~ 我是中式的香肠包！

做法

1. 150 克水倒入盆中，加入 30 克糖、3 克酵母搅匀，加入 300 克中筋面粉。

2. 搅成絮状后，另取 2 个小碗，分别取出 20 克、100 克面絮放入碗中，在盛有 100 克面絮的碗中加入 1 克抹茶粉，在大盆中加入 10 克黑芝麻粉和 5 克可可粉。

3. 分别揉成面团，盖好发酵至 1.5 倍大备用。

4. 准备好 6 根长度约 6 厘米的香肠。

5. 案板上撒面粉，把咖啡色面团放在案板上揉匀，搓长分成 6 份。

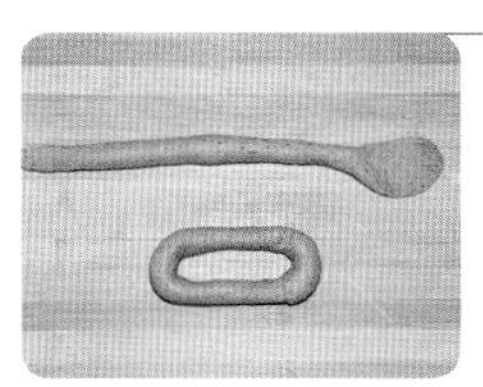

6. 取一咖啡色面团搓成长条，约 20 厘米，把一端擀平，然后把另一端弯过来，用擀平的这端把另一端包起来，捏紧收口。

7. 依次做好 6 个，放在油纸上。

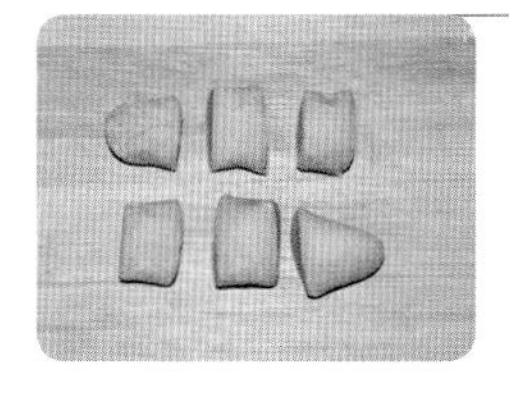

8. 把绿色面团揉匀搓长，分成 6 份。

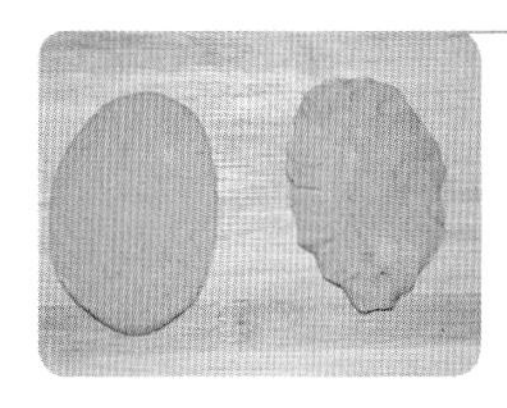

9. 将每份绿色面团分别擀成椭圆形面片后，用手指搓边缘，出现自然的褶皱状。

10. 把绿色面片放在咖啡色面圈中间，中间压进去。

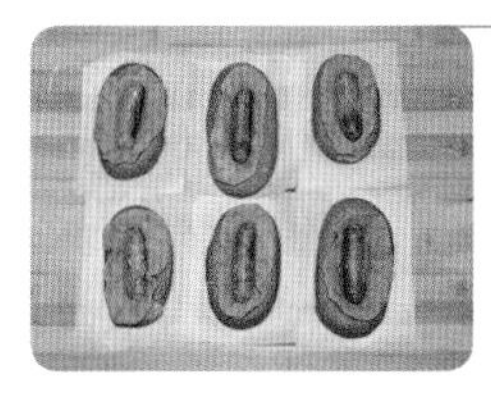

11. 把准备好的香肠放在绿色面片中间，稍压。

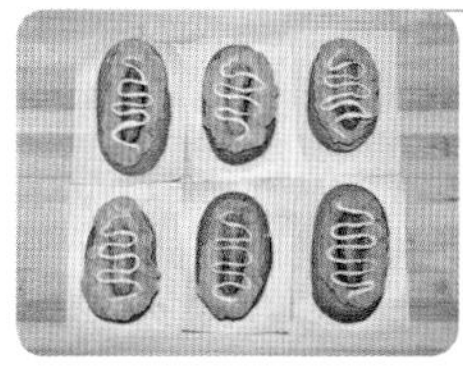

12. 把白色面团搓细长，呈 S 形摆在香肠上方。

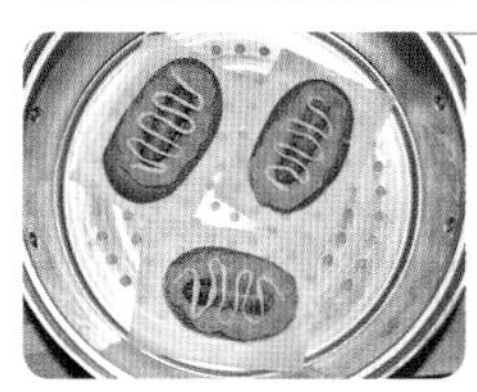

13. 蒸锅放足冷水，把馒头放在油纸上，再放到蒸屉上，盖好锅盖，静置 15~20 分钟，大火烧开转中火，12 分钟，关火后闷 5 分钟再出锅。

二狗妈妈碎碎念

1. 主要面团我用了黑芝麻粉和可可粉，是想做出杂粮面包的感觉，如果不喜欢，可以用您喜欢的任何一种颜色的面团，但不要用抹茶面团和红曲粉面团，因为和其他面团、食材的颜色太近，不好看。

2. 如果嫌做成圈圈太麻烦，可以把咖啡色面团直接擀成一个稍厚一点的椭圆形面饼，再把抹茶面片放在中间，最后用香肠往下压，使香肠嵌入面团即可。

小狗香肠卷

小朋友，我可不是一般的小狗馒头哟！我藏着一根香肠呢，你要不要来尝尝？

水 100 克
糖 10 克
酵母 2 克
中筋面粉 200 克
红曲粉少许
纯黑可可粉少许
可可粉 5 克
香肠 6 根

做法

1. 100 克水倒入盆中，加入 10 克糖、2 克酵母搅匀，加入 200 克中筋面粉。

2. 搅成絮状后，另取 3 个小碗，分别取出 20 克、20 克、130 克面絮放入碗中，在 2 个盛有 20 克面絮的碗中分别加入少许红曲粉和少许纯黑可可粉，在盛有 130 克面絮的碗中加入 5 克可可粉。

3. 分别揉成面团，盖好发酵至 1.5 倍大备用。

4. 准备好 6 根长度约 6 厘米的香肠。

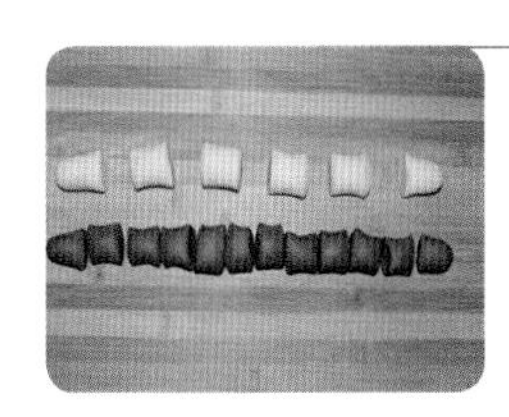

5. 案板上撒面粉，把白色面团和咖啡色面团放在案板上揉匀搓长，白色面团分成 6 份，咖啡色面团分成 12 份。

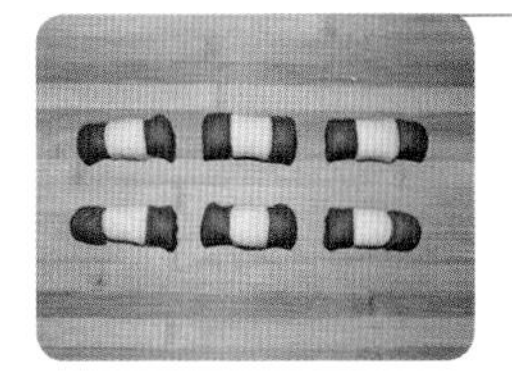

6. 在两块咖啡色面团中间放一块白色面团，用水黏合好接口处。

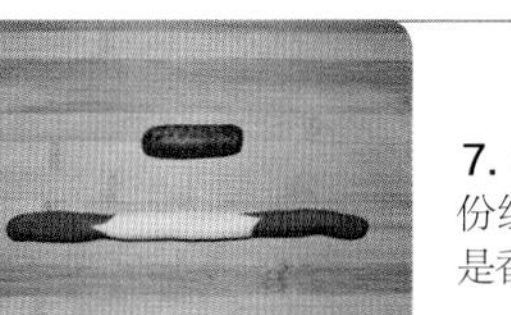

7. 准备好一根香肠，把一份组合面团搓长成条，约是香肠的 3 倍长。

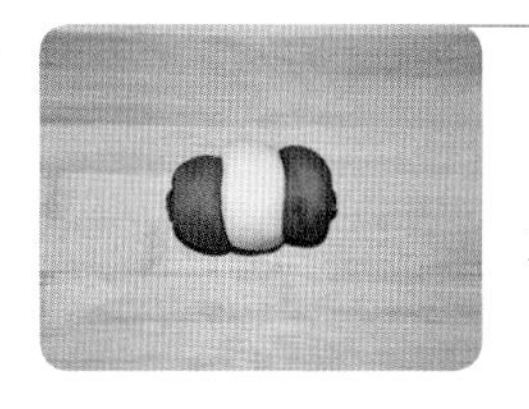

8. 用长条把香肠缠绕住，正好绕 3 圈。

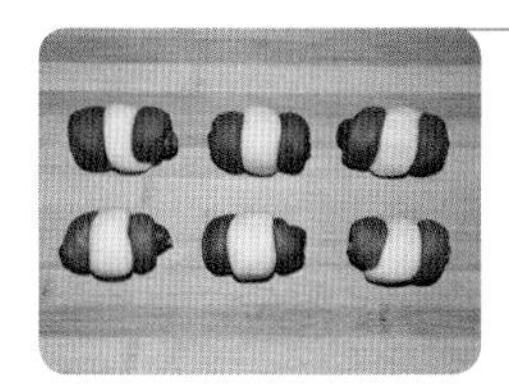

9. 依次做好 6 个。

10. 揪黑色面团做出眉毛、眼睛、鼻子和嘴巴，揪粉色面团做出小舌头，也可以做蝴蝶结。

11. 依次做好 6 个。

12. 蒸锅放足冷水，把馒头放在油纸上，再放到蒸屉上，盖好锅盖，静置 15~20 分钟，大火烧开转中火，12 分钟，关火后闷 5 分钟再出锅。

二狗妈妈碎碎念

1. 长面条缠绕香肠时，两端要塞进面团一些，否则面团缠绕不紧实，蒸出来容易散。
2. 搓面条时，不要搓得过细，尤其是白色面团，尽量搓得稍粗一些，这样小狗的脸会稍大一些，更好看。
3. 小狗耳朵的咖啡色也可以换您喜欢的颜色，个人觉得这个颜色更好看一些。

小兔子抱香肠
原料
水 100 克
糖 10 克
酵母 2 克
中筋面粉 200 克
纯黑可可粉少许
红曲粉少许
香肠 6 根
哇~~~这么多好吃的樱桃，你要不要带一些回家？
我才不要呢！我怀里抱着好吃的香肠呢！

做法

1. 100 克水倒入盆中，加入 10 克糖、2 克酵母搅匀，加入 200 克中筋面粉。

2. 搅成面絮后，另取 2 个小碗，分别取出 20 克、20 克面絮放入碗中，在其中一个碗中加入少许纯黑可可粉，另外一个碗中加入少许红曲粉。

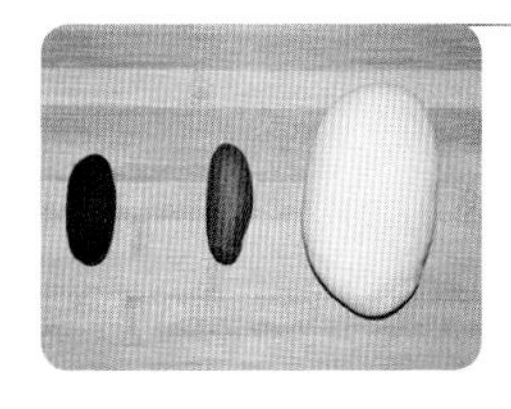

3. 分别揉成面团，盖好发酵至 1.5 倍大备用。

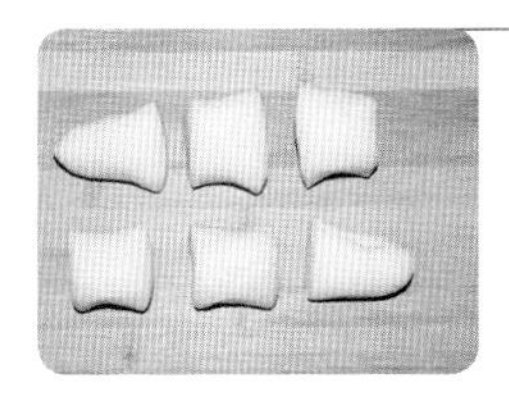

4. 案板上撒面粉，把白色面团放在案板上揉匀搓长，分成 6 份。

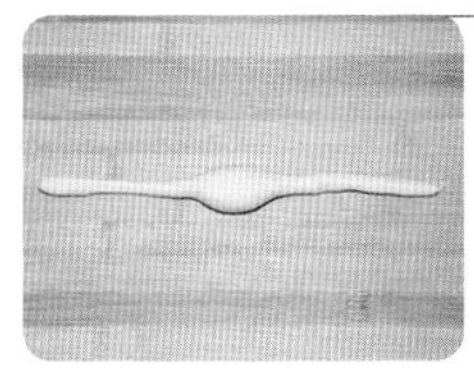

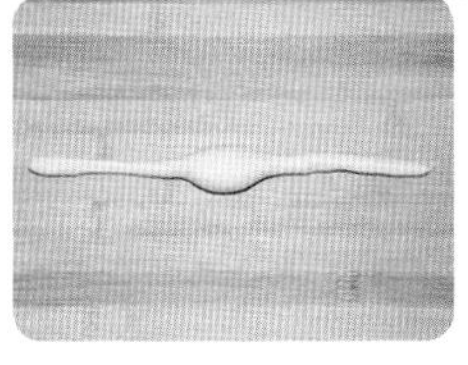

5. 取一份白色面团，搓长成条，注意中间约有 3 厘米是粗一些的。

6. 把长条整理成倒 U 形，把香肠放在长条上方，把 2 根长的面条向上折起，并从粗一些的面条下方穿上去。

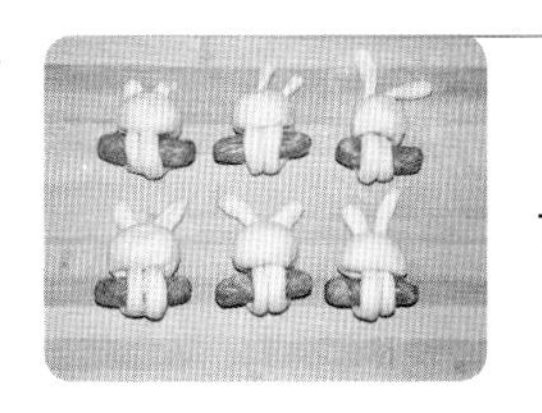

7. 依次做好 6 个。

8. 揪黑色红色面团做出表情和红脸蛋，如果喜欢，可以做小兔子的头花、领结，把小兔子放在油纸上。

9. 全部做好后，用牙签在兔子耳朵中间压一下。

10. 蒸锅放足冷水，把馒头放在蒸屉上，盖好锅盖，静置 15~20 分钟，大火烧开转中火，12 分钟，关火后闷 5 分钟再出锅。

二狗妈妈碎碎念

1. 这款香肠卷的难点就是搓的长条的长度，大概是在 30 厘米，这要看您选用的香肠粗细，建议用细一些的脆皮肠。
2. 因为黑色面团和红色面团做完表情和红脸蛋后还会剩余很多，所以，剩余的面团可以做小兔子的围巾、头花、领结等。

皮杰猪

哎呀，今天吃得好饱，躺一会儿睡个觉吧！

水 125 克
糖 25 克
酵母 2.5 克
中筋面粉 250 克
纯黑可可粉少许
红曲粉少许
香肠 6 根

做法

1. 125克水倒入盆中，加入25克糖、2.5克酵母搅匀，加入250克中筋面粉。

2. 搅成絮状后，另取2个小碗，分别取出20克、60克面絮放入碗中，在盛有20克面絮的碗中加入少许纯黑可可粉，在盛有60克面絮的碗中加入少许红曲粉。

3. 分别揉成面团，盖好发酵至1.5倍大备用。

4. 准备好6根长度约6厘米的香肠。

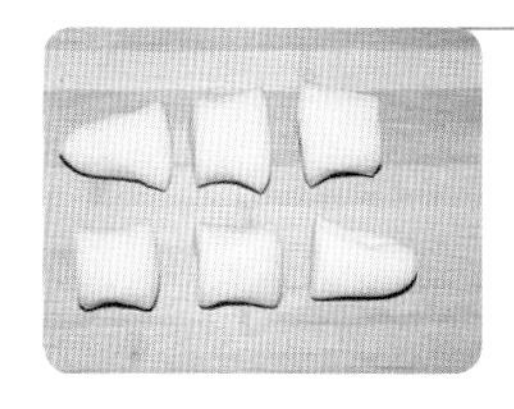

5. 案板上撒面粉，把白色面团放在案板上揉匀，搓长分成6份。

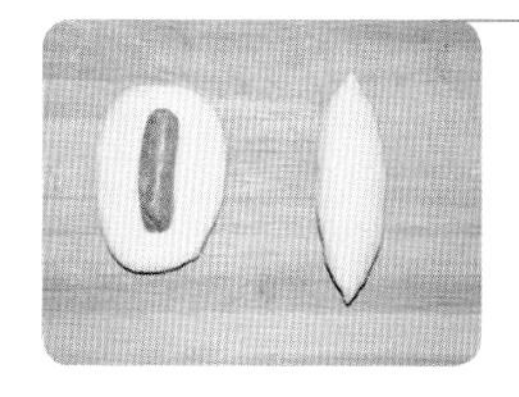

6. 取一份白色面团擀开，中间放在一根香肠，用面片把香肠包起来，捏紧收口。

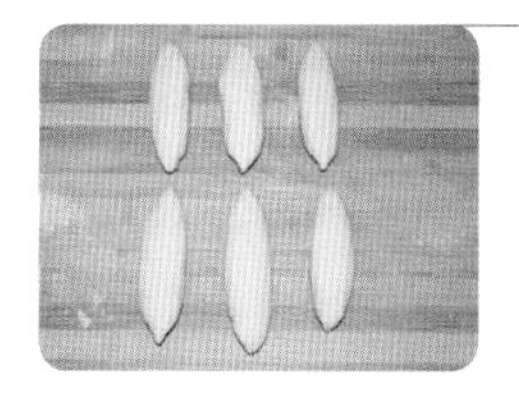

7. 依次做好6个，收口朝下，这是长面团。

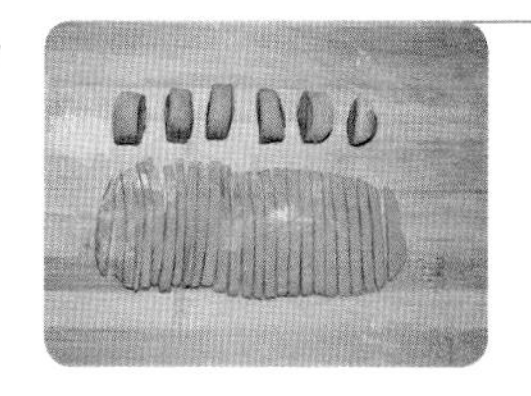

8. 把粉色面团揉匀后，分成两份，一份切成6块；另一份擀薄，切成面条。

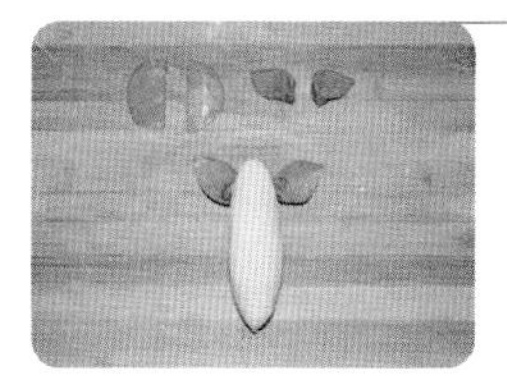

9. 取一块粉色面团揉圆擀开，一分为二，把切口朝上，捏成耳朵的形状，用水粘在长面团上方两侧。

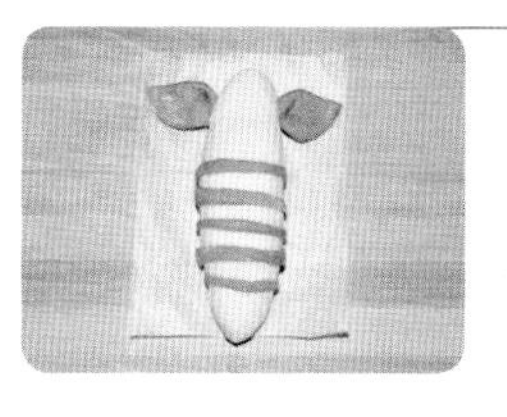

10. 再用切好的粉色面条，4~5根为一组，用水粘在长面团的下方。

11. 依次做好6个，用粉色面团做出鼻子。

12. 再用黑色面团做好眉毛、眼睛和嘴巴。

13. 蒸锅放足冷水，把馒头放在油纸上，再放到蒸屉上，盖好锅盖，静置15~20分钟，大火烧开转中火，12分钟，关火后闷5分钟再出锅。

二狗妈妈碎碎念

1. 注意皮杰猪的五官，要做出八字眉才可爱哟！
2. 注意把面条粘在皮杰猪下方时，面条不要太宽，也不要太细，不要抻拉得太紧。

糖果
小朋友，快来吃我呀！我不是那种甜甜的糖果哟！
原料
水 150 克
糖 30 克
酵母 3 克
中筋面粉 300 克
红曲粉 1 克
香肠若干

做法

1. 150克水倒入盆中，加入30克糖、3克酵母搅匀，加入300克中筋面粉。

2. 搅成面絮后，另取1个小碗，取出120克面絮放入碗中，在小碗中加入1克红曲粉。

3. 分别揉成面团，盖好发酵至1.5倍大备用。

4. 案板上撒面粉，把白色面团揉匀后擀开成片，切去不规整的边角（切下来的面团留好还有用）。

5. 把红色面团揉匀擀薄，用裱花嘴扣出大小不一的圆片。

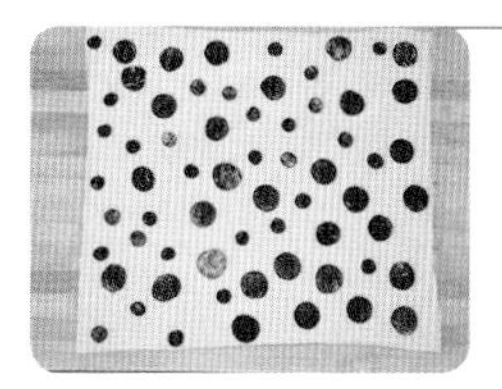

6. 把红色面片用水粘在白色面片上，再稍擀。

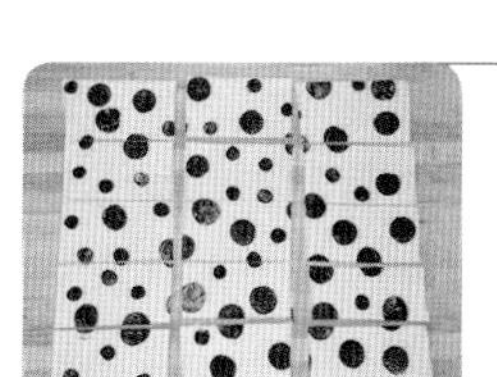

7. 将组合面片分成6厘米×12厘米的长方形。

8. 我们提前准备好了若干个脆皮肠。

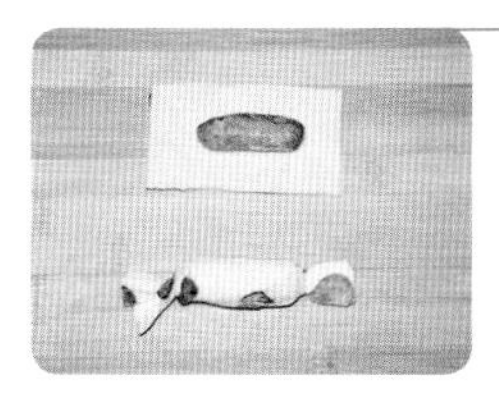

9. 取一块长方形面片，有图案的那面朝下，中间放一根脆皮肠，卷起来，捏紧收口，两端稍拧一下，依次用完所有切好的长方形面片。

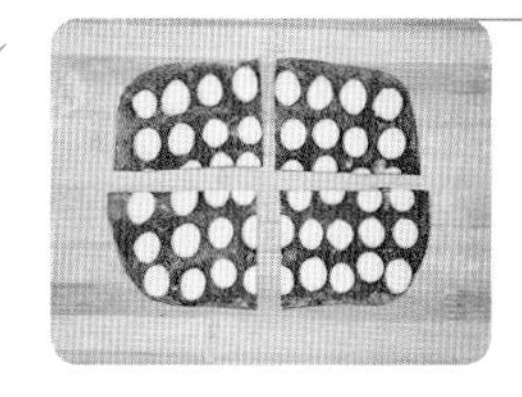

10. 用同样的做法，以红色面片为底，白色面片为图案，切成合适大小的长方形面片。

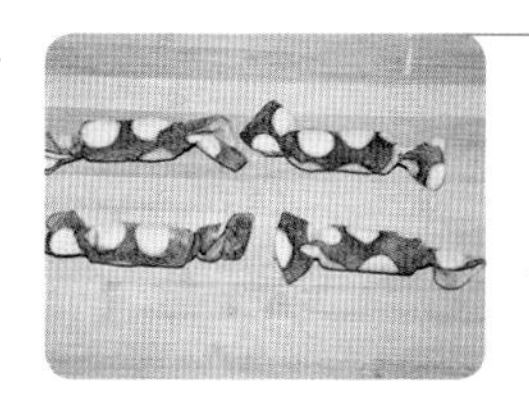

11. 用同样的做法包好香肠。

12. 蒸锅放足冷水，蒸屉刷油，把馒头放在蒸屉上，盖好锅盖，静置10分钟，大火烧开转中火，10分钟，关火后闷5分钟再出锅。

二狗妈妈碎碎念

1. 您可以将红色面团换成各种您喜欢的颜色，也可以将波点图案换成您喜欢的图案，记住面皮不要擀得太薄哟，大概2毫米的厚度就可以啦！
2. 面片的大小根据您选用的香肠大小来分割。

章鱼

原料

水 100 克
糖 10 克
酵母 2 克
中筋面粉 200 克
纯黑可可粉少许
紫薯泥 70 克

红曲水：
红曲粉少许
水少许

香肠 6 根

做法

1. 100 克水倒入盆中，加入 10 克糖、2 克酵母搅匀，加入 200 克中筋面粉。

2. 搅成面絮后，另取 2 个小碗，分别取出 20 克、20 克面絮放入碗中，在其中一碗中加入少许纯黑可可粉，在大盆中加入 70 克压碎的紫薯泥。

3. 分别揉成面团，盖好发酵至 1.5 倍大备用。

4. 准备好 6 根长度约 6 厘米的香肠。

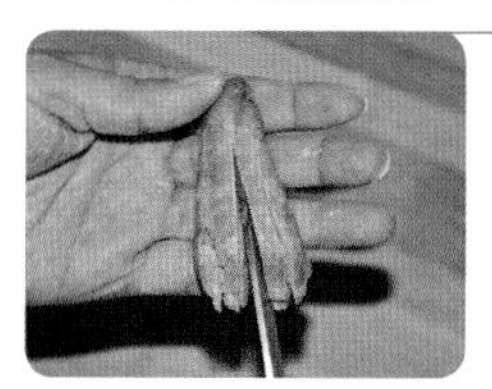

5. 把每根香肠用剪刀剪 6~8 刀，注意顶端留 1/4 不剪。

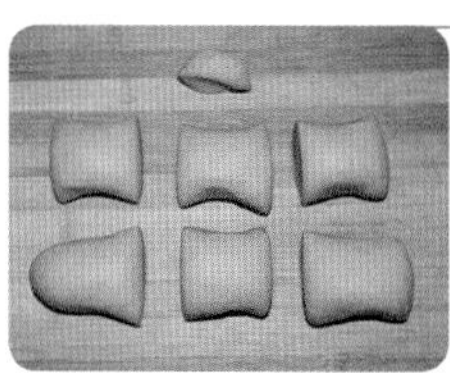

6. 案板上撒面粉，把白色面团放在案板上揉匀，先切下来 15 克面团，再把其他面团分成 6 份。

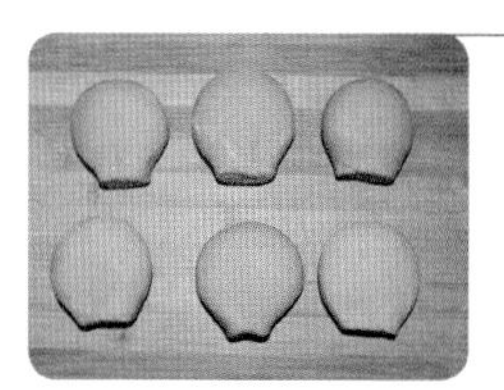

7. 把每份白色面团揉圆，整理成气球形，按扁。

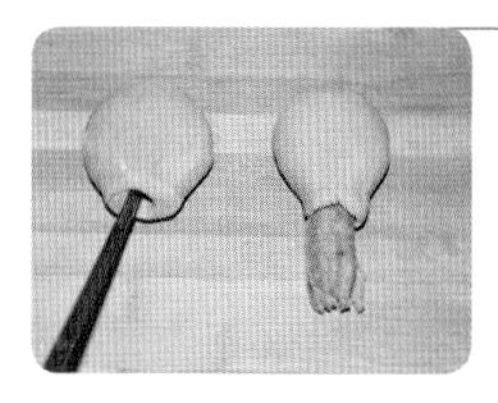

8. 在气球形面团底部用筷子戳个大洞，把香肠塞进洞中。

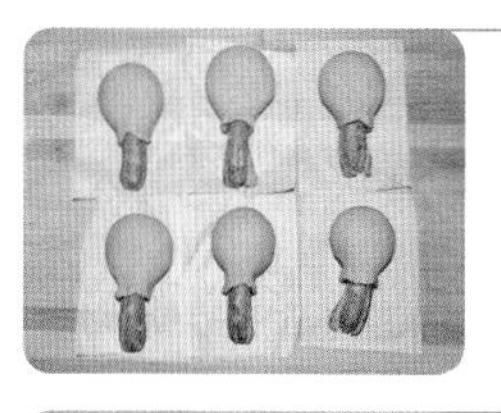

9. 依次做好 6 个，放在油纸上。

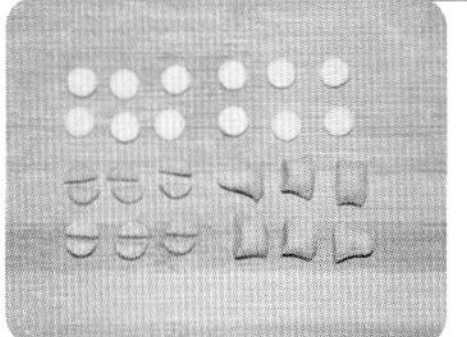

10. 把白色面团擀开，用裱花嘴扣出 12 个小圆片，再把预留的紫色面团擀开，先扣出 6 个小圆片后，再把其余紫色面团揉匀搓长，分成 6 份，把紫色小圆片都从中间切开。

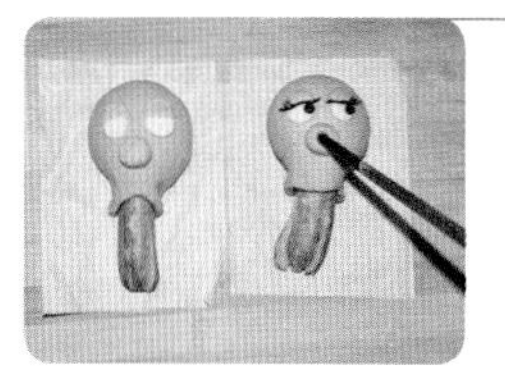

11. 一个小白面片上方粘一个半圆紫色面片，两个组合面片一组粘在章鱼脸上，再把小紫色面团搓圆粘在合适位置，揪黑色面团做出眼线、睫毛和眼珠，用筷子戳出嘴巴。

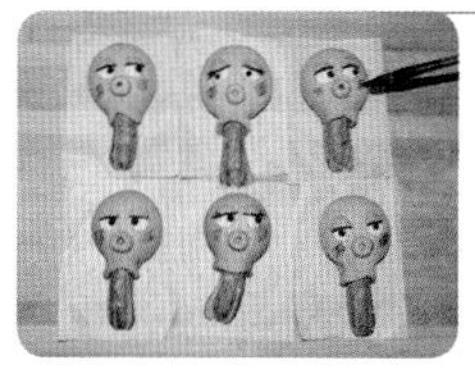

12. 依次做好 6 个，用毛笔蘸红曲水刷出红脸蛋。

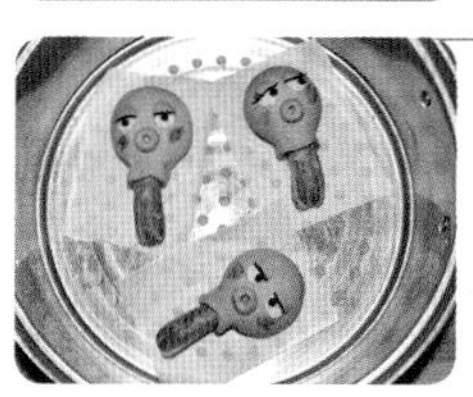

13. 蒸锅放足冷水，把馒头放在蒸屉上，盖好锅盖，静置 15~20 分钟，大火烧开转中火，15 分钟，关火后闷 5 分钟再出锅。

二狗妈妈碎碎念

1. 紫薯泥一定要提前擀碎擀细，否则揉进面团会不均匀，有颗粒。
2. 加入紫薯泥的面团会稍有点软，可以再加入 15 克左右的面粉。
3. 把香肠插入馒头中后，一定再用手去攥紧一些。

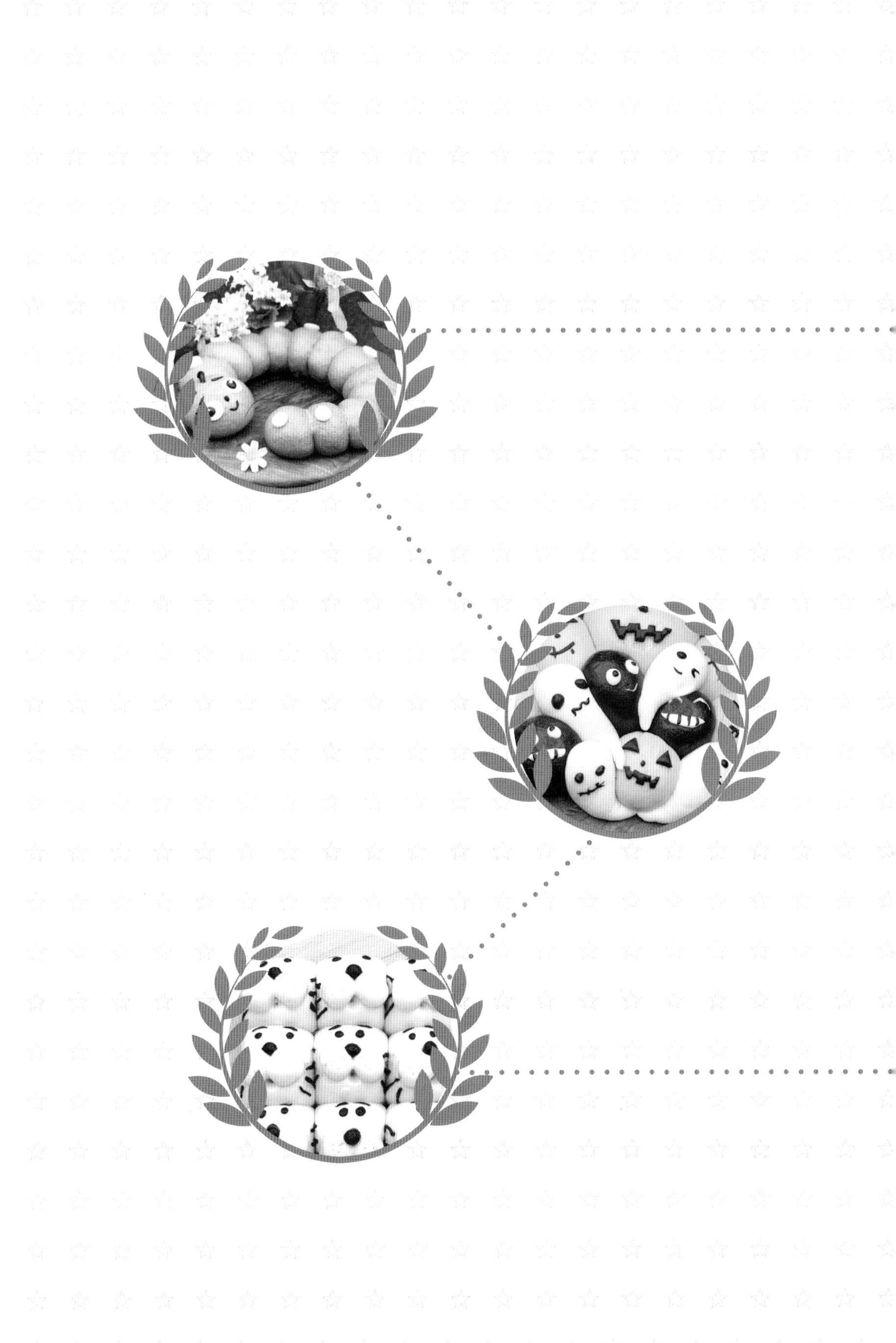

第七章 挤挤手撕馒头

妈妈说，馒头挤在一起，宝宝吃得多！

妈妈说，二狗妈妈的面包书里有挤挤小面包，为啥咱家的馒头不能弄成挤挤小馒头呢？

咦？这个主意好耶，把好多小可爱挤在一起，一定很有趣！

于是，我家的餐桌上经常出现一堆小可爱，排着整齐的队伍，我想揪哪个就揪哪个，我还经常带好几个给小伙伴呢！小伙伴们都可羡慕我啦，说我的妈妈好厉害！

妈妈还经常跟我说，和小伙伴们一定要团结，因为人多力量大，就像这一堆馒头，想让一个宝宝一下子吃完，那是不可能的哟！如果是好几个宝宝一起吃，那就没问题啦！我们还可以把这些挤在一起的馒头比作是困难，困难再强大，我们也能一个一个地消灭它！

龙猫

原料

水 150 克
糖 30 克
酵母 3 克
中筋面粉 300 克
纯黑可可粉少许
黑芝麻粉 20 克

快快快！咱们围成圈，
保护好我们的果子，
别被坏人抢走~~~~

做法

1. 150 克水倒入盆中，加入 30 克糖、3 克酵母搅匀，加入 300 克中筋面粉。

2. 搅成面絮后，另取 2 个小碗，各取出 30 克、50 克面絮放入碗中，在盛有 30 克面絮的碗中加入少许纯黑可可粉，在大盆的碗中加入 20 克黑芝麻粉。

3. 分别揉成面团，盖好发酵至 1.5 倍大备用。

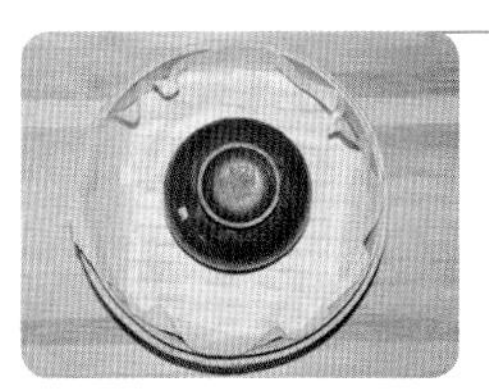

4. 在直径 22 厘米圆形竹蒸屉底部铺油纸扎眼后，在中间扣一个直径约 10 厘米的小碗，小碗外面刷油备用。

5. 案板上撒面粉，把黑芝麻面团放在案板上揉匀搓长，分成 8 份。

6. 取一份黑芝麻面团，切下来约 1/6，把大面团揉圆整理成上窄下宽的形状，小面团搓成枣核形，从中间切开。

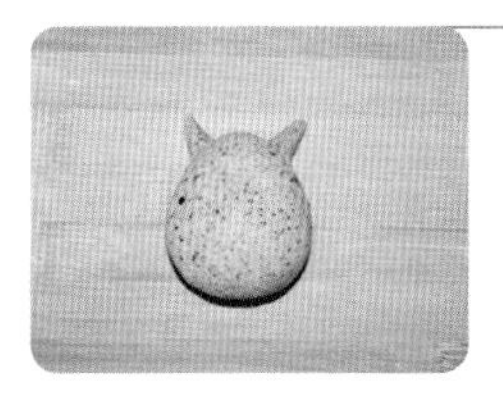

7. 把枣核形小面团用水粘在大面团上方两侧。

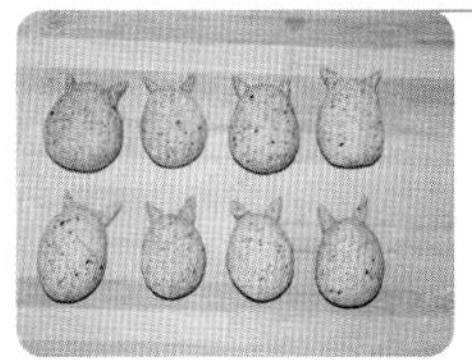

8. 依次做好 8 个。

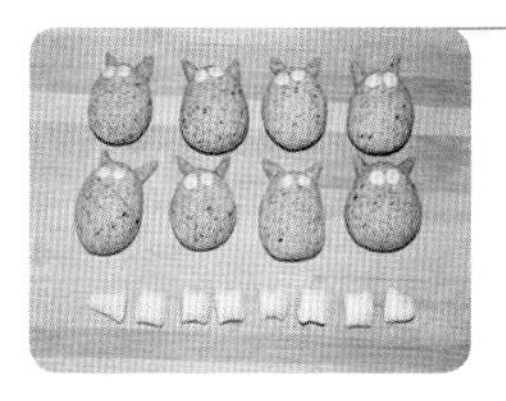

9. 揪白色面团做出眼睛，用水粘在合适位置后，把其余的白色面团搓长，分成 8 份。

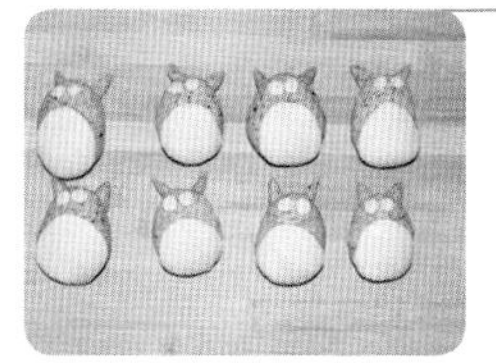

10. 把每份白色面团揉圆擀开成片，用水粘在大面团下方做肚皮。

11. 揪黑色面团做出眉毛、眼珠、鼻子、胡子和肚子上的花纹，用牙签蘸水在耳朵上压一下。

12. 依次做好 8 个。

13. 把龙猫们立起来，脸朝外，围着小碗码放好。

14. 蒸锅放足冷水，把竹蒸屉放在蒸屉上，盖好锅盖，静置 15~20 分钟，大火烧开转中火，25 分钟，关火后闷 5 分钟再出锅。

二狗妈妈碎碎念

1. 没有竹蒸屉，可以用 8 寸（1 寸 =2.54 厘米）圆形蛋糕模具代替，中间的碗可以再小一些，或者可以用一个中空蛋糕模具中间的烟囱部分，如果任何模具都没有，也可以把馒头紧密一些码放在蒸锅中，只不过蒸出来的效果没有这么规整。

2. 竹蒸屉中的油纸要铺得稍高一些，这样在脱模的时候，直接拎起油纸就可以了。

毛毛虫

原料

菠菜面团：
菠菜 150 克
水 80 克
碱 1 克
糖 30 克
酵母 3 克
中筋面粉 260 克

其他面团：
水 30 克
糖 6 克
酵母 0.6 克
中筋面粉 60 克
纯黑可可粉少许

宝宝，你来吃我呀！吃掉一截，我还是完整的！不信吗？那试试看！

做法

1. 150 克菠菜焯水，过凉水挤干水分后再加 80 克水打碎，取 180 克倒入盆中。

2. 加入 1 克碱、30 克糖、3 克酵母搅匀后，加入 260 克中筋面粉。

3. 揉成面团，盖好发酵至 1.5 倍大备用。

4. 30 克水倒入一个大碗中，加入 6 克糖、0.6 克酵母搅匀，加入 60 克中筋面粉。

5. 搅成絮状后，另取一个小碗，分出来 20 克面絮加入小碗中，再加入少许纯黑可可粉。

6. 将碗中的面絮分别揉成面团，盖好发酵至 1.5 倍大备用。

7. 案板上撒面粉，把菠菜面团放在案板上揉匀搓长，先切下来 80 克的面团，然后把其余面团分成 12 份。

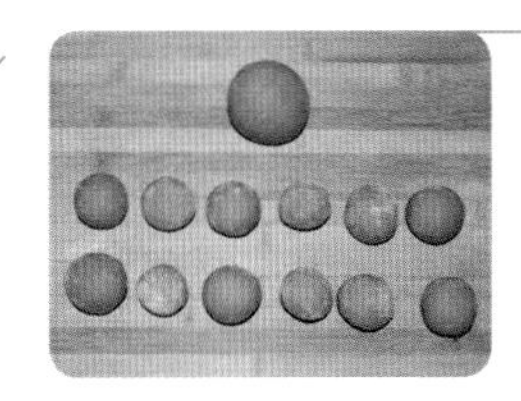

8. 把所有菠菜面团都揉圆。

9. 把白色面团擀开，用裱花嘴扣出 14 个小圆片。

10. 在大面团上用水粘上 2 个小白面片，在其他小面团上都粘上一个小白面片。

11. 揪黑色面团在大面团上做出触角、眉毛、眼珠、鼻子和嘴巴，揪白色面团做出眼珠中的亮光。

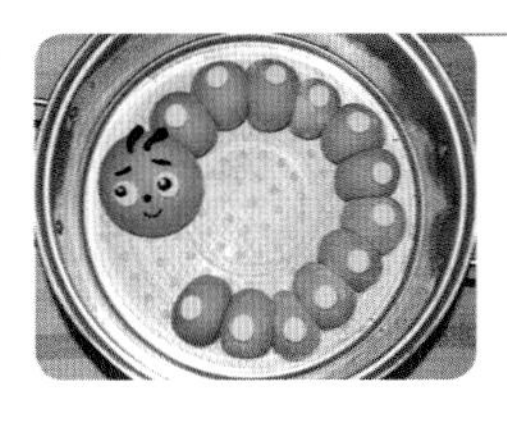

12. 蒸屉铺屉布，把所有面团紧贴在一起码放好，蒸锅放足冷水，把蒸屉放在蒸锅里，盖好静置 15~20 分钟，大火烧开转中火，15 分钟，关火后闷 5 分钟再出锅。

二狗妈妈碎碎念

1. 菠菜汁里放一点碱可以保持颜色不变那么黄，不喜欢可以不加。
2. 如果嫌做菠菜汁比较麻烦，那绿色面团还可以用抹茶面团替换：130 克水、30 克糖、3 克酵母加 255 克中筋面粉、5 克抹茶粉。
3. 如果觉得这只毛毛虫太长，您也可以分成两只做，也可以把毛毛虫摆成直线形。

面包超人

人多力量大！咱们团结起来，没有克服不了的困难！

原料

水 150 克
糖 30 克
酵母 3 克
中筋面粉 300 克
纯黑可可粉少许
红曲粉少许

做法

1. 150 克水倒入盆中，加入 30 克糖、3 克酵母搅匀，加入 300 克中筋面粉。

2. 搅成絮状后，取 2 个小碗，分别取出 20 克、50 克面絮放入碗中，在盛有 20 克面絮的碗中加入少许纯黑可可粉，在盛有 50 克面絮的碗中加入少许红曲粉。

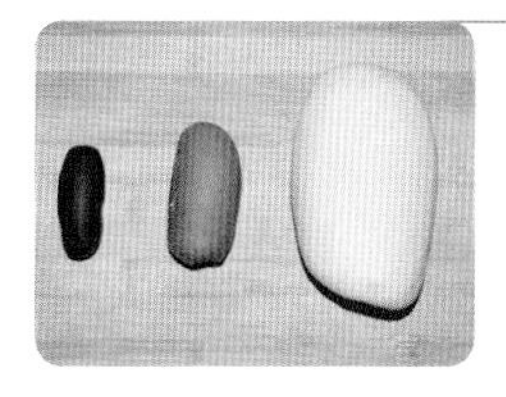

3. 分别揉成面团，盖好发酵至 1.5 倍大备用。

4. 在边长为 18 厘米的正方形竹蒸屉上铺油纸，扎孔备用。

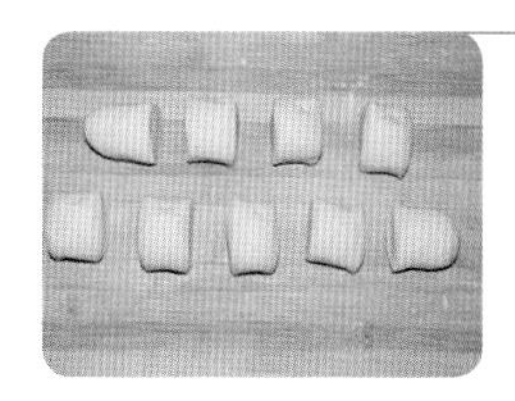

5. 案板上撒面粉，把白色面团放在案板上揉匀搓长，分成 9 份。

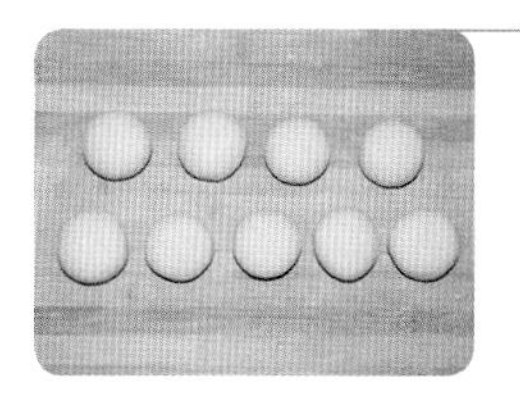

6. 分别揉圆稍按扁。

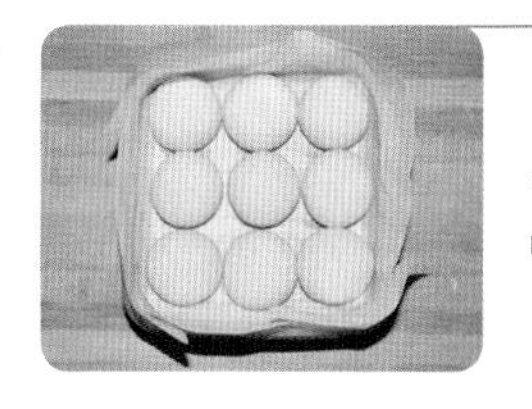

7. 把白色面团放在竹蒸屉中。

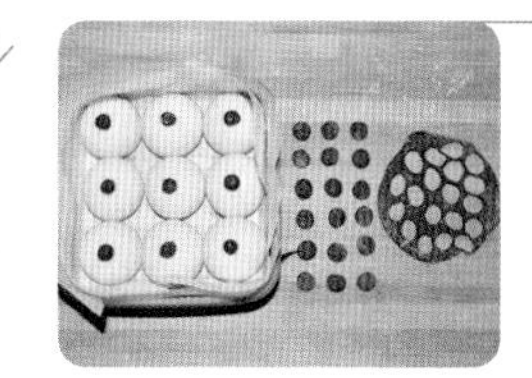

8. 揪红色面团搓圆用水粘在每个面团中间（这是鼻子），再把红色面团揉匀擀开，用裱花嘴扣出 18 个小圆片。

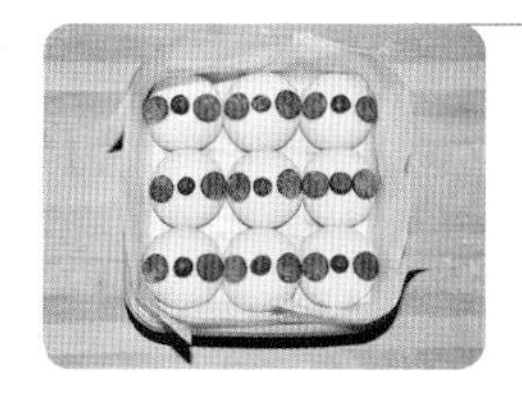

9. 两个圆片一组，用水粘在鼻子两侧。

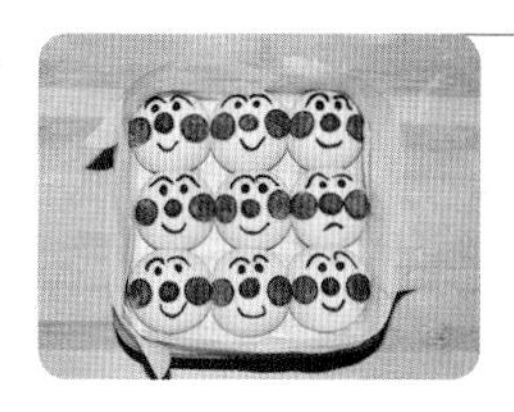

10. 揪黑色面团做出眉毛、眼睛和嘴巴。

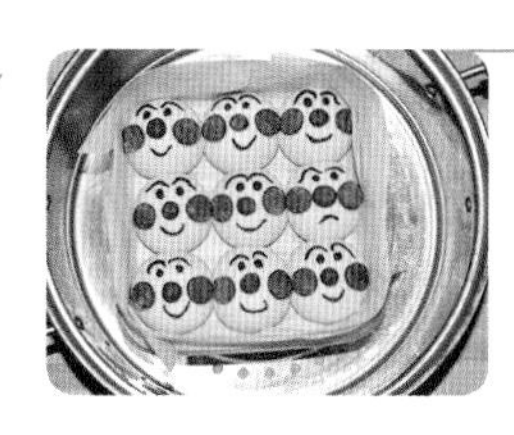

11. 蒸锅放足冷水，把竹蒸屉放在蒸屉上，盖好锅盖，静置 15~20 分钟，大火烧开转中火，25 分钟，关火后闷 5 分钟再出锅。

二狗妈妈碎碎念

1. 您可以把每个面包超人都做好后再放入竹蒸屉。
2. 粘眉毛和眼睛时，可以用牙签辅助，否则不太好操作。

二狗妈妈碎碎念

1. 蓝、绿、粉色面团,可以按您的喜欢变换颜色,不一定要和我的一样。
2. 没有圆形竹屉,可以用 8 寸(1 寸 =2.54 厘米)圆形蛋糕模具代替。
3. 如果嫌做时钟上 1~12 的数字麻烦,那就在出锅后,用色素笔直接写在馒头上即可。

原料

南瓜面团：

南瓜泥 80 克
水 40 克
糖 20 克
酵母 2 克
中筋面粉 200 克
纯黑可可粉 1 克

其他面团：

水 150 克
糖 30 克
酵母 3 克
中筋面粉 300 克
蝶豆花粉 4 克
抹茶粉少许
红曲粉少许

做法

1. 80 克蒸熟凉透的南瓜泥放入盆中，加入 40 克水、20 克糖、2 克酵母搅匀。

2. 加入 200 克中筋面粉，搅成絮状后，拿一个小碗，分出 50 克面絮放入碗中，再加入 1 克纯黑可可粉。

3. 分别揉成面团，盖好发酵至 1.5 倍大备用。

4. 另取一个盆，150 克水倒入盆中，加入 30 克糖、3 克酵母搅匀，加入 300 克中筋面粉。

5. 搅成絮状后，把面絮平均分成 3 份，将其中 2 份分别放入 2 个小碗中，在 3 个碗中分别加入 4 克蝶豆花粉、少许红曲粉、少许抹茶粉。

6. 将碗中和盆中的面絮分别揉成面团，盖好发酵至 1.5 倍大备用。

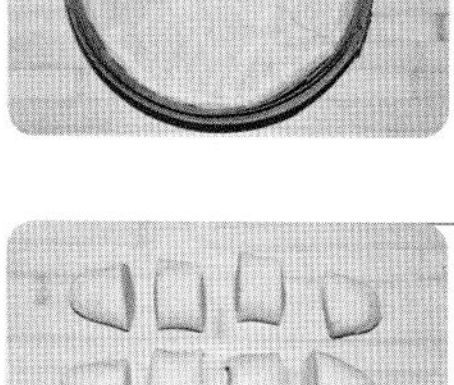

7. 在直径 22 厘米的圆形竹蒸屉底部铺油纸备用。

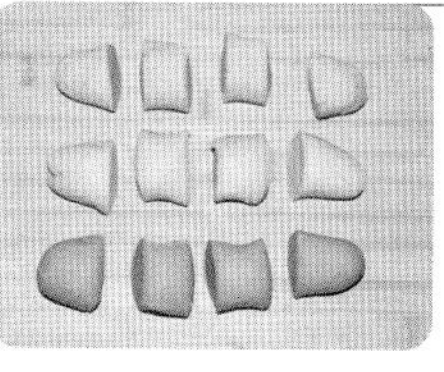

8. 案板上撒面粉，把蓝、绿、粉 3 种颜色的面团各自揉匀后，各分成 4 份。

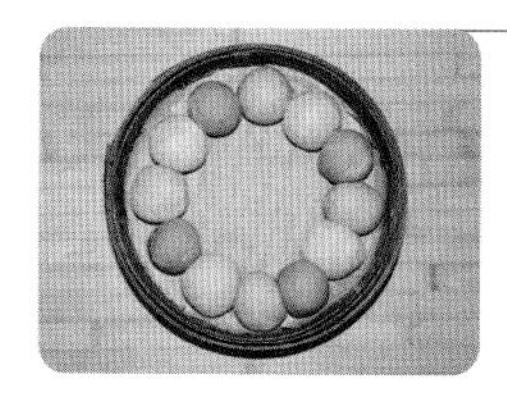

9. 将各面团分别揉圆后，颜色错开，码放在竹蒸屉外围。

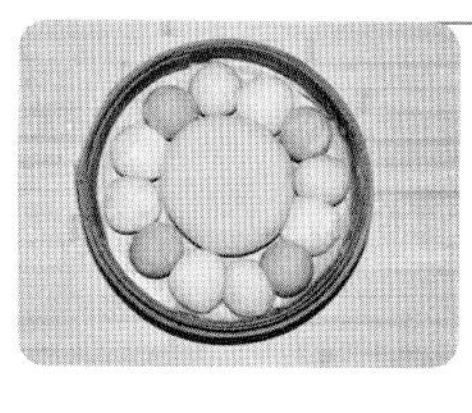

10. 把南瓜面团揉圆稍擀，放在中间。

11. 揪黑色面团做出数字和指针，用水黏合在相应位置。

12. 蒸锅放足冷水，把竹蒸屉放在蒸屉上，盖好锅盖，静置 15~20 分钟，大火烧开转中火，30 分钟，关火后闷 5 分钟再出锅。

万圣节的小可爱们
我们这样挤在一起，
会不会更吓人呀？
原料
南瓜面团：
南瓜泥 80 克
水 40 克
糖 20 克
酵母 2 克
中筋面粉 200 克
其他面团：
水 100 克
糖 20 克
酵母 2 克
中筋面粉 200 克
纯黑可可粉 5 克
二狗妈妈碎碎念
1. 其实，每种面团分的大小、造型都可以很随意，只要做好后把它们挤在一起就很好看的。
2. 如果愿意，可以把南瓜馒头用刮板或者刀背压出南瓜的纹路。

做法

1. 80 克蒸熟凉透的南瓜泥放入盆中，加入 40 克水、20 克糖、2 克酵母搅匀。

2. 加入 200 克中筋面粉，揉成面团，盖好发酵至 1.5 倍大备用。

3. 另取一个大碗，100 克水倒入碗中，加入20克糖、2 克酵母搅匀，加入 200 克中筋面粉。

4. 搅成絮状后，另取一个小碗，取出 1/2 面絮放入小碗中，再加入 5 克纯黑可可粉。

5. 将碗中的面絮分别揉成面团，盖好发酵至 1.5 倍大备用。

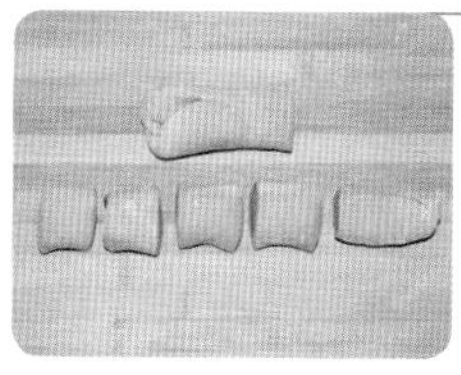

6. 案板上撒面粉，把南瓜面团放案板上揉匀搓长，切下来一块约 130 克，把其余的分成 5 份。

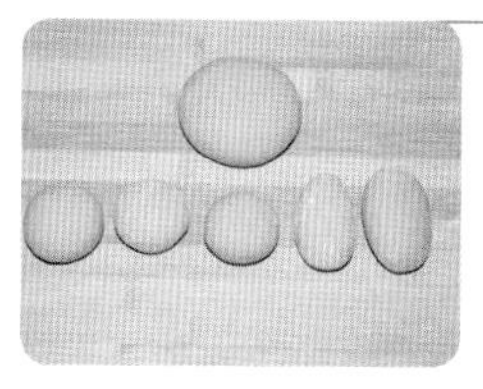

7. 将所有南瓜面团分别揉圆，其中 2 个揉成椭圆形。

8. 揪黑色面团擀开，用剪刀修剪成想要的形状，做出眼睛、鼻子和嘴巴。

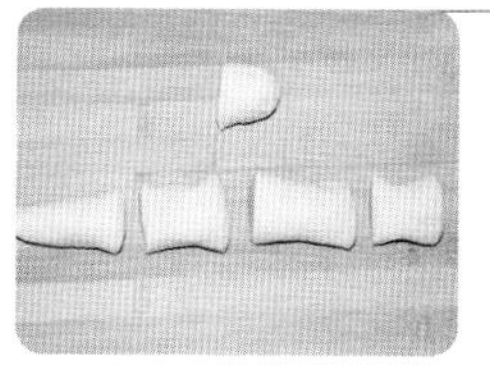

9. 把白色面团揉匀搓长，切下来一小块约 10 克，把其余面团分成 4 份。

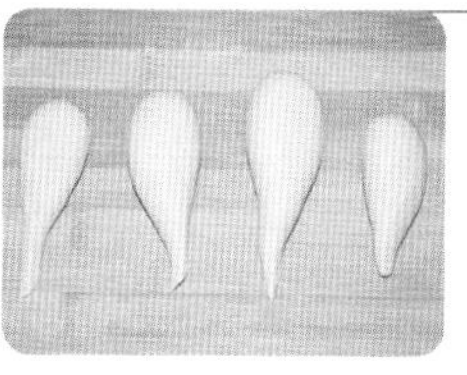

10. 将 4 份白色面团均搓成水滴形。

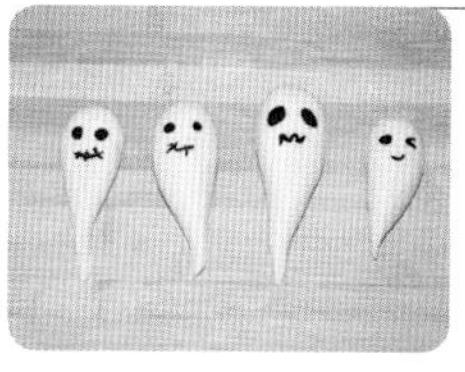

11. 揪黑色面团做出眼睛和嘴巴。

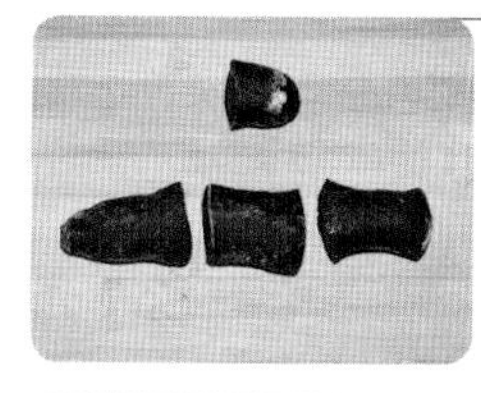

12. 把黑色面团揉匀搓长，切下来一小块约 10 克，把其余面团分成 3 份。

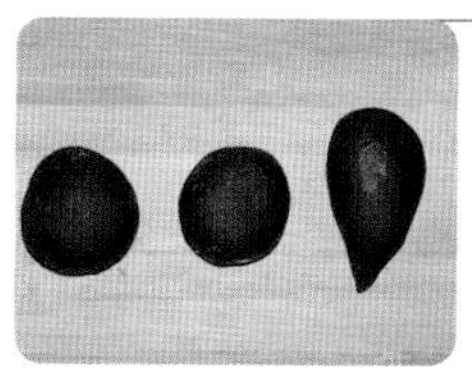

13. 将 3 份黑色面团搓圆或搓成水滴形。

14. 揪白色面团和黑色面团做出眼睛和嘴巴。

15. 蒸锅放足冷水，蒸屉铺屉布，把馒头们按自己喜欢方式码放在蒸屉上，用葡萄干插在南瓜馒头上方，盖好锅盖，静置 20 分钟，大火烧开转中火，25 分钟，关火后闷 5 分钟再出锅。

维尼熊
原料
南瓜泥 100 克
水 50 克
糖 30 克
酵母 3 克
中筋面粉 260 克
纯黑可可粉少许
红曲水：
红曲粉少许
水少许
来来来，排排坐，看看谁笑得最好看？

做法

1. 100 克蒸熟凉透的南瓜泥放入盆中，加入 50 克水、30 克糖、3 克酵母搅匀。

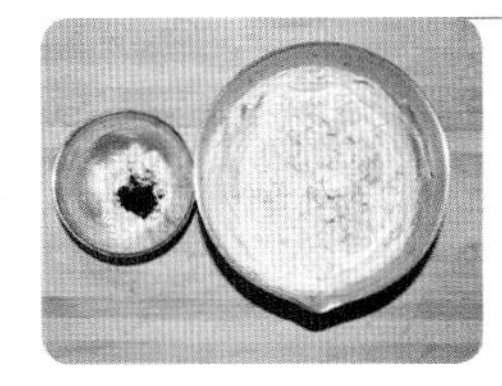

2. 加入 260 克中筋面粉，搅成絮状后，取一个小碗，取出 20 克面絮放入碗中，再加入少许纯黑可可粉。

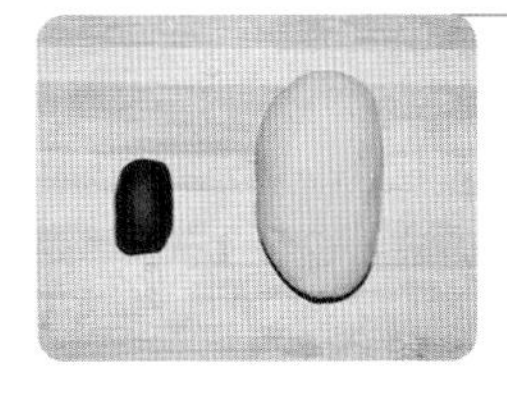

3. 将碗中和盆中的面絮分别揉成面团，盖好发酵至 1.5 倍大备用。

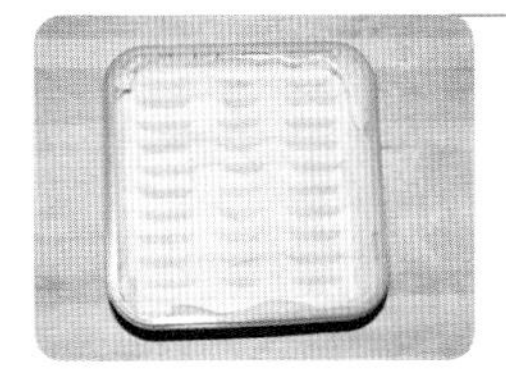

4. 在边长 18 厘米的正方形竹蒸屉上铺油纸，扎孔备用。

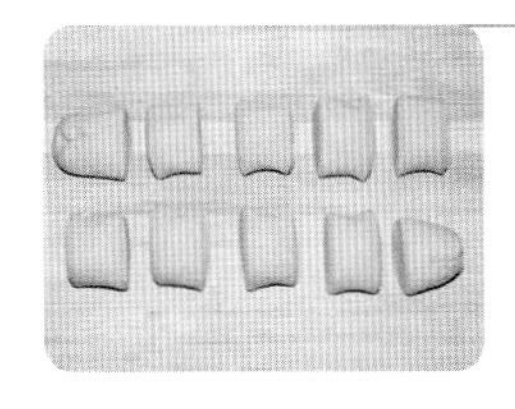

5. 案板上撒面粉，把南瓜面团放在案板上揉匀搓长，分成 10 份。

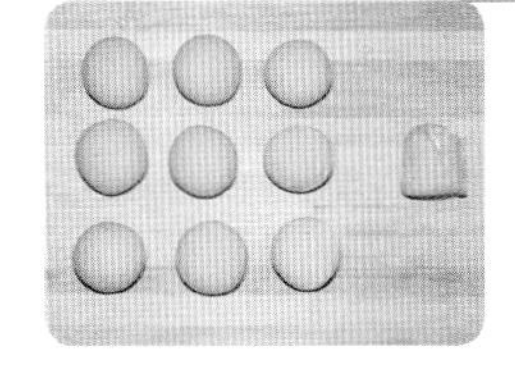

6. 把 9 块南瓜面团分别揉圆，留一块面团备用。

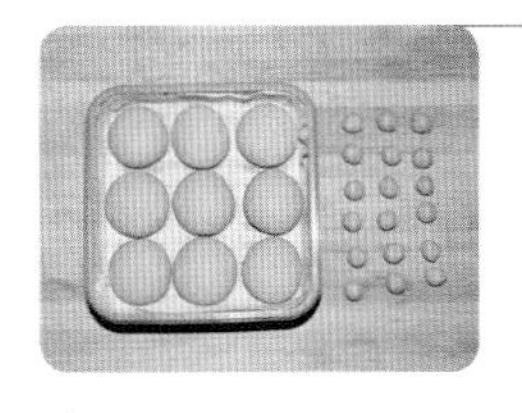

7. 把 9 块揉圆的面团放入竹蒸屉中，备用的那块面团搓长分成 18 份，分别搓圆。

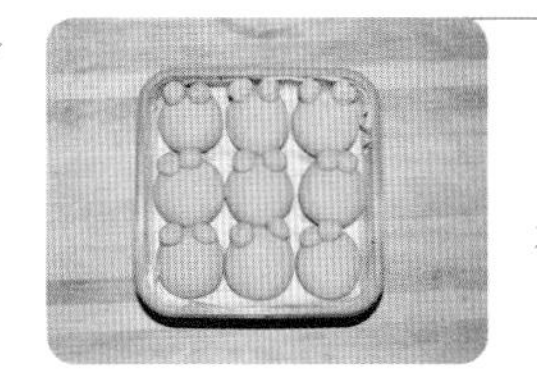

8. 把 18 份小面团用水粘在大面团上方。

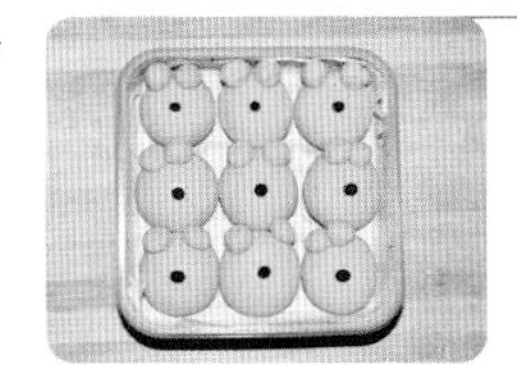

9. 揪黑色面团先做出鼻子。

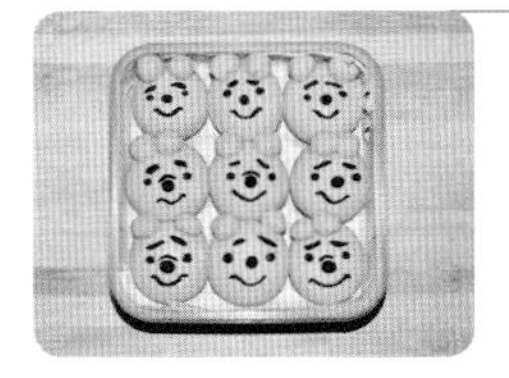

10. 接着再揪黑色面团做出眼睛和嘴巴。

11. 用毛笔蘸红曲水画出红脸蛋。

12. 蒸锅放足冷水，把竹蒸屉放在蒸屉上，盖好锅盖，静置 15~20 分钟，大火烧开转中火，25 分钟，关火后闷 5 分钟再出锅。

二狗妈妈碎碎念

1. 尽量把面团都分成一样大小，这样做出来的小熊大小一致。
2. 没有边长 18 厘米的竹蒸屉，可以用 8 寸（1 寸 =2.54 厘米）方形蛋糕模具来代替。

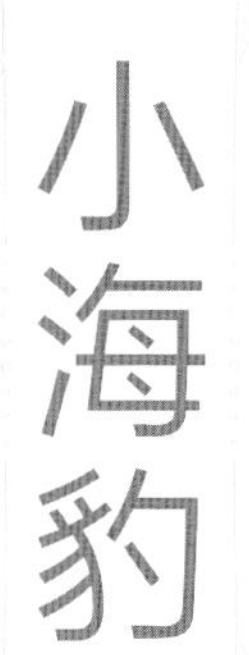

小海豹

什么？我们的冰山又融化了不少哇……那以后，我们冰冰凉的山，冰冰凉的石头，到哪儿去找呢……

原料

水 150 克
糖 30 克
酵母 3 克
中筋面粉 300 克
纯黑可可粉少许

红曲水：
红曲粉少许
水少许

做法

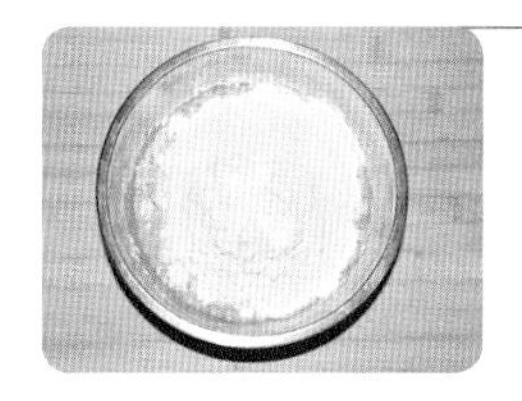

1. 150 克水倒入盆中，加入 30 克糖、3 克酵母搅匀，加入 300 克中筋面粉。

2. 搅成面絮后，另取一个小碗，取出 30 克面絮放入小碗中，在小碗中加入少许纯黑可可粉。

3. 分别揉成面团，盖好发酵至 1.5 倍大备用

4. 在边长 18 厘米的正方形竹蒸屉上铺油纸，扎孔备用。

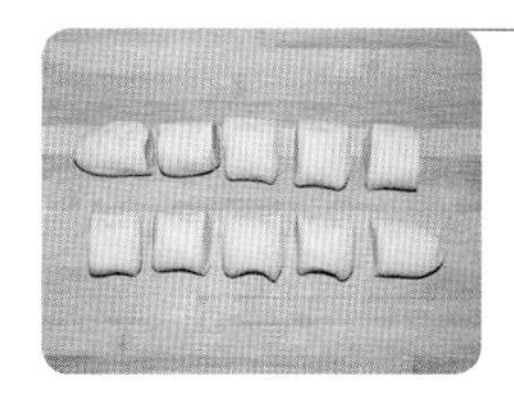

5. 案板上撒面粉，把白色面团放在案板上揉匀搓长，分成 10 份。

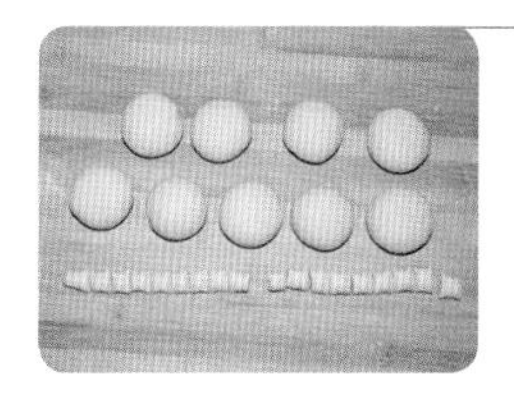

6. 取 9 块白色面团，揉圆稍按扁，取另一块面团搓长，分成 18 份。

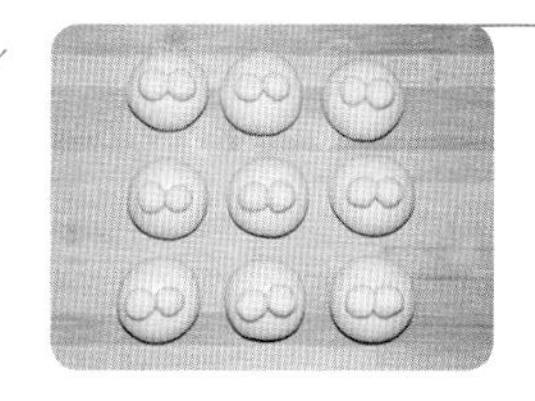

7. 把 18 份小面团均搓圆，两个一组用水粘在每个大面团中间。

8. 揪黑色面团做出眉毛、眼睛、鼻子、胡子，用牙签在小面团上扎几下后，再在大面团中间戳出个洞做嘴巴。

9. 把小海豹都放进竹蒸屉。

10. 用毛笔蘸红曲水画出红脸蛋。

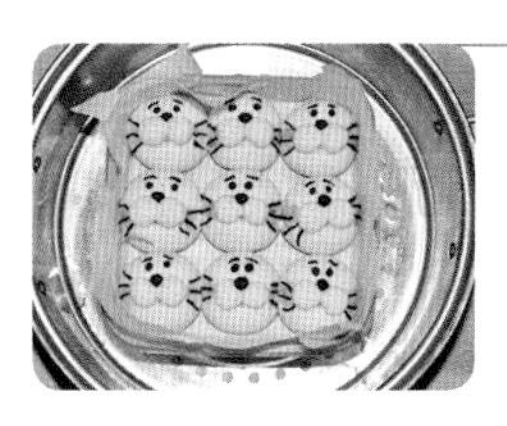

11. 蒸锅放足冷水，把竹蒸屉放在蒸屉上，盖好锅盖，静置 15~20 分钟，大火烧开转中火，25 分钟，关火后闷 5 分钟再出锅。

二狗妈妈碎碎念

1. 把小面团粘在大面团上时，稍按压，会粘得更牢固。
2. 如果嫌麻烦，可以不用牙签戳那个洞去做嘴巴。

熊本熊
原料
水 150 克
糖 30 克
酵母 3 克
中筋面粉 300 克
可可粉 8 克
纯黑可可粉 4 克
红曲粉少许
就是，你瞧把咱俩挤的，我俊俏的脸都挤变形了！
好好的，非让咱们挤在一起干嘛！

做法

1. 150克水倒入盆中，加入30克糖、3克酵母搅匀，加入300克中筋面粉。

2. 搅成絮状后，取2个小碗，分别取出30克、50克面絮放入碗中，在盛有30克面絮的碗中加入少许红曲粉，在大盆中加入8克可可粉、4克纯黑可可粉。

3. 分别揉成面团，盖好发酵至1.5倍大备用。

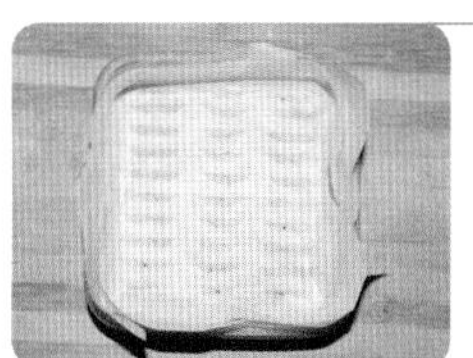

4. 在边长18厘米的正方形竹蒸屉上铺油纸，扎孔备用。

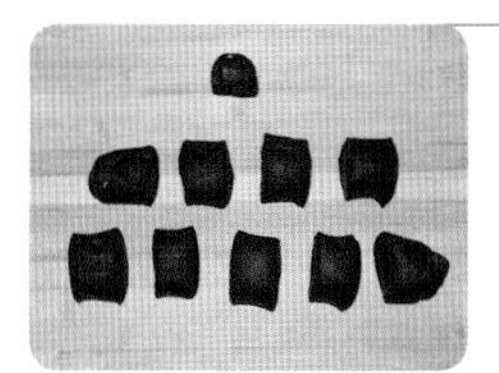

5. 案板上撒面粉，把黑色面团放在案板上揉匀搓长，先切下来30克，再把其他面团分成9份。

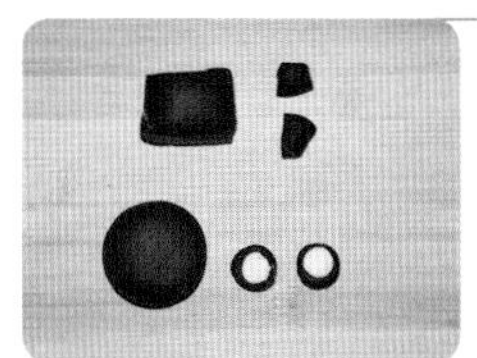

6. 取一块黑色面团，切下来一小块，把小面团一分为二，大面团揉圆按扁，小面团揉圆按扁后，揪白色面团搓圆按扁放在小面团中间，依次做好9组。

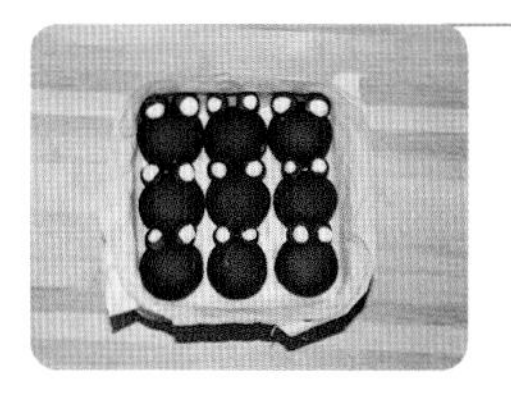

7. 把大面团先码放在竹蒸屉中，再把9组小面团码放在合适位置。

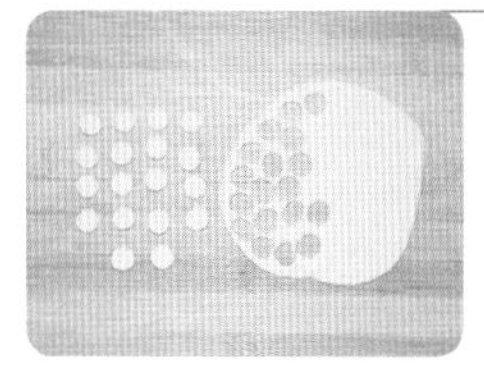

8. 把白色面团擀开，用裱花嘴扣出18个小圆片。

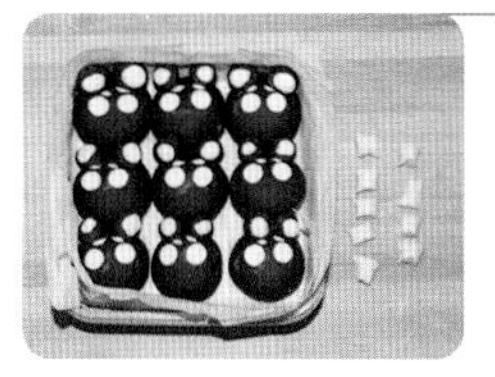

9. 把白色小圆片用水粘在大面团上方，揪白色小面团做出眉毛，然后把剩余的白色面团搓长，分成9份。

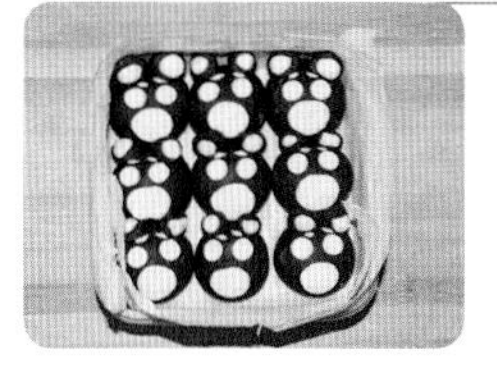

10. 把9份白色面团揉圆擀开，用水粘在大面团的下方。

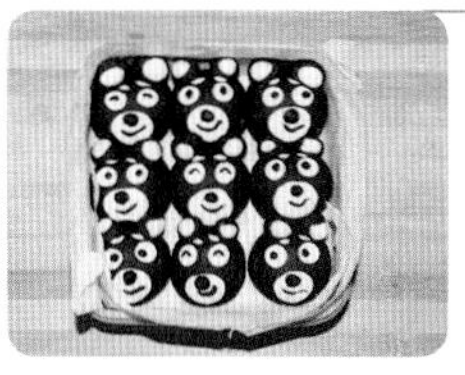

11. 揪预留的黑色面团做出眼珠、鼻子和嘴巴。

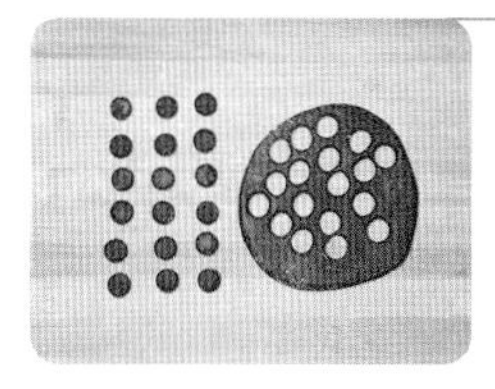

12. 把红色面团擀开，用裱花嘴扣出18个小圆片。

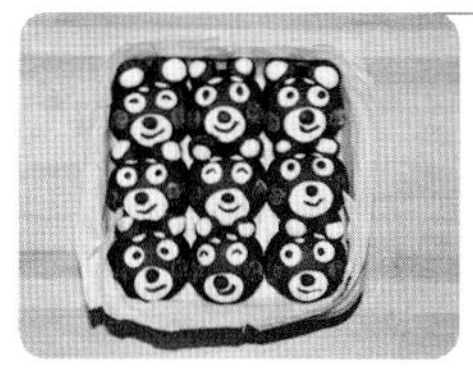

13. 把两个一组的红色小圆片用水粘在脸的两侧位置。

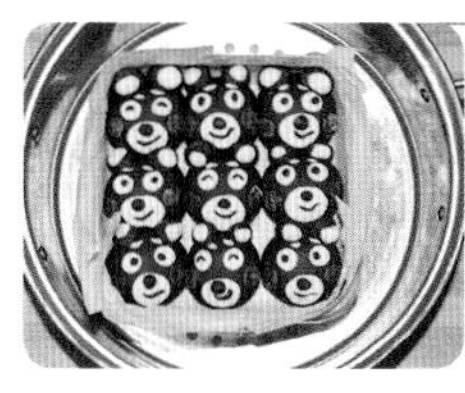

14. 蒸锅放足冷水，把竹蒸屉放在蒸屉上，盖好锅盖，静置15~20分钟，大火烧开转中火，25分钟，关火后闷5分钟再出锅。

二狗妈妈碎碎念

1. 注意耳朵的面团不要过大，一个耳朵1克左右。

2. 您也可以把每一只熊本熊都单独贴好表情后再往竹蒸屉里码放，最后放好耳朵。不过这样做，需要您动作快一些，不然面团发酵后，体积变大，往蒸屉码放时就有点太挤了。

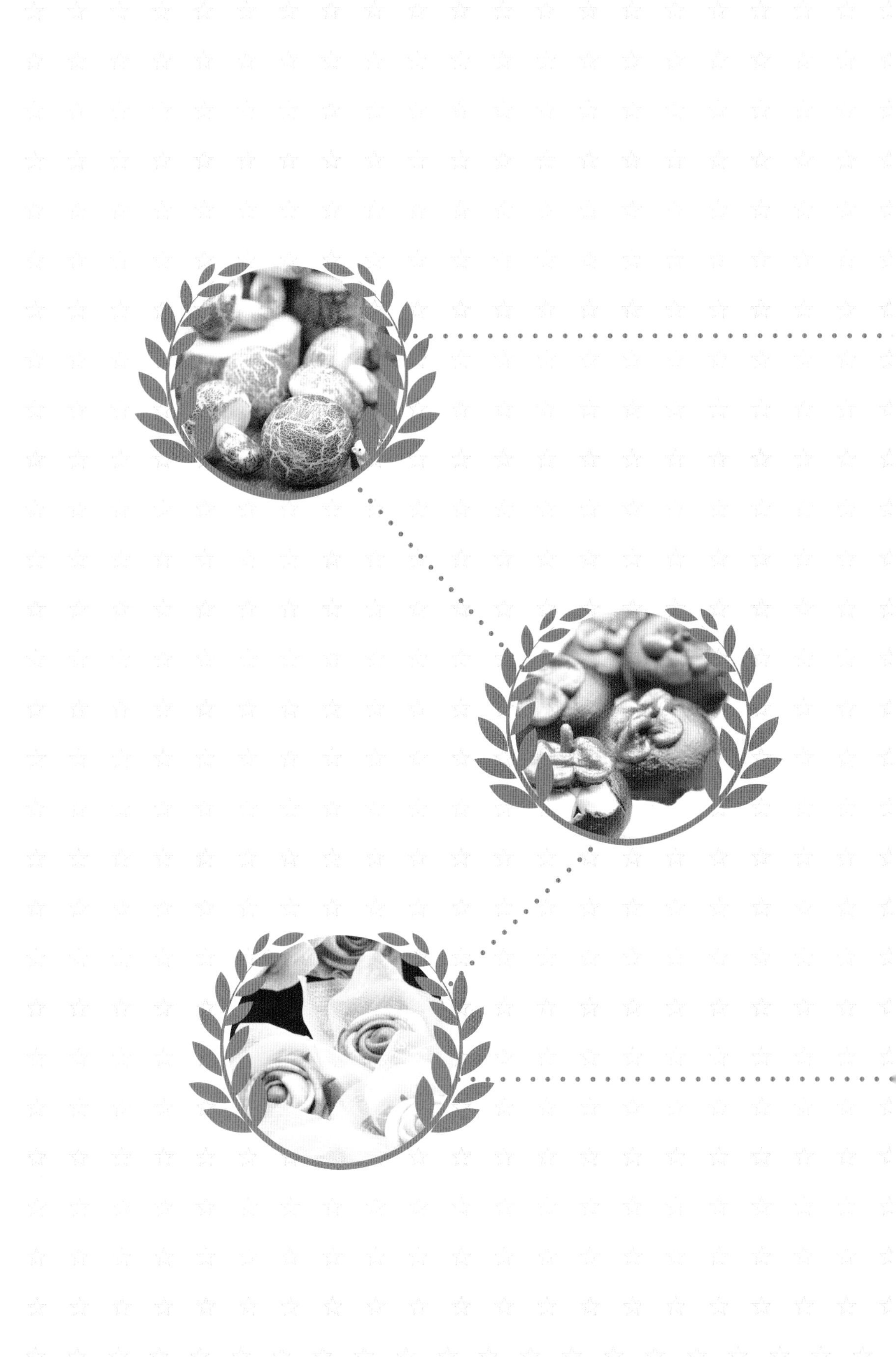

看，这些全是卧底！

这一章节，二狗妈妈说，是以假乱真的章节，看着是香菇、土豆、火龙果、香蕉……，其实呀，它们都只是馒头哟！

我妈妈也跟着二狗妈妈学会了这些馒头的制作，每每做好，她都会让我猜，把真的土豆和土豆馒头放在一起，让我猜哪个是真土豆，这个怎么猜嘛……

胡萝卜

这些个胡萝卜真新鲜，还带着泥呢！

 原料

胡萝卜面团：
胡萝卜 150 克
水 60 克
糖 30 克
酵母 3 克
中筋面粉 280 克

抹茶面团：
水 60 克
糖 10 克
酵母 1 克
中筋面粉 117 克
抹茶粉 3 克

可可糊：
可可粉少许
水少许

做法

1. 把150克胡萝卜切片，加上60克水放在破壁机内打成胡萝卜泥，取160克倒入盆中。

2. 在盆中加入30克糖、3克酵母搅匀，加入280克中筋面粉。

3. 搅匀后揉成面团，盖好发酵至1.5倍大备用。

4. 另取一个碗，60克水倒入碗中，加入10克糖、1克酵母搅匀，加入117克中筋面粉、3克抹茶粉。

5. 搅匀后揉成面团，盖好发酵至1.5倍大备用。

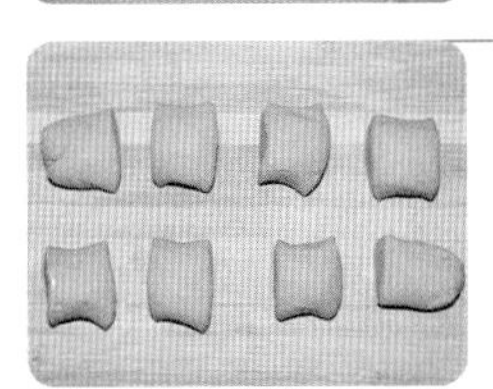

6. 案板上撒面粉，把胡萝卜面团放在案板上揉匀搓长，分成8份。

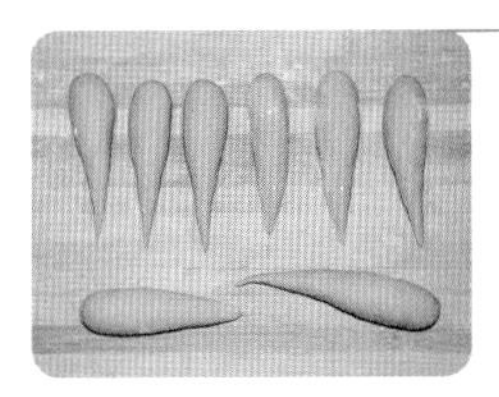

7. 将8份胡萝卜面团全部搓成胡萝卜的形状。

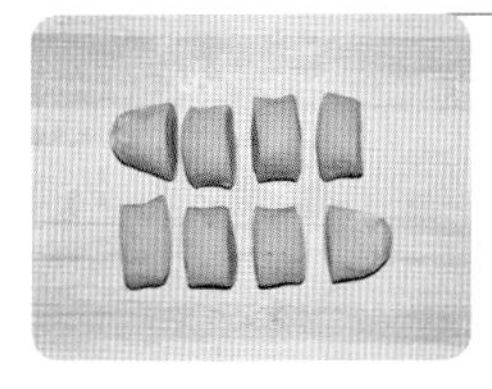

8. 案板上撒面粉，把抹茶面团放在案板上揉匀，搓长后分成8份。

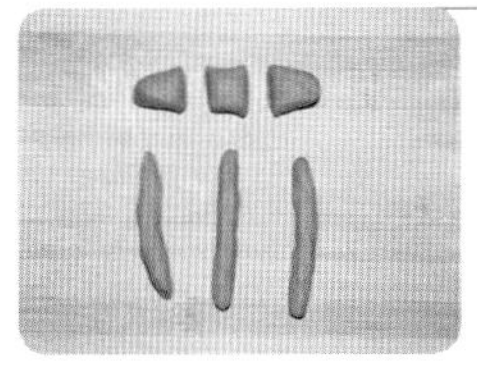

9. 取一块抹茶面团切成3份，都搓长。

10. 将3份抹茶长条擀成长面片后，用刀背压一下中间，再用叉子在两侧压出纹路，这是叶子。

11. 用筷子蘸水后在胡萝卜的粗头部分戳洞，把3个叶子都塞进洞中，并用刀在胡萝卜身上压几道深痕。

12. 依次做好8个后，用刷子蘸可可糊，刷在胡萝卜身上。

13. 蒸锅放足冷水，把馒头放在蒸屉上，盖好锅盖，静置15~20分钟，大火烧开转中火，15分钟，关火后闷5分钟再出锅。

二狗妈妈碎碎念

1. 如果想让蒸出来的馒头颜色更鲜艳，那请在打胡萝卜泥的时候加入少许红曲粉。
2. 用筷子蘸水在胡萝卜粗头的地方戳洞，是为了让胡萝卜的“叶子”更好地放进洞中。
3. 在第二次发酵后，开火前，可以再在馒头上压压痕迹，这样蒸出来会比较逼真。
4. 刷可可糊时，要用干刷子，效果会比较好。

原料

南瓜面团：
南瓜泥 80 克
水 40 克
糖 20 克
酵母 2 克
中筋面粉 200 克

抹茶面团：
水 75 克
糖 15 克
酵母 1.5 克
中筋面粉 150 克
抹茶粉 3 克

做法

1. 80克蒸熟凉透的南瓜泥放入盆中，加入40克水、20克糖、2克酵母搅匀。

2. 加入200克中筋面粉，揉成面团，盖好发酵至1.5倍大备用。

3. 另取一个大碗，放入75克水、15克糖、1.5克酵母，搅匀后放入150克中筋面粉、3克抹茶粉。

4. 搅成絮状后揉成面团，盖好发酵至1.5倍大备用。

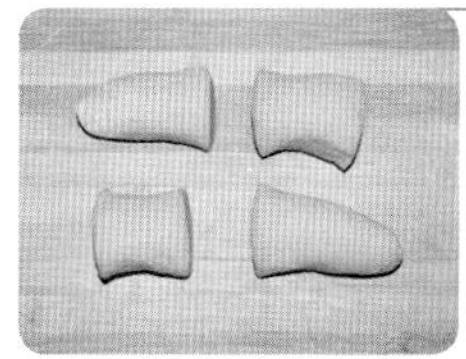

5. 案板上撒面粉，把南瓜面团放在案板上揉匀，分成4份。

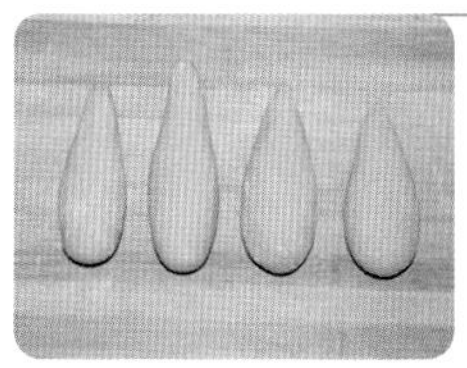

6. 把每份南瓜面团搓成水滴形。

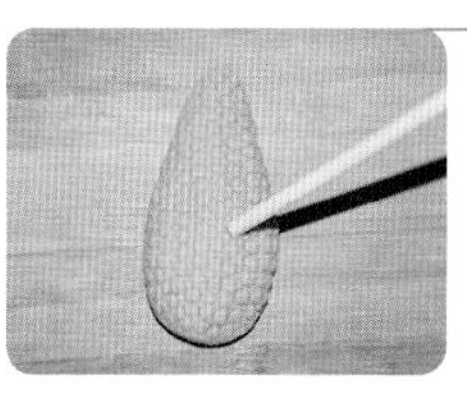

7. 用吸管在南瓜面团上整齐地戳出小印。

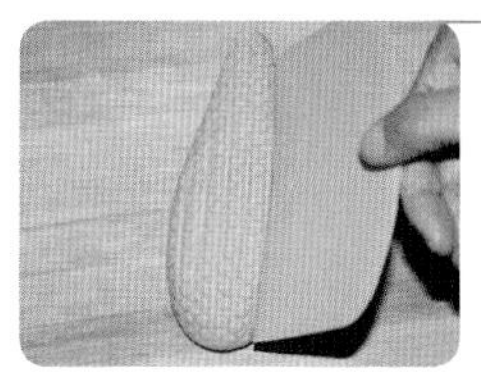

8. 用刮板在每一条“玉米粒”中间压个印儿。

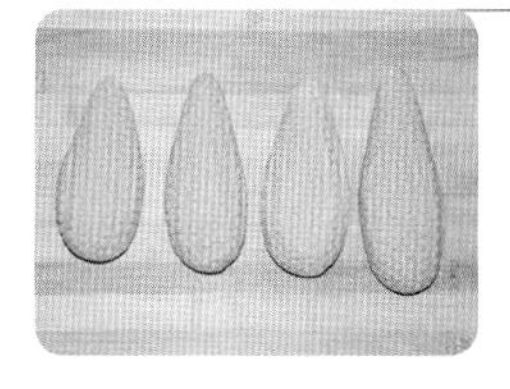

9. 依次做好4个。

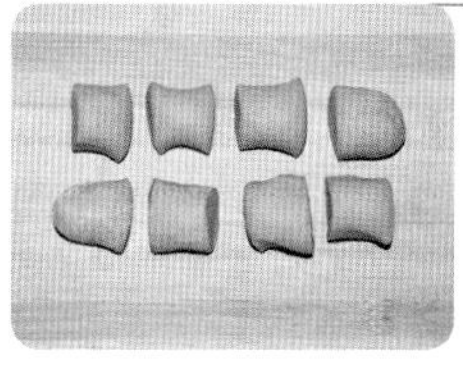

10. 把抹茶面团揉匀搓长，分成8份。

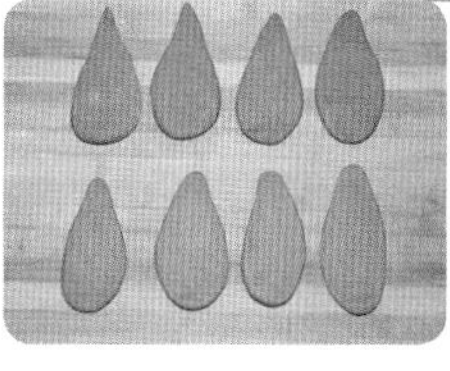

11. 把每个抹茶面团揉成水滴形再擀薄，这是叶子。

12. 在每片叶子上用刮板压出竖的纹路，包在刚才处理好的玉米上。

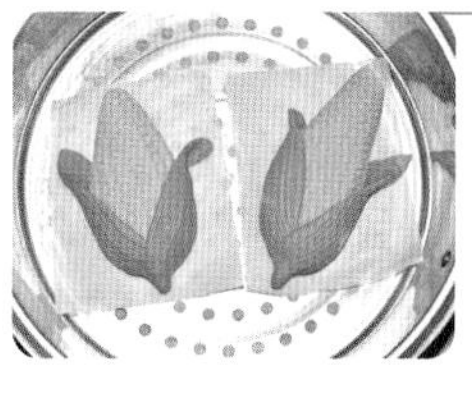

13. 蒸锅放足冷水，把馒头放在蒸屉上，盖好锅盖，静置15~20分钟，大火烧开转中火，15分钟，关火后闷5分钟再出锅。

二狗妈妈碎碎念

1. 注意用吸管戳出玉米粒花纹时，要稍有点力度，否则蒸出来后，玉米粒不明显。
2. 我做的玉米个头比较大，您可以做得更小一些，适合小朋友吃。

香菇

原料

水 120 克
糖 20 克
酵母 2.4 克
中筋面粉 240 克

可可糊：
可可粉 8 克
水 20 克

做法

1. 120 克水倒入盆中，加入 20 克糖、2.4 克酵母，240 克中筋面粉。

2. 搅匀后，揉成面团，盖好发酵至 1.5 倍大。

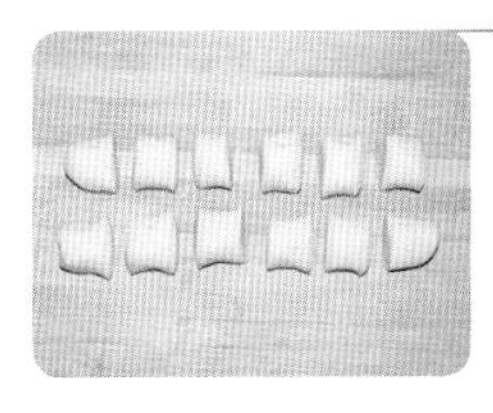

3. 案板上撒面粉，把面团放在案板上揉匀后搓长，分成 12 份。

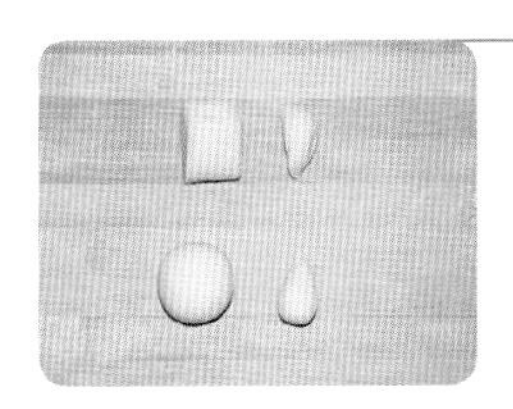

4. 取一块面团，切下来 1/4，把大面团揉圆，小面团搓成水滴形。

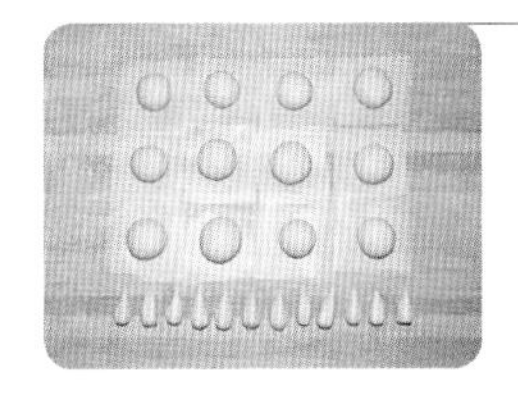

5. 分别把 12 组都做好，把揉好后的大面团都放在油纸上。

6. 8 克可可粉加上 20 克水搅成稠的可可糊。

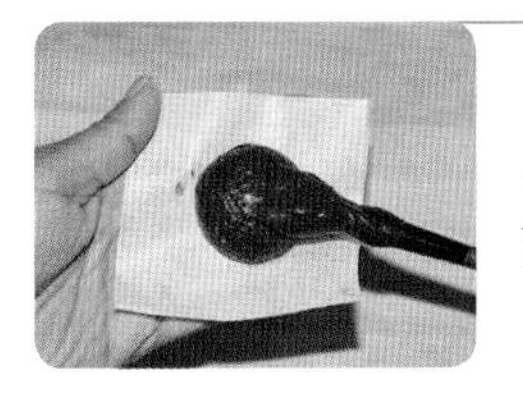

7. 用毛笔蘸可可糊刷在大面团上。

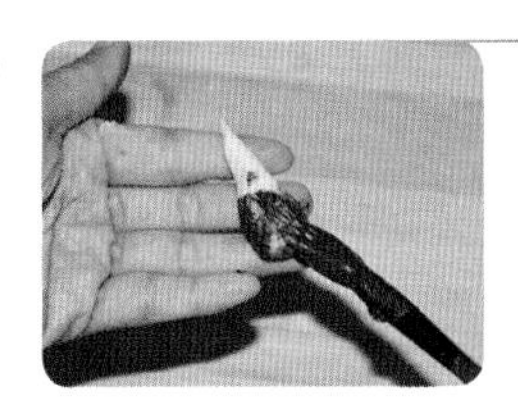

8. 把水滴形面团粗的半边也刷上可可糊。

9. 蒸锅放足冷水，把馒头放在蒸屉上，盖好锅盖，静置 15~20 分钟，大火烧开转中火，12 分钟，关火后闷 5 分钟再出锅。

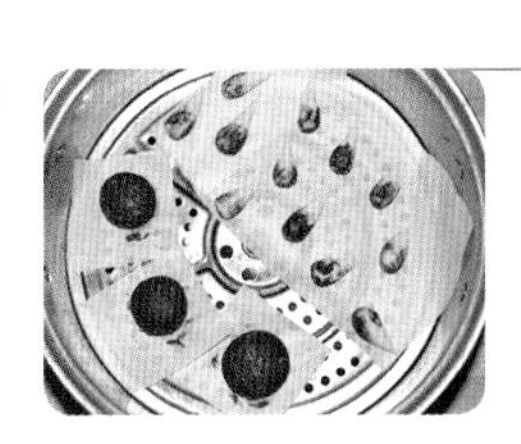

10. 我分了两屉，水滴形的面团也放在油纸上哟！

11. 馒头出锅后，待不太烫手时，就用筷子在大面团下方中间戳个洞，把水滴形面团小头塞入洞中即可。

二狗妈妈碎碎念

1. 可可糊要调得稠一些，喜欢表面颜色更深一些的，可以加一些纯黑可可粉或者竹炭粉。
2. 馒头出锅后，趁热组装会更牢固。
3. 香菇的大小可以按您的喜好决定。

土豆

这土豆真新鲜
呀！要不要今天
来盘土豆丝？

原料

水 160 克
糖 30 克
酵母 3 克
中筋面粉 250 克
玉米面 50 克
可可粉 2 克

做法

1. 160 克水倒入盆中，加入 30 克糖、3 克酵母搅匀，加入 250 克中筋面粉、50 克玉米面、2 克可可粉。

2. 搅匀后揉成面团，盖好发酵至 1.5 倍大。

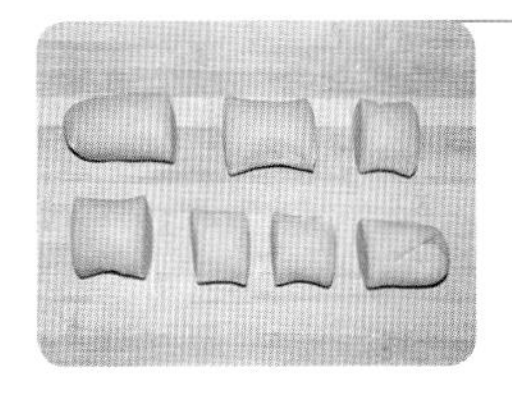

3. 案板上撒面粉，把面团放在案板上揉匀，随意分成有大有小的面团。

4. 将所有面团揉成椭圆形。

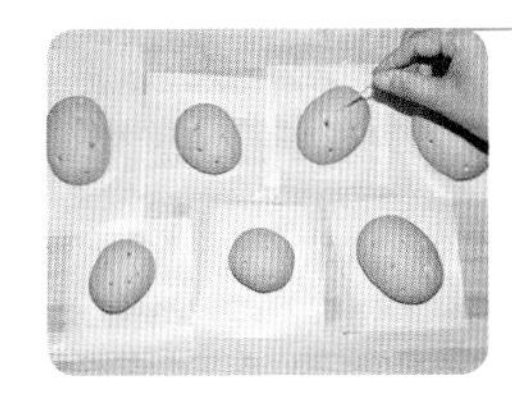

5. 把馒头都放在油纸上，用牙签蘸水后随意扎出一些大小不一的洞。

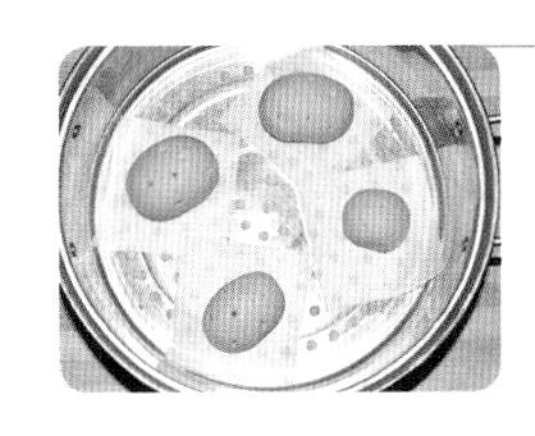

6. 蒸锅放足冷水，把馒头放在蒸屉上，盖好锅盖，静置 15~20 分钟，大火烧开转中火，15 分钟，关火后闷 5 分钟再出锅。

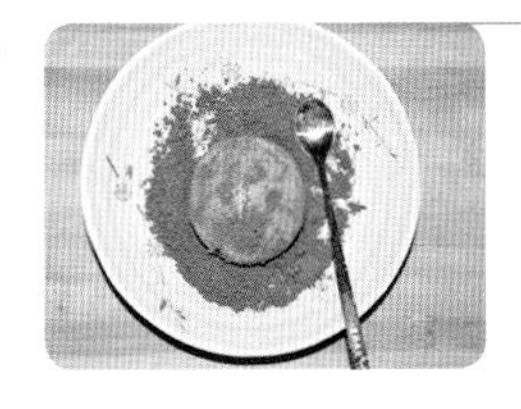

7. 出锅后，趁热把馒头放在可可粉里滚上一圈，也可以拿小勺舀可可粉放在馒头上抹一抹。

二狗妈妈碎碎念

1. 玉米面可以换成小米面、黄豆面，但不建议换成紫米面等颜色偏深的杂粮，因为蒸出来的颜色太深，就不像土豆了。
2. 面团中可可粉可以不加，出锅趁热粘可可粉会更牢固，如果嫌外面粘的可可粉有点苦，可以在可可粉中混入糖粉调整。
3. 土豆的大小可以按您的喜好决定，土豆身上扎的洞不要太过密集，应有大有小，每个土豆上面有五六个洞即可。

薯条
咦？今天的薯条为啥
没有油炸的味道呢？
原料
南瓜面团：
南瓜泥 150 克
水 30 克
糖 20 克
酵母 3 克
中筋面粉 280 克
红曲面团：
水 110 克
糖 20 克
酵母 2 克
中筋面粉 215 克
红曲粉 5 克

做法

1. 150 克蒸熟凉透的南瓜泥放入盆中，加入30克水、20 克糖、3 克酵母搅匀。

2. 加入 280 克中筋面粉，揉成面团，盖好发酵至 1.5 倍大备用。

3. 另取一个大碗，110 克水倒入碗中，加入20克糖、2 克酵母搅匀，再加入 215 克中筋面粉、5 克红曲粉。

4. 将碗中的面絮揉成面团，盖好发酵至 1.5 倍大备用。

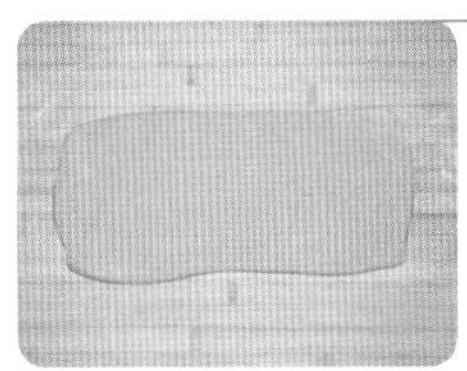

5. 案板上撒面粉，把南瓜面团放在案板上揉匀，擀成厚约 5 毫米的长方形厚片（约 20 厘米 × 35 厘米）。

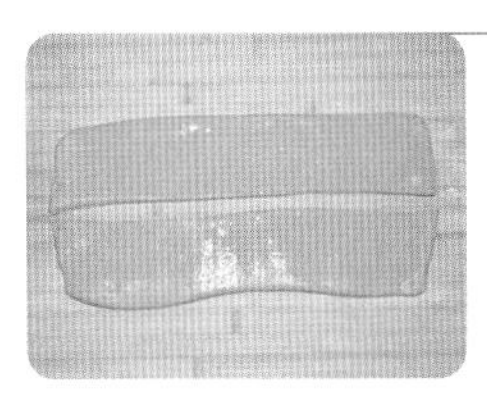

6. 在厚片表面刷一层油后，分成两片。

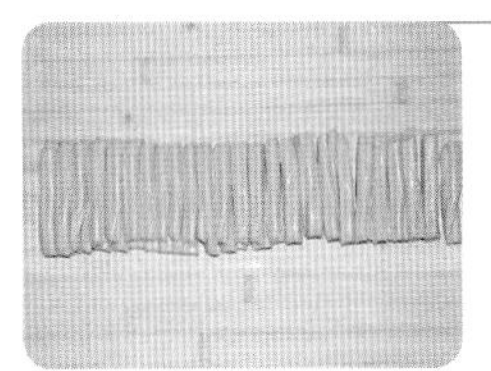

7. 把两片厚面片叠放起来，切成宽约 8 毫米的面条。

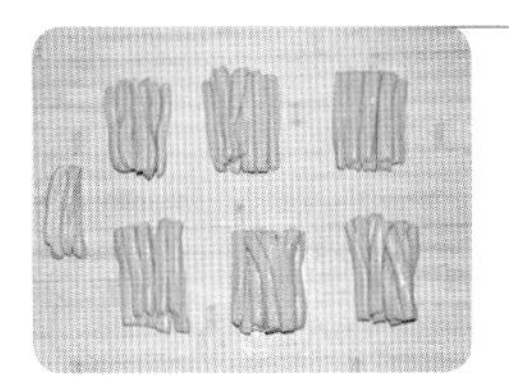

8. 取两三条面条放在一边预留，把其他的面条分成 6 份备用。

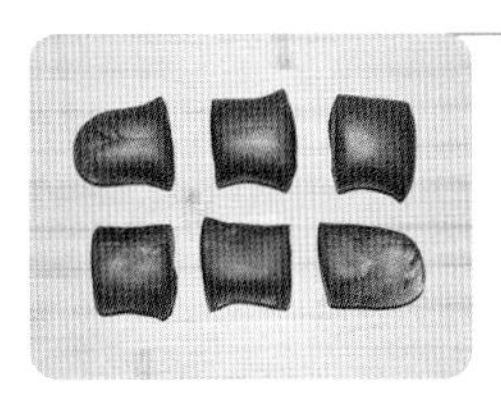

9. 案板上撒面粉，把红色面团在案板上揉匀后分成 6 份。

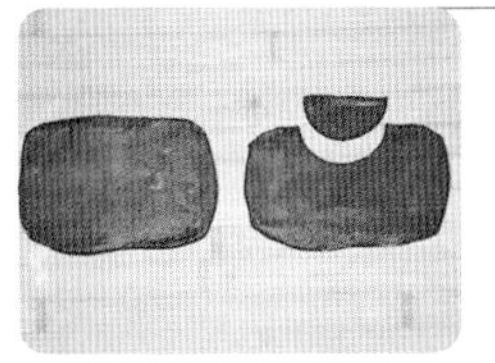

10. 取一块红色面团擀成长方形面团，用小碗像图片中那样在面片上方切一个半圆下来。

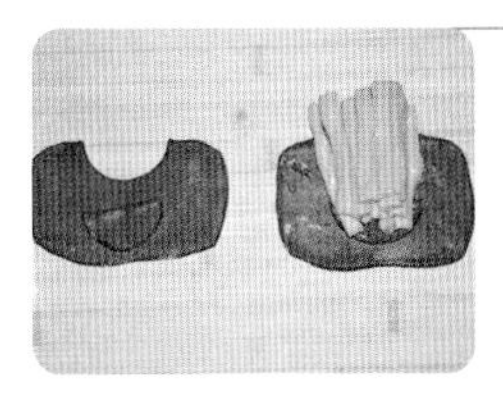

11. 把半圆面片放在大面片中间，再把一份南瓜面条码放在面片上方。

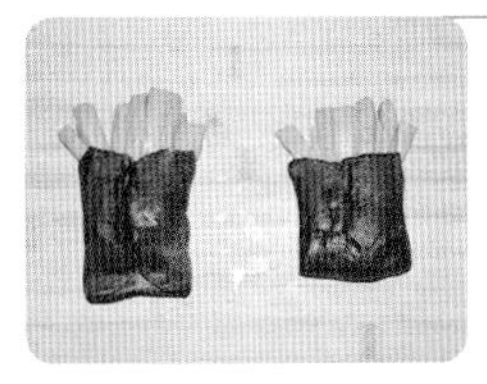

12. 把红色面片左右折过来，捏紧收口，把下方按扁后向上折起来。

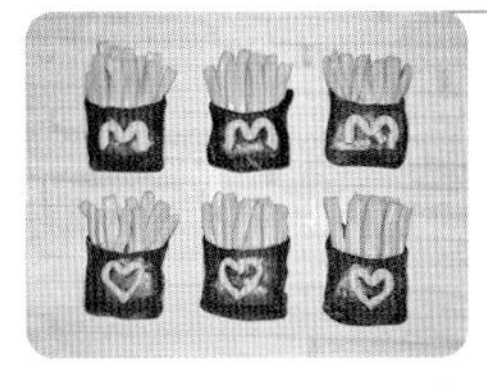

13. 翻转过来，依次做好 6 个，用事先预留的南瓜面条做出喜欢的图案，用水粘在中间。

14. 蒸锅放足冷水，把馒头放在油纸上，再放在蒸屉上，盖好锅盖，静置 15~20 分钟，大火烧开转中火，15 分钟，关火后闷 5 分钟再出锅。

二狗妈妈碎碎念

1. 南瓜面团要和得硬一些，这样切出的“薯条”才会比较直挺。
2. 红色面片尽量擀得长一些，在折起捏合时尽量不要抻拉面片，以免蒸出来后开裂。
3. 薯条盒子上的图案，可以按照自己喜好去做，不一定和我的一样。

山竹

原料

水 110 克
糖 20 克
酵母 2 克
中筋面粉 220 克
可可粉 2 克
红曲粉 4 克
抹茶粉 1 克

做法

1. 110 克水倒入盆中，加入 20 克糖、2 克酵母搅匀，加入 220 克中筋面粉。

2. 搅成絮状后，分别分出 40 克、60 克、120 克面絮放入 3 个碗中。

3. 在盛有 40 克面絮的碗中加入 1 克抹茶粉，在盛有 60 克面絮的碗中加入 2 克可可粉、1 克红曲粉，在盛有 120 克面絮的碗中加入 3 克红曲粉。

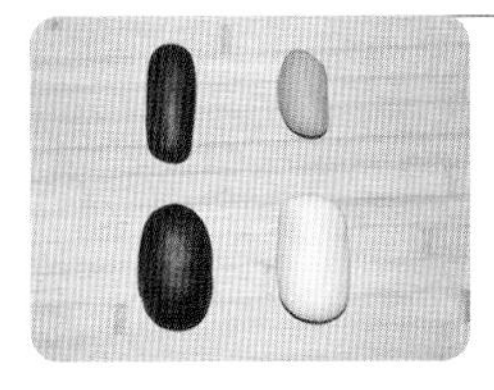

4. 分别揉成面团，盖好发酵至 1.5 倍大备用。

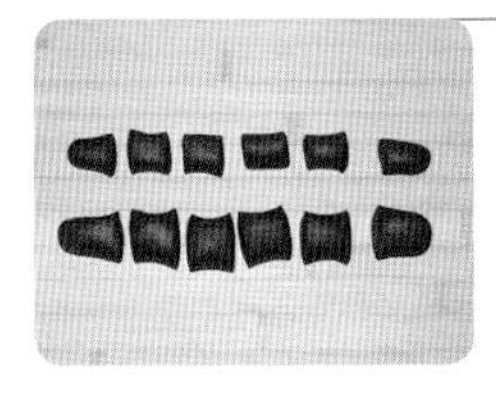

5. 案板上撒面粉，先把咖啡色、红色面团在案板上揉匀后搓长，各自分成 6 份。

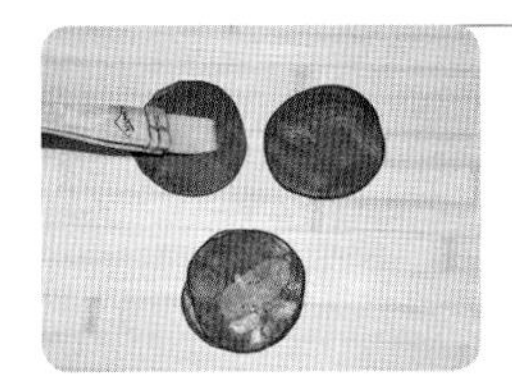

6. 把咖啡色面团、红色面团都擀成大小一样的圆片，在咖啡色面片上刷水，把红色面片盖在咖啡色面片上，稍擀。

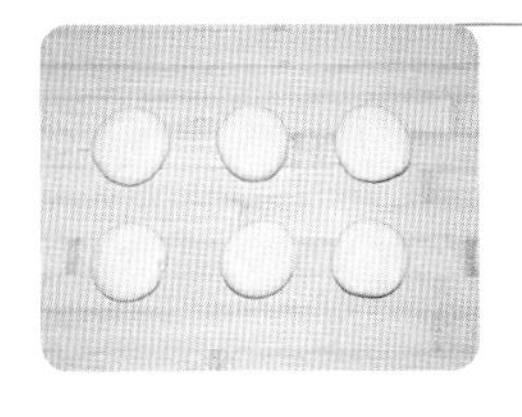

7. 案板上撒面粉，把白色面团放案板上揉匀后分成 6 份，按扁。

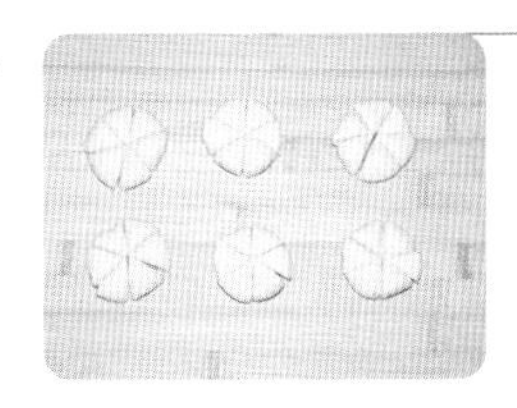

8. 把每一个白色小面团分成 6 份。

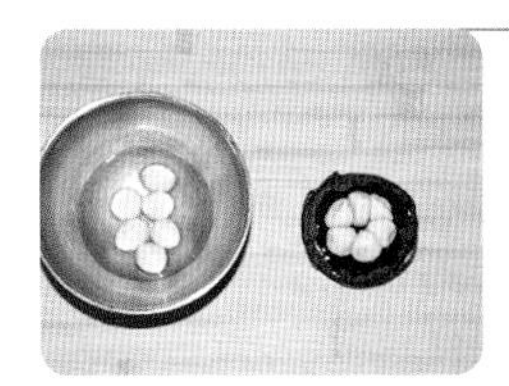

9. 将每份白色小面团搓成圆形后，每 6 个一组放在油碗中稍蘸一下，码放在第 6 步准备好的红色和咖啡色组合面片中间。

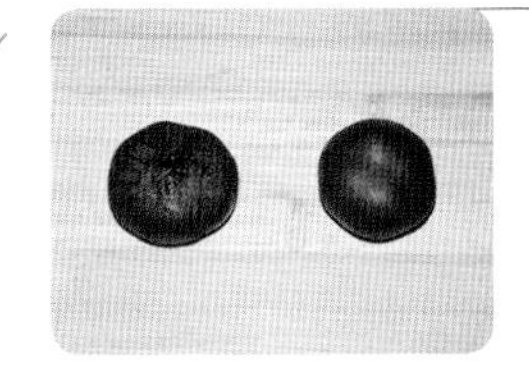

10. 用红色和咖啡色组合面片把 6 个一组的小白球包起来，捏紧收口，收口朝下整理好形状。

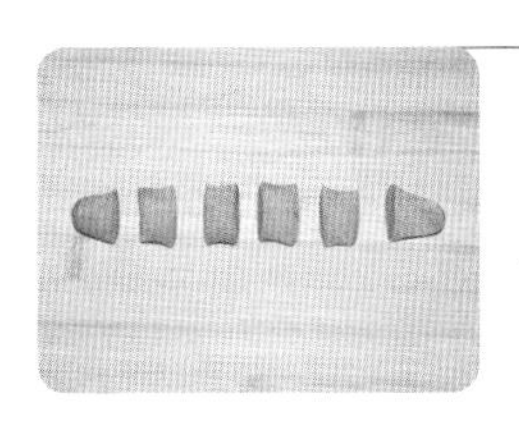

11. 把绿色面团揉匀后搓长，分成 6 份。

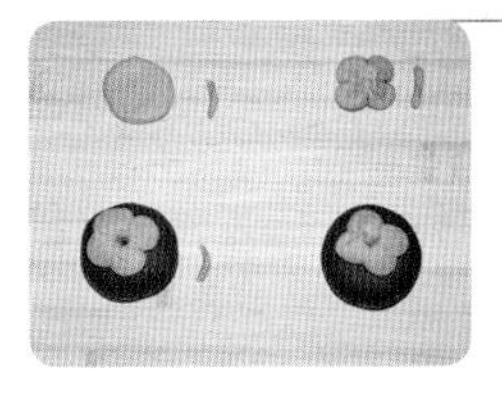

12. 取一个绿色面团，揪下来一点搓直成条，把大一点的面团擀成圆片，用筷子夹两下成四叶花形，用水粘在馒头中间，用筷子蘸水在最中心插个洞，把预留出来的小直条插在中间。

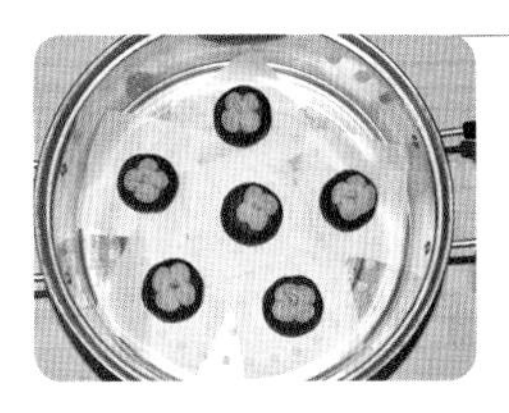

13. 蒸锅放足冷水，把馒头放在蒸屉上，盖好锅盖，静置 15~20 分钟，大火烧开转中火，15 分钟，关火后闷 5 分钟再出锅。

二狗妈妈碎碎念

1. 山竹肉（白色面团）可以有大有小，不规则些也好看。
2. 山竹肉在油里打个滚就行，不要蒸太久哟！

火龙果
原料
水 150 克
糖 30 克
酵母 3 克
中筋面粉 300 克
抹茶粉 1 克
黑芝麻 10 克
红曲粉 2 克
宝贝，你快来尝尝今天这个火龙果，咬在嘴里怎么有芝麻香味儿呢？

做法

1. 150 克水倒入盆中，加入 30 克糖、3 克酵母搅匀，加入 300 克中筋面粉。

2. 搅成絮状后，另取 2 个小碗，分别取出 60 克、200 克面絮放入碗中，在盛有 60 克面絮的碗中加入 1 克抹茶粉，在盛有 200 克面絮的碗中加入 10 克黑芝麻，在大盆中加入 2 克红曲粉。

3. 分别揉成面团，盖好发酵至 1.5 倍大备用。

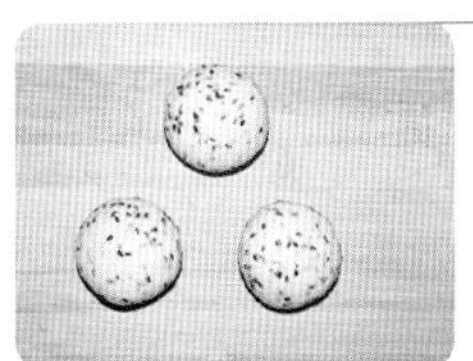

4. 案板上撒面粉，把黑芝麻面团揉匀后分成 3 份揉圆备用。

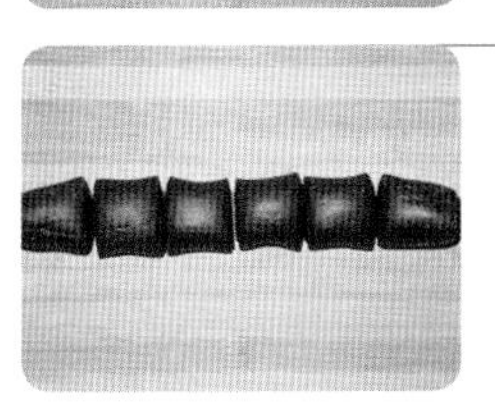

5. 案板上撒面粉，把红色面团放在案板上揉匀搓长，分成 6 份。

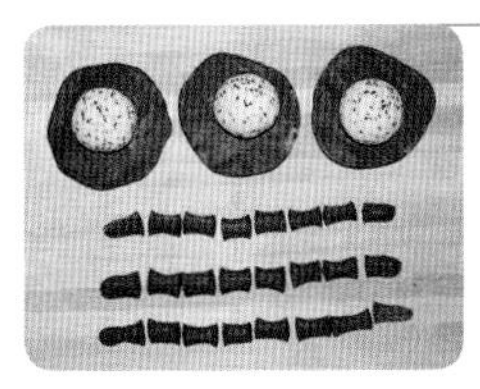

6. 把其中 3 份红色面团揉圆擀开成片，把黑芝麻面团放在面片中间，另外 3 份红色面团搓长，每个都分成 8 份，共 24 份。

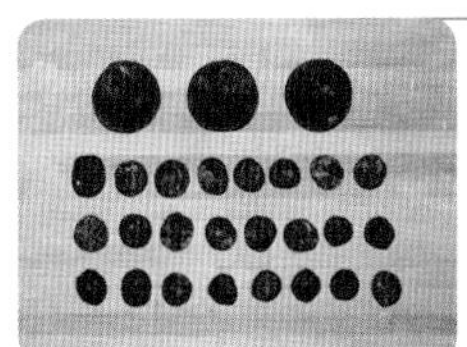

7. 用大红面片把黑芝麻面团包住，收口收上放好，将 24 份红色小面团切口朝上，都按扁备用。

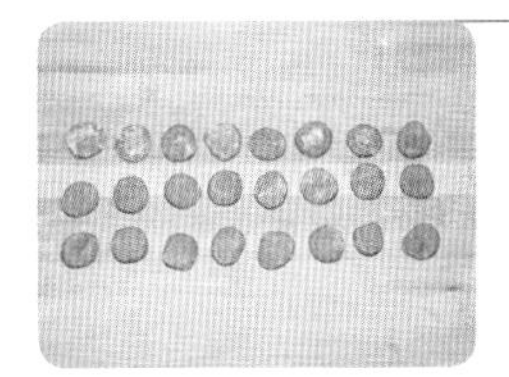

8. 把绿色面团先揉匀，再分成 3 份，再把每份绿色面团搓长分成 8 份，将所有绿色小面团切口朝上，按扁。

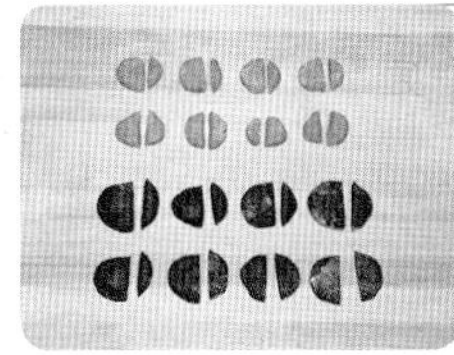

9. 取一组红绿面团，把每一个面团都一分为二，注意切的时候有大有小。

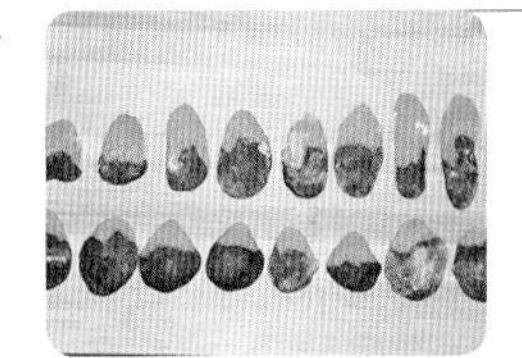

10. 把红绿面团随意组合，用水粘在一起，擀开，注意有的长、有的圆，形状不要一样。

11. 把长的小面片用水粘在包好黑芝麻面团的收口处，依次错开粘小面片，注意绿色面片一直在上方。

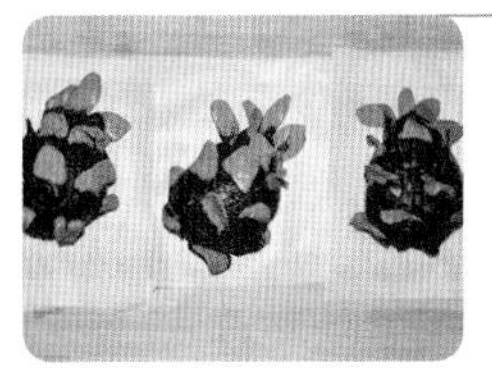

12. 依次做好 3 个火龙果，放在油纸上。

13. 蒸锅放足冷水，把馒头放在蒸屉上，盖好锅盖，静置 15~20 分钟，大火烧开转中火，20 分钟，关火后闷 5 分钟再出锅。

二狗妈妈碎碎念

1. 这个馒头的难点就是火龙果外面那一个一个红绿两色的小面片，一定要注意在第 9、10 步骤时，切的大小不一，擀的长短不一，长的在上面，短的在下面，错开粘贴。
2. 动作一定要快，否则会在您整形的过程中，面团就在发酵，容易发酵过度。
3. 如果您整形速度过慢，那就减少二发的时间。

鲜桃

原料

水 140 克
糖 30 克
酵母 3 克
中筋面粉 300 克
抹茶粉 2 克

表面装饰：
红曲粉少许

做法

1. 140 克水倒入盆中，加入 30 克糖、3 克酵母搅匀，加入 300 克中筋面粉。

2. 搅成絮状后，另取一个小碗，取出 70 克面絮放入小碗中，再加入 2 克抹茶粉。

3. 分别揉成面团，盖好发酵至 1.5 倍大备用。

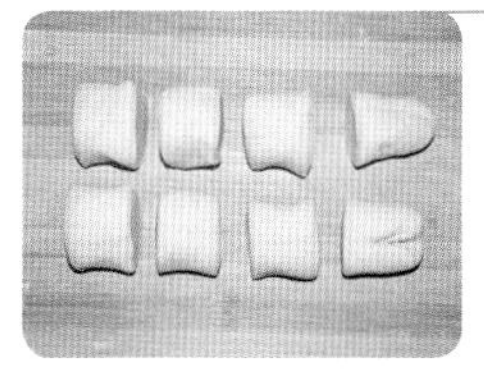

4. 案板上撒面粉，把白色面团放在案板上揉匀搓长，分成 8 份。

5. 将每份白色面团揉圆后，用手将馒头顶搓一个尖角。

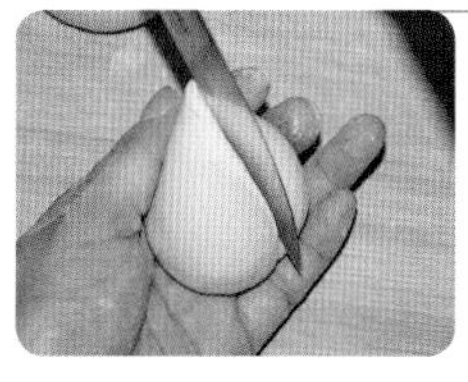

6. 用刀背在馒头顶上压出一道深印。

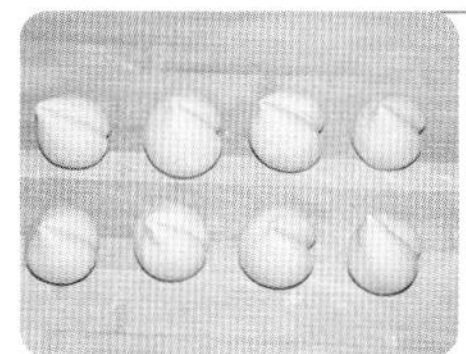
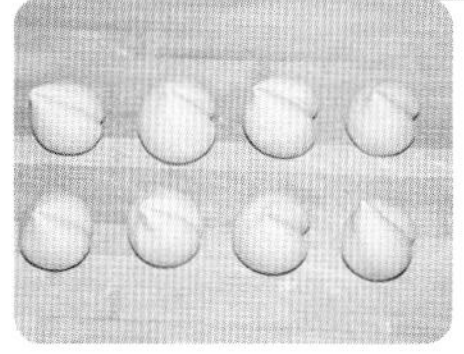

7. 依次做好 8 个。

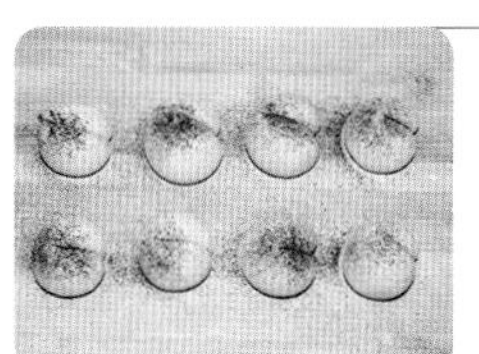

8. 在每个馒头表面上筛红曲粉。

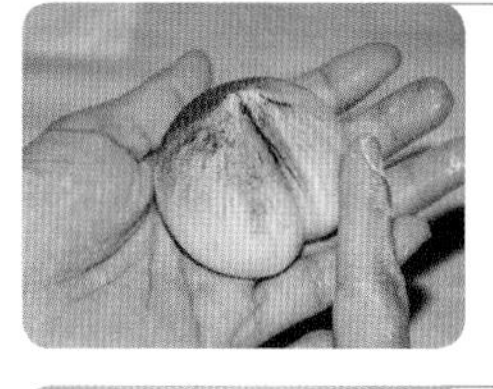

9. 用手把红曲粉抹开。

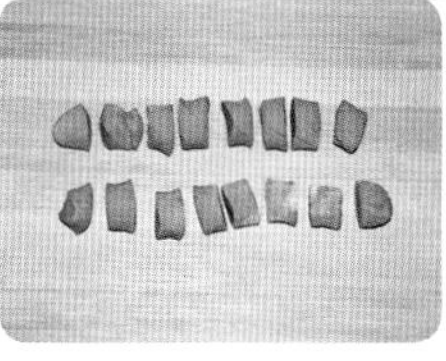

10. 把抹茶面团搓长，分成 16 份。

11. 把每份抹茶面团都搓成水滴形，擀开，用刀背压出树叶纹路，这是叶片。

12. 以两个叶片为一组码放在油纸上，把鲜桃馒头放在叶子上。

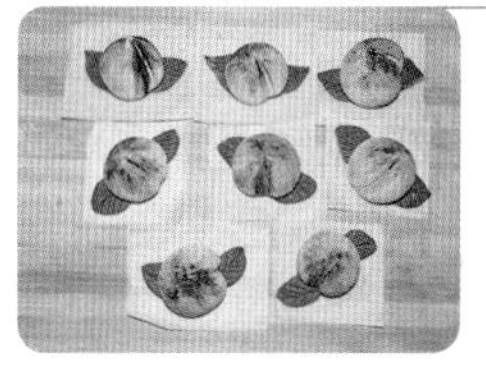

13. 依次做好 8 组。

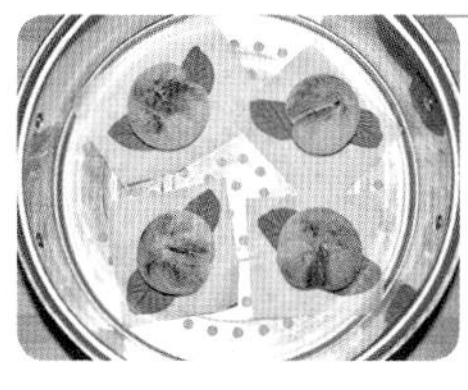

14. 蒸锅放足冷水，把馒头放在蒸屉上，盖好锅盖，静置 15~20 分钟，大火烧开转中火，20 分钟，关火后闷 5 分钟再出锅。

二狗妈妈碎碎念

1. 此款馒头的面团含水量较少，面团比较硬挺，这是为了蒸出来的桃子形状更好看，如果揉面的时候觉得不好揉匀，那就再少放一些水调整。
2. 在馒头表面筛的红曲粉不要过多，用手抹的时候注意自上向下抹，会比较自然。

香蕉

这位香蕉同学，你伪装得也太逼真了吧……明明是个馒头，装什么香蕉嘛……

南瓜面团：
南瓜泥 80 克
水 40 克
糖 20 克
酵母 2 克
中筋面粉 200 克

白面团：
水 75 克
糖 20 克
酵母 1.5 克
中筋面粉 150 克

可可糊：
可可粉 3 克
水 7 克

做法

1. 80克蒸熟凉透的南瓜泥放入盆中，加入40克水、20克糖、2克酵母搅匀。

2. 加入200克中筋面粉，揉成面团，盖好发酵至1.5倍大备用。

3. 75克水、20克糖、1.5克酵母放入另一个盆中搅匀，加150克中筋面粉。

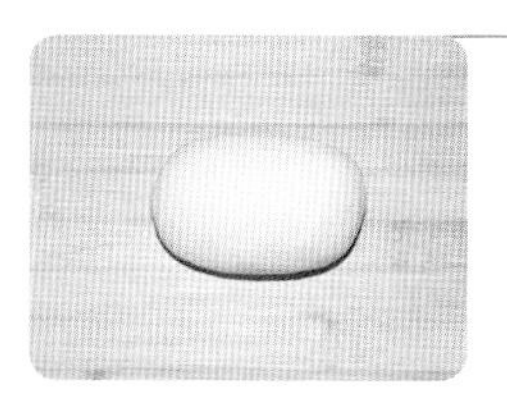

4. 揉成面团，盖好发酵至1.5倍大备用。

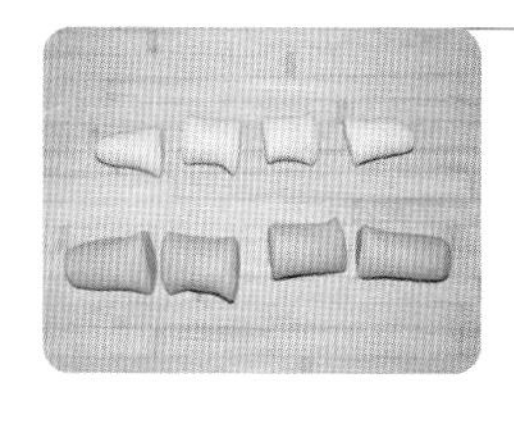

5. 案板上撒面粉，把发酵好的黄色、白面团在案板上揉匀，各自搓长，分成4份。

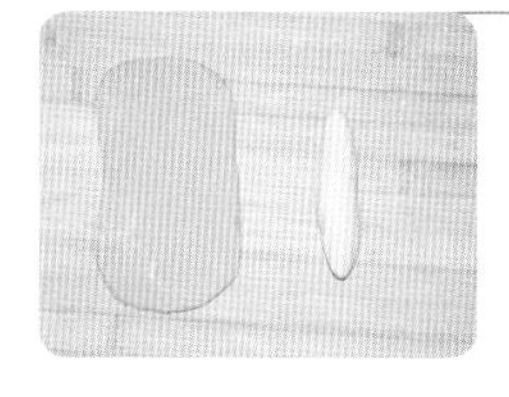

6. 把黄色面团擀成长方形面片，把白色面团搓长。

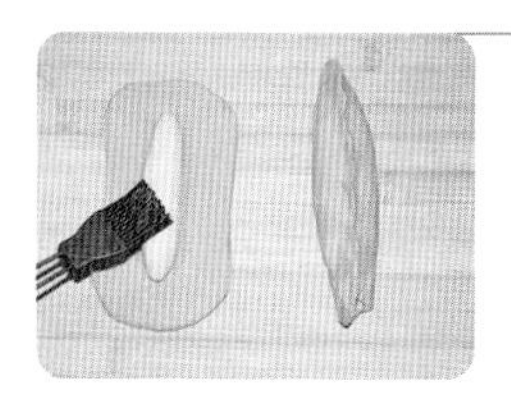

7. 先在黄色面片中间位置刷油，把白色面团放在黄色面片中间，然后在白色面团上再刷一层油，用黄色面片包紧白色面团，捏紧收口。

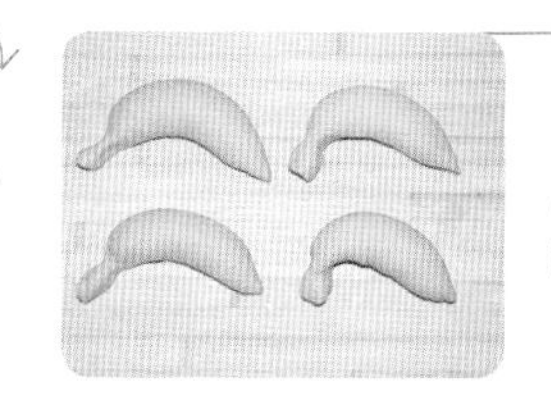

8. 收口朝下，整理成香蕉的形状。

9. 3克可可粉加7克水混合成稠的可可糊。

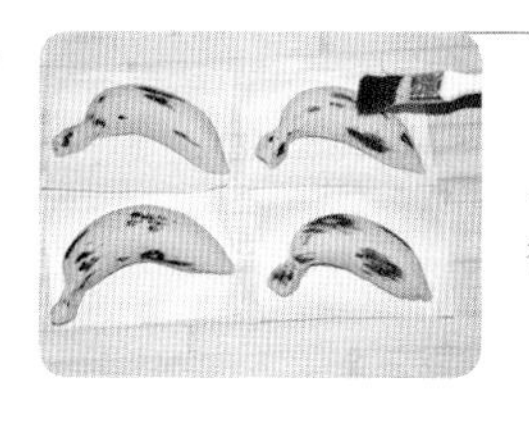

10. 用刷子蘸可可糊刷在香蕉上。

11. 蒸锅放足冷水，把馒头放在蒸屉上，盖好锅盖，静置15~20分钟，大火烧开转中火，15分钟，关火后闷5分钟再出锅。

二狗妈妈碎碎念

1. 可可糊要调得稠一些，刷子要用干刷子，这样刷出的香蕉皮才逼真。
2. 香蕉整形时一定要整理得细长一些，这样蒸好后不会太胖。
3. 我做了4个大香蕉，如果喜欢香蕉小一些的，那就把面团多分几份吧。

玫瑰花

再过情人节，给心爱的他（她）做一款以假乱真的玫瑰花馒头吧！这可比鲜花实惠多了……

原料

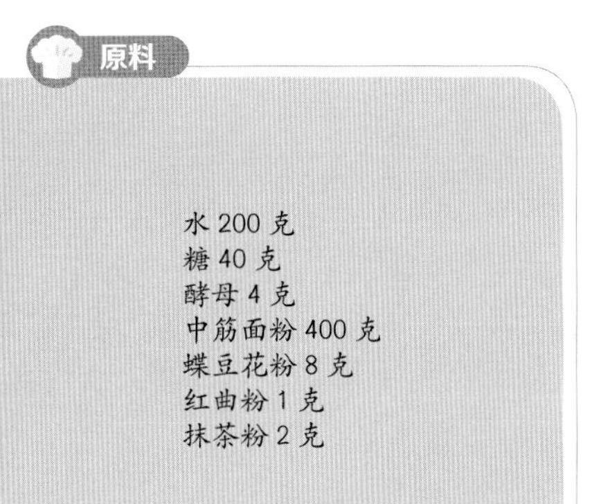

水 200 克
糖 40 克
酵母 4 克
中筋面粉 400 克
蝶豆花粉 8 克
红曲粉 1 克
抹茶粉 2 克

做法

1. 200 克水倒入盆中，加入 40 克糖、4 克酵母搅匀，加入 400 克中筋面粉。

2. 搅成絮状后，另取 3 个小碗，分别取出 150 克、70 克、200 克面絮放入碗中，在盛有 70 克面絮的碗中加入 2 克抹茶粉，在盛有 200 克面絮的碗中加入 1 克红曲粉，在大盆中加入 8 克蝶豆花粉。

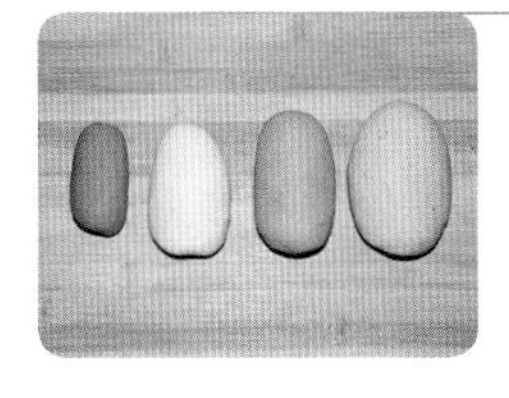

3. 分别揉成面团，盖好发酵至 1.5 倍大备用。

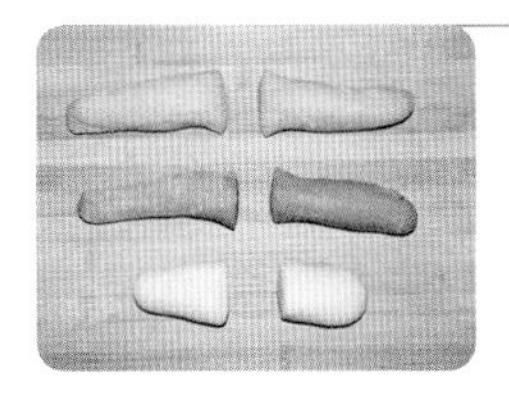

4. 案板上撒面粉，把蓝色、粉色、白面团分别揉匀，搓长，一分为二。

5. 把白色面团擀薄，分别放上一个蓝色面团、粉色面团。

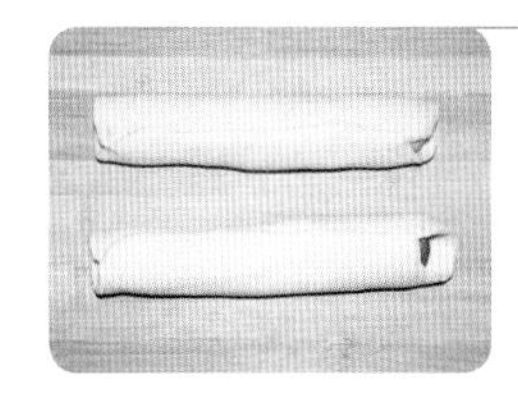

6. 用白色面片将蓝色面团和粉色面团卷起来，搓长。

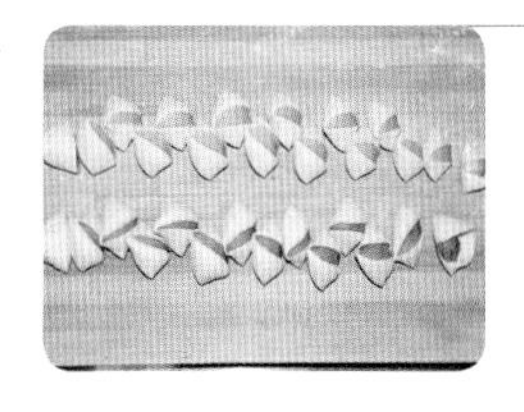

7. 将卷起来的长面团切成小剂子（每个约 5 克）。

8. 撒面粉后，把小剂子切面朝上，按扁。

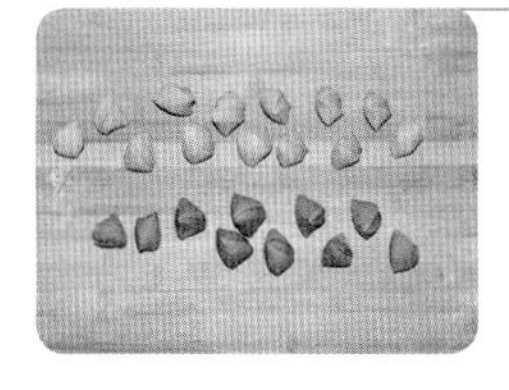

9. 再把之前预留的蓝、粉面团搓长切成小剂子备用。

10. 以蓝色玫瑰花为例，取 6 个已经按扁的蓝白小剂子擀薄，再取一块纯蓝色面团搓成枣核形。

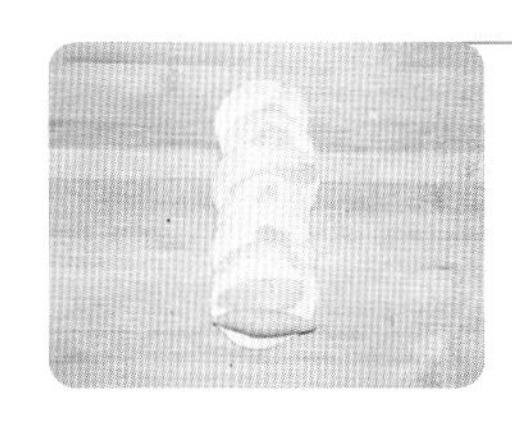

11. 把6个蓝白面片叠放在一起，在最底端放枣核形蓝色面团。

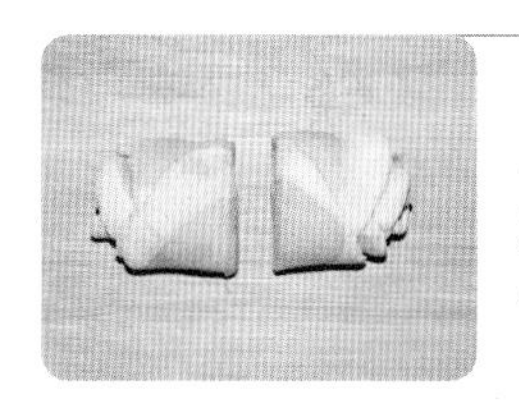

12. 将叠加在一起的面片及面团自下向上卷起来，从中间切开。

13. 将卷起来的长面团切面朝上，两朵玫瑰花就做好了。

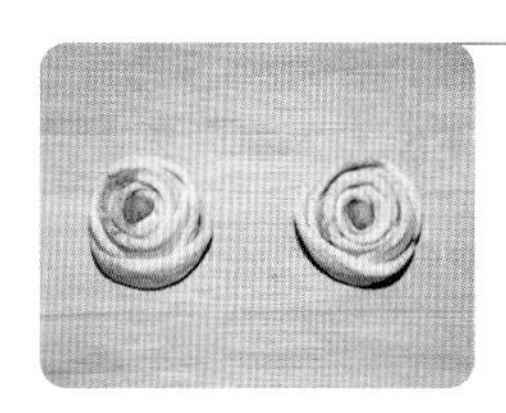

14. 同样的方法做出粉色玫瑰花。

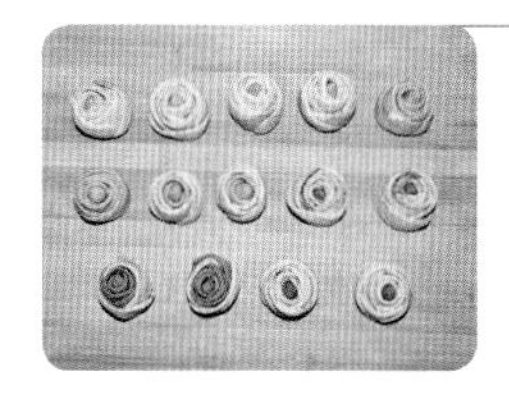

15. 依次把所有小剂子都做完，如果粉白或蓝白小剂子不够，可以用纯粉或纯蓝色擀开用，总之把所有小剂子用完就好。

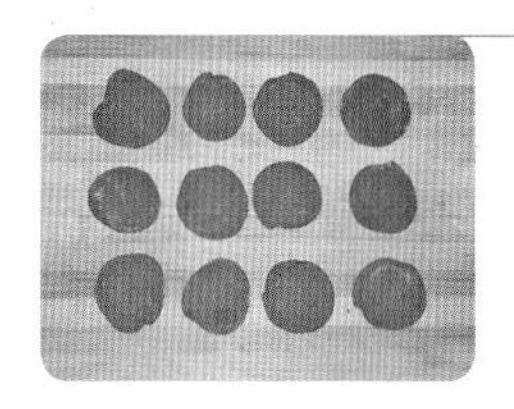

16. 把绿色面团分成5克一个的小剂子，擀成圆片。

17. 把绿色圆片切成带尖角的形状，以四五个为一组，用水粘在玫瑰花周围，并把玫瑰花放在油纸上，依次做好所有玫瑰花。

18. 蒸锅放足冷水，把馒头放在蒸屉上，盖好锅盖，静置15~20分钟，大火烧开转中火，15分钟，关火后闷5分钟再出锅。

二狗妈妈碎碎念

1. 玫瑰花的颜色可以变换，个人比较喜欢这种粉色和浅蓝色。如果不喜欢双色的玫瑰花，您可以都做成纯色的，那就不需要留白色面团了。
2. 双色面片和纯色面片可以混合着用，效果也很好。
3. 如果想把馒头做成花束，那就在每个馒头下方插一根长的竹签子，再用油纸给每一个馒头围上一圈，用胶带绑紧，最后把所有竹签绑紧，最外边围上1~2张装饰纸即可。